中国文库
艺术类

宗白华美学与艺术文选

宗白华 著 王德胜 编选

河南文艺出版社

图书在版编目(CIP)数据

宗白华美学与艺术文选/宗白华著；王德胜编选.
—郑州：河南文艺出版社，2009.9
(中国文库)
ISBN 978-7-80765-137-6

Ⅰ.宗… Ⅱ.①宗…②王… Ⅲ.①美学—文集
②艺术美学—文集 Ⅳ.B83-53 J01-53

中国版本图书馆CIP数据核字(2009)第114988号

责任编辑：杨彦玲
责任校对：丁淑芳
美术编辑：王井起
整体设计：翁 涌 李 梅
责任印制：王铁生 单浩生

宗白华美学与艺术文选
Zongbaihua Meixue Yu Yishu Wenxuan
宗白华 著 王德胜 编选

河南文艺出版社 出版
http://www.hnwycbs.cn
河南郑州市鑫苑路18号11栋 邮编：450011
北京铭成印刷有限公司印刷 新华书店经销
2009年9月第1版 2009年9月第1次印刷
开本：880毫米×1230毫米 1/32 印张：11.875
字数：318千字 印数：1—4500
ISBN 978-7-80765-137-6
定价：24.00元

宗白华

“中国文库”出版前言

“中国文库”主要收选20世纪以来我国出版的哲学社会科学研究、文学艺术创作、科学文化普及等方面的优秀著作。这些著作，对我国百余年来的政治、经济、文化和社会的发展产生过重大积极的影响，至今仍具有重要价值，是中国读者必读、必备的经典性、工具性名著。

大凡名著，均是每一时代震撼智慧的学论、启迪民智的典籍、打动心灵的作品，是时代和民族文化的瑰宝，均应功在当时、利在千秋、传之久远。“中国文库”收集百余年来的名著分类出版，便是以新世纪的历史视野和现实视角，对20世纪出版业绩的宏观回顾，对未来出版事业的积极开拓，为中国先进文化的建设，为实现中华民族的伟大复兴做出贡献。

大凡名著，总是生命不老，且历久弥新、常温常新的好书。中国人有“万卷藏书宜子弟”的优良传统，更有当前建设学习型社会的时代要求，中华大地读书热潮空前高涨。“中国文库”选辑名著奉献广大读者，便是以新世纪出版人的社会责任心和历史使命感，帮助更多读者坐拥百城，与睿智的专家学者对话，以此获得丰富学养，实现人的全面发展。

为此，我们坚持以邓小平理论和“三个代表”重要思想为指导，深入贯彻落实科学发展观，坚持贯彻“百花齐放、百家争鸣”的方针，坚持按照“贴近实际、贴近生活、贴近群众”的要求，以登高望远、海纳百川的广阔视野，披沙拣金、露抄雪纂的刻苦精神，精益求精、探赜索隐的严谨态度，投入到这项规模宏大的出版工程中来。

“中国文库”所收书籍分列于6个类别，即：(1)哲学社会科学类(哲学社会科学各门类学术著作)；(2)史学类(通史及专史)；(3)文学类(文学作品及文学理论著作)；(4)艺术类(艺术作品及艺术理论著作)；(5)科学文化类(科技史、科技人物传记、科普读物等)；(6)综合·普及类(教育、大众文化、少儿读物和工具书等)。计划出版约1000种，分辑出版。自2004年以来，已先后出版三辑，每辑约100种，分精平装两类。2009年时值新中国成立60周年，特将"中国文库"第四辑作为"新中国60年"特辑推出，主要收选新中国成立60年来祖国大陆原创性人文社科类名著。

"中国文库"所收书籍，有少量品种因技术原因需要重新排版，版式有所调整，大多数品种则保留了原有版式。一套文库，千种书籍，庄谐雅俗有异，版式整齐划一未必合适。况且，版式设计也是书籍形态的审美对象之一，读者在摄取知识、欣赏作品的同时，还能看到各个出版机构不同时期版式设计的风格特色，也是留给读者们的一点乐趣。

"中国文库"由中国出版集团发起并组织实施。收选书目以中国出版集团所属出版机构出版的书籍为主要基础，逐步邀约其他出版机构参与，共襄盛举。书目由"中国文库"编辑委员会审定，中国出版集团与各有关出版机构按照集约化的原则集中出版经营。编辑委员会特别邀请了我国出版界德高望重的老专家、领导同志担任顾问，以确保我们的事业继往开来，高质量地进行下去。

"中国文库"，顾名思义，所收书籍应当是能够代表中国出版业水平的精品。我们希望将所有可以代表中国出版业水平的精品尽收其中，但这需要全国出版业同行们的鼎力支持和编辑委员会自身的努力。这是中国出版人的一项共同事业。我们相信，只要我们志存高远且持之以恒，这项事业就一定能持续地进行下去，并将不断地发展壮大。

"中国文库"编辑委员会

“中国文库”第四辑
编辑委员会

顾　问

（按姓名笔画为序）

于友先　邬书林　刘　杲　许力以　杜导正　李从军　李东生
杨牧之　宋木文　张小影　柳斌杰　徐惟诚　龚心瀚

主　任　聂震宁

副主任　刘伯根

委　员

（按姓名笔画为序）

马五一　王　涛　王明舟　王瑞书　孙月沐　许　岩　朱杰人
李　岩　李　新　李　峰　李师东　李传敢　杨　耕　汪季贤
汪继祥　刘清华　何建明　何林夏　张增顺　宋一夫　宋焕起
吴尚之　吴江江　吴　斌　林国夫　孟昭宇　单占生　陈庆辉
贺圣遂　贺耀敏　郑宗培　姜新祺　祝君波　郭义强　郭　超
黄小初　黄书元　黄　闽　常汝吉　龚　莉　傅伟中　焦国瑛
董保存　樊希安　潘凯雄

“中国文库”第四辑编辑委员会办公室

主　任　刘伯根

副主任　张贤明

成　员　（按姓名笔画为序）

于殿利　刘晓东　李红强　汪家明　林　阳

徐　俊　管士光

编辑组

李红强　乔先彪　唐　俭　何　奎　陆　源

中国文库

（第四辑）

【哲学社会科学类】

中国伦理思想研究　张岱年 …………………… 江苏教育出版社
中国古代哲学的逻辑发展　冯契 ………………… 东方出版中心
魏晋玄学论稿（增订版）　汤用彤 …… 生活·读书·新知三联书店
易学哲学史　朱伯崑 ………………………………… 昆仑出版社
儒家辩证法研究　庞　朴 ……………………………… 中华书局
唯物辩证法大纲　李　达 …………………………… 人民出版社
郭象与魏晋哲学（增订本）　汤一介 …………… 北京大学出版社
逻辑经验主义的认识论　当代西方科学哲学
　江天骥 ………………………………………… 武汉大学出版社
中国古代思想史论　中国近代思想史论　中国现代思想史论
　李泽厚 ………………………… 生活·读书·新知三联书店
思·史·诗——现象学和存在哲学研究　叶秀山 …… 人民出版社
中国思想史　葛兆光 ………………………………… 复旦大学出版社
有无之境　陈　来 ………………… 生活·读书·新知三联书店
中国社会主义经济问题研究　薛暮桥 ……………… 人民出版社
社会主义经济论稿　孙冶方 ……………… 中国大百科全书出版社
中国经济体制改革的模式研究　刘国光 …… 中国社会科学出版社
农业与工业化　张培刚 ……………………… 华中科技大学出版社
财政信贷综合平衡导论　黄　达 …………… 中国人民大学出版社
非均衡的中国经济　厉以宁 ……………… 中国大百科全书出版社
论竞争性市场体制　吴敬琏　刘吉瑞 …… 中国大百科全书出版社
中国奇迹：回顾与展望　林毅夫 ……………… 北京大学出版社
版权法（修订本）　郑成思 ………………… 中国人民大学出版社
国际法　周鲠生 …………………………………… 武汉大学出版社
国际私法新论　韩德培 …………………………… 武汉大学出版社
刑法哲学　陈兴良 ………………………… 中国政法大学出版社
法理学（第二版）　沈宗灵　张文显 …………… 高等教育出版社

民法解释学　梁慧星 …………………………………… 法律出版社
民俗学概论　钟敬文 ………………………………… 上海文艺出版社
中国心理学史　高觉敷 ……………………………… 人民教育出版社
心理学简札　潘　菽 ………………………………… 人民教育出版社
冷眼向洋　资中筠等 ………………… 生活·读书·新知三联书店

【史学类】

中国文明的起源　夏　鼐 …………………………………… 中华书局
中国古代文明研究　李学勤 ……………… 华东师范大学出版社
甲骨文字释林　于省吾 ………………………………… 中华书局
西欧封建经济形态研究　马克垚 ………………… 人民出版社
魏晋南北朝论丛　唐长孺 ……………………………… 中华书局
东晋门阀政治　田余庆 ……………………………… 北京大学出版社
宋代经济史　漆　侠 …………………………………… 中华书局
西夏史稿　吴天墀 ……………………………… 广西师范大学出版社
明代的军屯　王毓铨 …………………………………… 中华书局
太平天国史　罗尔纲 …………………………………… 中华书局
第二次鸦片战争　蒋孟引 ………… 生活·读书·新知三联书店
辛亥革命史　章开沅 ………………………………… 人民出版社
转折年代——中国的1947年　金冲及 … 生活·读书·新知三联书店
现代化新论——世界与中国的现代化进程(增订本)
　罗荣渠 ……………………………………………… 商务印书馆
糖史　季羡林 ………………………………………… 江西教育出版社
长水集　谭其骧 ……………………………………… 人民出版社
走出中世纪(增订本)　朱维铮 ……………… 复旦大学出版社

【文学类】

马烽小说选　马　烽 ………………………………… 作家出版社
周立波小说选　周立波 …………………………… 湖南文艺出版社
玛拉沁夫小说选　玛拉沁夫 …………………………… 作家出版社
王愿坚小说选　王愿坚 …………………………… 中国青年出版社
李凖小说选　李　凖 ……………………………… 人民文学出版社
王蒙小说选　王　蒙 ……………………………… 人民文学出版社

汪曾祺小说选　　汪曾祺 ……………………………… 人民文学出版社
林斤澜小说选　　林斤澜 ……………………………… 人民文学出版社
李国文小说选　　李国文 ……………………………… 人民文学出版社
邓友梅小说选　　邓友梅 ……………………………… 人民文学出版社
陆文夫小说选　　陆文夫 ……………………………… 江苏文艺出版社
高晓声小说选　　高晓声 ……………………………… 江苏文艺出版社
茹志鹃小说选　　茹志鹃 ……………………………… 江苏文艺出版社
王安忆小说选　　王安忆 ……………………………… 人民文学出版社
铁凝小说选　　铁　凝 ………………………………… 人民文学出版社
史铁生小说选　　史铁生 ……………………………… 人民文学出版社
闻捷诗选　　闻　捷 …………………………………… 人民文学出版社
昌耀诗选　　昌　耀 …………………………………… 人民文学出版社
食指诗选　　食　指 …………………………………… 人民文学出版社
天安门诗抄　　童怀周 ………………………………… 人民文学出版社
朦胧诗选 ………………………………………………… 中国青年出版社
杨朔散文选　　杨　朔 ………………………………… 人民文学出版社
秦牧散文选　　秦　牧 ………………………………… 人民文学出版社
刘白羽散文选　　刘白羽 ……………………………… 人民文学出版社
萧乾散文选　　萧　乾 ………………………………… 人民文学出版社
柯灵散文选　　柯　灵 ………………………………… 人民文学出版社
杨绛散文选　　杨　绛 ………………………………… 人民文学出版社
贾平凹散文选　　贾平凹 ……………………………… 人民文学出版社
邵燕祥散文选　　邵燕祥 ……………………………… 人民文学出版社
1949～2009 剧作选 ……………………………………… 人民文学出版社
1949～2009 报告文学选 ………………………………… 人民文学出版社
1949～2009 儿童文学选 ………………………………… 中国青年出版社
周扬文论选　　周　扬 ………………………………… 人民文学出版社
陈涌文论选　　陈　涌 ………………………………… 人民文学出版社
张光年文论选　　张光年 ……………………………… 人民文学出版社
唐弢文论选　　唐　弢 ………………………………… 人民文学出版社
王瑶文论选　　王　瑶 ………………………………… 人民文学出版社
钱谷融文论选　　钱谷融 ……………………………… 上海文艺出版社
王元化文论选　　王元化 ……………………………… 上海文艺出版社
蔡仪美学文选　　蔡　仪 ……………………………… 河南文艺出版社

1949～2009 文论选 …………………………………… 人民文学出版社

【艺术类】

欧洲绘画史　邵大箴 ………………………… 上海人民美术出版社
中国绘画美学史　陈传席 ………………………… 人民美术出版社
中国工艺美术史　田自秉 ………………………… 东方出版中心
中国书画鉴定　谢稚柳 …………………………… 东方出版中心
琴史初编　许　健 …………………………………… 人民音乐出版社
宗白华美学与艺术文选　宗白华 ………………… 河南文艺出版社
王光祈音乐论著选集
　王光祈著　冯文慈等选注 ……………………… 人民音乐出版社

【科技文化类】

北京城的生命印记　侯仁之 ………… 生活·读书·新知三联书店
说园　陈从周 ………………………………………… 同济大学出版社
古海荒漠　许靖华 …………………… 生活·读书·新知三联书店
科学发现纵横谈　王梓坤 ……………………… 北京师范大学出版社
中国科学思想史　席泽宗 ……………………………… 科学出版社
系统论——系统科学哲学　魏宏森　曾国屏 …… 世界图书出版公司
科学的历程(第二版)　吴国盛 ……………………… 北京大学出版社

【综合·普及类】

傅雷书信集　傅　雷 ………………… 生活·读书·新知三联书店
诗词格律概要 诗歌格律十讲　王　力………… 世界图书出版公司
一氓书缘　李一氓 …………………… 生活·读书·新知三联书店
上学记(修订版)　何兆武 …………… 生活·读书·新知三联书店

目录

中国美学史中重要问题的初步探索

第一题　引言——中国美学史的特点和学习方法

一、学习中国美学史有特殊的优点和特殊的困难

我们学习中国美学史，要注意它的特点：

（一）中国历史上，不但在哲学家的著作中有美学思想，而且在历代著名的诗人、画家、戏剧家……所留下的诗文理论、绘画理论、戏剧理论、音乐理论、书法理论中，也包含有丰富的美学思想，而且往往还是美学思想史中的精华部分。这样，学习中国美学史，材料就特别丰富，牵涉的方面也特别多。

（二）中国各门传统艺术（诗文、绘画、戏剧、音乐、书法、雕塑、建筑）不但都有自己独特的体系，而且各门传统艺术之间，往往互相影响，甚至互相包含（例如诗文、绘画中可以找到园林建筑艺术所给予的美感或园林建筑要求的美，而园林建筑艺术又受诗歌绘画的影响，具有诗情画意）。因此，各门艺术在美感特殊性方面，在审美观方面，往往可以找到许多相同之处或相通之处。

充分认识以上特点，便可以明白，学习中国美学史，有它的特殊的困难条件，有它的特殊的优越条件，因而也就有特殊的趣味。

二、学习中国美学史在方法上要注意的问题

学习中国美学史，在方法上要掌握魏晋六朝这一中国美学思想大转折的关键。这个时代的诗歌、绘画、书法，例如陶潜、谢灵运、顾恺之、钟繇、王羲之等人的作品，对于唐以后的艺术的发展有着极大的开启作用。而这个时代的各种艺术理论，如陆机《文赋》、刘勰《文心雕龙》、钟嵘《诗品》、谢赫《古画品录》里的《绘画六法》，更为后来文学理论和绘画理论的发展奠定了基础。因此过去对于美学史的研究，往往就从这个时代开始，而对于先秦和汉代的美学思想几乎很少接触。但是中国从新石器时代以来一直到汉代，这一漫长的时间内，的确存在过丰富的美学思想，这些美学思想有着不同于六朝以后的特点。我们在《诗经》、《易经》、《乐记》、《论语》、《孟子》、《荀子》、《老子》、《庄子》、《墨子》、《韩非子》、《淮南子》、《吕氏春秋》，以至《汉赋》中，都可发现这样的资料。特别是近年来考古发掘方面有极伟大的新成就（参看夏鼐：《新中国的考古收获》）。大量的出土文物器具给我们提供了许多新鲜的古代艺术形象，可以同原有的古代文献资料互相印证，启发或加深我们对原有文献资料的认识。因此在学习中国美学史时，要特别注意考古学和古文字学的成果。从美学的角度对这些成果加以分析和研究，将提供许多新的资料和新的启发，使美学史的研究可以从六朝再往上推，以填补美学史研究中这一段重要的空白。

第二题 先秦工艺美术和古代哲学文学中所表现的美学思想

一、把哲学、文学著作和工艺、美术品联系起来研究

中国先秦出了许多著名的哲学家。他们不可能不谈到美的问题,也不可能不发表对于艺术的见解。尤其是庄子,往往喜欢用艺术做比喻说明他的思想。孔子也曾经用绘画来比喻礼,用雕刻来比喻教育。孟子对美下了定义。《吕氏春秋》、《淮南子》谈到音乐。《礼记·乐记》更提供了一个相当完整的美学思想体系。

但是仅仅限于文字,我们对于这些古代思想家的美学思想往往了解得不具体,因而不深刻,我们应该结合古代的工艺品、美术品来研究。例如,结合汉代壁画和古代建筑来理解汉朝人的赋;结合发掘出来的编钟来理解古代的乐律,结合楚墓中极其艳丽的图案来理解《楚辞》的美,等等。这种结合研究所以是必要的,一方面是因为古代劳动人民创造工艺品时不单表现了高度技巧,而且表现了他们的艺术构思和美的理想(表现了工匠自己的美学思想),像马克思所说,他们是按照美的规律来创造的;另一方面是因为古代哲学家的思想,无论在表面上看来是多么虚幻(如庄子),但严格讲起来都是对当时现实社会,对当时的实际的工艺品、美术品的批评。因此脱离当时的工艺美术的实际材料,就很难透彻理解他们的真实思想。

恩格斯说过:"原则不是研究的出发点,而是它的最终结果;这些原则不是被应用于自然界和人类历史,而是从它们中抽象出来的;不是自然界和人类去适应原则,而是原则只有在适合于自然界和历史的情况下才是正确的。"(《反杜林论》第32页)毛主席也说:"我们讨论问题,应当从实际出发,不是从定义出发。"(《毛泽东选集》第三卷第875页)我们现在来研究中国美学史,应该努力运用经典作家所指

示的这种理论联系实际的科学的研究方法。

二、错采镂金的美和芙蓉出水的美

鲍照比较谢灵运的诗和颜延之的诗,谓谢诗如“初发芙蓉,自然可爱”,颜诗则是“铺锦列绣,雕缋满眼”。《诗品》:“汤惠休曰:谢诗如芙蓉出水,颜诗如错采镂金。颜终身病之。”(见钟嵘《诗品》、《南史·颜延之传》)这可以说是代表了中国美学史上两种不同的美感或美的理想。

这两种美感或美的理想,表现在诗歌、绘画、工艺美术等各个方面。

楚国的图案、楚辞、汉赋、六朝骈文、颜延之诗、明清的瓷器,一直存在到今天的刺绣和京剧的舞台服装,这是一种美,“镂金错采、雕缋满眼”的美。汉代的铜器、陶器,王羲之的书法,顾恺之的画,陶潜的诗,宋代的白瓷,这又是一种美,“初发芙蓉,自然可爱”的美。

魏晋六朝是一个转变的关键,划分了两个阶段。从这个时候起,中国人的美感走到了一个新的方面,表现出一种新的美的理想。那就是认为“初发芙蓉”比之于“镂金错采”是一种更高的美的境界。在艺术中,要着重表现自己的思想,自己的人格,而不是追求文字的雕琢。陶潜作诗和顾恺之作画,都是突出的例子。王羲之的字,也没有汉隶那么整齐,那么有装饰性,而是一种“自然可爱”的美。这是美学思想上的一个大的解放。诗、书、画开始成为活泼泼的生活的表现,独立的自我表现。

这种美学思想的解放在先秦哲学家那里就有了萌芽。从三代铜器那种整齐严肃、雕工细密的图案中,我们可以推知先秦诸子所处的艺术环境是一个“镂金错采、雕缋满眼”的世界。先秦诸子对于这种艺术境界各自采取了不同的态度。一种是对这种艺术取否定的态度。如墨子,认为是奢侈、骄横、剥削的表现,使人民痛苦,对国家没有好处,所以他“非乐”,即反对一切艺术。又如老庄,也否定艺术。庄子重视精神,轻视物质表现。老子说:“五音令人耳聋,五色令人目盲。"另一种对这种艺术取肯定的态度,这就是孔孟一派。艺术表现在礼器上,乐器上。孔孟是尊重礼乐的,但他们也并非盲目受礼乐控制,而要寻求礼乐的本质和根源,进行分析批判。总之,不论肯定艺术还是否定艺术,我们都可以看到一种批判的态度,一种思想解放的倾向。这对后来的美学思想,有极大的影响。

但是实践先于理论,工匠艺术家更要走在哲学家的前面。先在艺术实践上表现出一个新的境界,才有概括这种新境界的理论。现在我们有一个极珍贵的出土铜器,证明早于孔子一百多年,就已从"镂金错采、雕缋满眼"中突出一个活泼、生动、自然的形象,成为一种独立的表现,把装饰、花纹、图案丢在脚下了。这个铜器叫"莲鹤方壶"。它从真实自然界取材,不但有跃跃欲动的龙和螭,而且还出现了植物:莲花瓣。表示了春秋之际造型艺术要从装饰艺术独立出来的倾向。尤其顶上站着一只张翅的仙鹤象征着一种新的精神,一个自由解放的时代(原列故宫太和殿,现列历史博物馆)。

郭沫若对于此壶曾作了很好的论述:

> 此壶全身均浓重奇诡之传统花纹,予人以无名之压迫,几可窒息。乃于壶盖之周骈列莲瓣二层,以植物为图案,器在秦汉以前者,已为余所仅见之一例。而于莲瓣之中央复立一清新俊逸之白鹤,翔其双翅,单其一足,微隙其喙作欲鸣之状,余谓此乃时代精神之一象征也。此鹤初突破上古时代之鸿蒙,正踌躇满志,睥睨一切,践踏传统于其脚下,而欲作更高更远之飞翔。此正春秋初年由殷周半神话时代脱出时,一切社会情形及精神文化之一如实表现。(《殷周青铜器铭文研究》)

这就是艺术抢先表现了一个新的境界,从传统的压迫中跳出来。对于这种新的境界的理解,便产生出先秦诸子的解放的思想。

上述两种美感,两种美的理想,在中国历史上一直贯穿下来。

六朝的镜铭:"鸾镜晓匀妆,慢把花钿饰,真如绿水中,一朵芙蓉出。"(《金石索》)在镜子的两面就表现了两种不同的美。后来宋词人李德润也有这样的句子:“强整娇姿临宝镜,小池一朵芙蓉。”被况周颐评为“佳句”(《蕙风词话》)。

钟嵘很明显赞美“初发芙蓉”的美。唐代更有了发展。唐初四杰,还继承了六朝之华丽,但已有了一些新鲜空气。经陈子昂到李太白,就进入了一个精神上更高的境界。李太白诗:“清水出芙蓉,天然去雕饰”,“自从建安来,绮丽不足珍。圣代复元古,垂衣贵清真”。“清真”也就是清水出芙蓉的境界。杜甫也有“直取性情真”的诗句。司空图《诗品》虽也主张雄浑的美,但仍倾向于“清水出芙蓉”的美:“生气远出,妙造自然。”宋代苏东坡用奔流的泉水来比喻诗文。他要求诗文的境界要“绚烂之极归于平淡”,即不是停留在工艺美术的境界,而要上升到表现思想情感的境界。平淡并不是枯淡,中国向来把“玉”作为美的理想。玉的美,即“绚烂之极归于平淡”的美。可以说,一切艺术的美,以至于人格的美,都趋向玉的美:内部有光彩,但这是含蓄的光彩,这种光彩是极绚烂,又极平淡的。苏轼又说:“无穷出清新。”“清新”与“清真”也是同样的境界。

清代刘熙载《艺概》也认为这两种美应“相济有功”。即形式的美与思想情感的表现结合,要有诗人自己的性格在内。近代王国维《人间词话》提出诗的“隔”与“不隔”之分。清真清新如陶谢便是“不隔”,雕缋雕琢如颜延之便是“隔”。“池塘生春草”好处就在“不隔”。而唐代李商隐的诗则可说是一种“隔”的美。

这条线索,一直到现在还是如此。我们京剧舞台上有浓厚的彩色的美,美丽的线条,再加上灯光,十分动人。(但艺术家不应停留在这境界,要如仙鹤高飞,向更高的境界走,表现出生活情感来。)我们人民大会堂的美也可以说是绚烂之极归于平淡。这是美感的深度问题。

这两种美的理想,从另一个角度看,正是艺术中美和真、善的关系问题。

艺术的装饰性,是艺术中美的部分。但艺术不仅要满足美的要求,而且要满足思想的要求,要能从艺术中认识社会生活、社会阶级斗争和社会发展规律。艺术品中本来有这两个部分:思想性和艺术性。真、善、美，这是统一的要求。片面强调美，就走向唯美主义；片面强调真，就走向自然主义。这种关系，在古代艺术家（工匠）那里，主要就是如何把统治阶级的政治含义表现美，即把器具装饰起来以达到政治的目的。另一方面，当时的哲学家、思想家在对这些实际艺术品进行批判时，也就提供了关于美同真、善的关系的不同见解。如孔子批判过分装饰，而强调教育的价值；老庄讲自然，根本否定艺术，要求放弃一切的美，归真返朴；韩非子讲法，认为美使人心动摇、浪漫，应该反对；墨子反对音乐，认为音乐引导统治阶级奢侈、不顾人民痛苦，认为美和善是相违背的。

三、虚和实（一）《考工记》

先秦诸子用艺术作譬喻来说明他们的哲学思想，反过来，他们的哲学思想对后代艺术的发展也起了很大影响。我们提出其中最重要的一个观念，即虚和实的观念，结合这一观念在以后的发展来谈一谈。

《考工记》“梓人为笱虡”章已经启发了虚和实的问题。钟和磬的声音本来已经可以引起美感，但是这位古代的工匠在制作笋虡时却不是简单地做一个架子就算了，他要把整个器具作为一个统一的形象来进行艺术设计。在鼓下面安放着虎豹等猛兽，使人听到鼓声，同时看见虎豹的形状，两方面在脑中虚构结合，就好像是虎豹在吼叫一样。这样，一方面木雕的虎豹显得更有生气，而且鼓声也形象化了，格外有情味，整个艺术品的感动力量就增加了一倍。在这里，艺术家创造的形象是“实”，引起的我们的想象是“虚”，由形象产生的意象境界就是虚实的结合。一个艺术品，没有欣赏者的想象力的活跃，是死的，没有生命的。一张画可使你神游，神游就是“虚”。

《考工记》所表现的这种虚实结合的思想，是中国艺术的一个特点。中国画很重视空白。如马远就因常常只画一个角落而得名“马一角”。剩下的空白并不填实，是海，是天空，却并不感到空。空白处更有意味。中国书家也讲究布白，要求“计白当黑”。中国戏曲舞台上也利用虚空,如“刁窗”,不用真窗,而用手势配合音乐的节奏来表演,既真实又优美。中国园林建筑更是注重布置空间、处理空间。这些都说明,以虚带实,以实带虚,虚中有实,实中有虚,虚实结合,这是中国美学思想中的核心问题。

虚和实的问题,这是一个哲学宇宙观的问题。

这可以分成两派来讲:一派是孔孟,一派是老庄。老庄认为虚比真实更真实,是一切真实的原因。没有虚空存在,万物就不能生长,就没有生命的活跃。儒家思想则从实出发。如孔子讲“文质彬彬”,一方面内部结构好,一方面外部表现好。孟子也说:“充实之谓美。”但是孔孟也并不只停留于实,而是从实到虚,发展到神妙的意境:“充实而有光辉之谓大,大而化之之谓圣,圣而不可知之之谓神。”圣而不可知之,就是虚:只能体会,只能欣赏,不能解说,不能摹仿。所以孟子与老庄并不矛盾。他们都认为宇宙是虚和实的结合,也就是易经上的阴阳结合。易系辞传:“易之为道也,累迁。变动不居,周流六虚。”世界是变的,而变的世界对我们最显著的表现,就是有生有灭,有虚有实,万物在虚空中流动、运化,所以老子说:“有无相生”,“虚而不屈,动而愈出”。

这种宇宙观表现在艺术上,就要求艺术也必须虚实结合,才能真实地反映有生命的世界。中国画是线条,线条之间就是空白。石涛的巨幅画《搜尽奇峰打草稿》(故宫藏),越满越觉得虚灵动荡,富有生命,这就是中国画的高妙处。六朝庾子山的小赋也有这种情趣。

四、虚和实(二)化景物为情思

上面讲了虚实问题的一个方面,即思想家认为客观现实是个虚实结合的世界,所以反映为艺术,也应该虚实结合,才有生命。现在再讲虚实问题的另一个方面,即思想家还认为艺术要主观和客观相结合,才能创造美的形象。这就是化景物为情思的思想。

宋人范晞文《对床夜语》说:“不以虚为虚,而以实为虚,化景物为情思,从首至尾,自然如行云流水,此其难也。”

化景物为情思，这是对艺术中虚实结合的正确定义，以虚为虚，就是完全的虚无；以实为实，景物就是死的，不能动人；唯有以实为虚，化实为虚，就有无穷的意味，幽远的境界。

清人笪重光《画荃》说："实景清而空景现"，"真境逼而神境生"，"虚实相生，无画处皆成妙境"。清人邹一桂《小山画谱》说："实者逼肖，则虚者自出。"这些话也是对于虚实结合的很好说明。艺术通过逼真的形象表现出内在的精神，即用可以描写的东西表达出不可以描写的东西。

我们举一些实例来说明这个问题。

《三岔口》这出京戏，并不熄掉灯光，但夜还是存在的。这里夜并非真实的夜，而是通过演员的表演在观众心中引起虚构的黑夜，是情感思想中的黑夜。这是一种"化景物为情思"。

《梁祝相送》可以不用布景，而凭着演员的歌唱、谈话、姿态表现出四周各种多变的景致。这景致在物理学上不存在，在艺术上却是存在的，这是"无画处皆成妙境"。这不但表现出景物，更重要的是结合着表现了内在的精神。因此就不是照相的真实，而是挖掘得很深的核心的真实。这又是一种"化景物为情思"。

《史记·封禅书》写海外三神山，用虚虚实实的文笔，描写空灵动荡的风景，同时包含着对汉武帝的讽刺。作家要表现的是历史上真实的事件，却用了一种不易捉摸的文学结构，以寄托他自己的情感、思想、见解。这是"化景物为情思"，表现出司马迁的伟大艺术天才。

范晞文《对床夜语》论杜甫诗："老杜多欲以颜色字置第一字，却引实事来。如'红入桃花嫩，青归柳叶新'是也。不如此，则语既弱而气亦馁。""红"本属于客观景物，诗人把它置第一字，就成了感觉、情感里的"红"。它首先引起我们的感觉情趣，由情感里的"红"再进一步见到实在的桃花。经过这样从情感到实物，"红"就加重了，提高了。实化成虚，虚实结合，情感和景物结合，就提高了艺术的境界。

诗人欧阳修有首诗："夜凉吹笛千山月，路暗迷人百种花，棋罢不知人换世，酒阑无赖客思家。"这里情感好比是水，上面飘浮着景物。一种忧郁美丽的基本情调，把几种景致联系了起来。化实为虚，化景物为情思，于是成就了一首空灵优美的抒情诗。

《诗经·硕人》："手如柔荑，肤如凝脂，领如蝤蛴，齿如瓠犀，螓首娥眉，巧笑倩兮，美目盼兮。"前五句堆满了形象，非常"实"，是"镂金错采、雕缋满眼"的工笔画。后二句是白描，是不可捉摸的笑，是空灵，是"虚"。这二句不用比喻的白描，使前面五句形象活动起来了。没有这二句，前面五句可以使人感到是一个庙里的观音菩萨。有了这二句，就完成了一个如"初发芙蓉，自然可爱"的美人形象。

近人王蕴章《燃脂余韵》载："女士林韫林，福建莆田人，暮春济宁（山东）道上得诗云：'老树深深俯碧泉，隔林依约起炊烟，再添一个黄鹂语，便是江南二月天。'有依此绘一便面（扇面）者，韫林曰：'画固好，但添个黄鹂，便失我言外之情矣。'"在这里，诗的末二句是由景物所生起之"情思"，得此二句遂能化景物为情思，完成诗境，亦即画境进入诗境。诗境不能完全画出来，此乃"诗"与"画"的区别所在。画实而诗为画中之虚。虚与实，画与诗，可以统一而非同一。

以上所说化景物为情思、虚实结合，在实质上就是一个艺术创造的问题。艺术是一种创造，所以要化实为虚，把客观真实化为主观的表现。清代画家方士庶说："山川草木，造化自然，此实境也；画家因心造境，以手运心，此虚境也。虚而为实，在笔墨有无间。"（《天慵庵随笔》）这就是说，艺术家创造的境界尽管也取之于造化自然，但他在笔墨之间表现了山苍木秀、水活石润，是在天地之外别构一种灵奇，是一个有生命的、活的，世界上所没有的新美、新境界。凡真正的艺术家都要做到这一点，虽然规模大小不同，但都必须有新的东西，新的体会，新的看法，新的表现，他的作品才能丰富世界，才有价值，才能流传。

五、《易经》的美学（一）贲卦

《易经》是儒家经典，包含了宝贵的美学思想。如《易经》有六个字："刚健、笃实、辉光"，就代表了我们民族一种很健全的美学思想。《易经》的许多卦，也富有美学的启发，对于后来艺术思想的发展很有影响。六朝刘勰《文心雕龙·情采篇》说:"是以衣锦褧衣,恶文太章,贲象穷白,贵乎反本。"又《征圣篇》说:"文章昭晰以象'离'。""贲"和"离"都是《易经》里的卦名。这位伟大的文学理论家从易卦里也得到美学思想的启发。所以我也不放弃在这里面探索一下中国古代美学思想。

我们先介绍"贲"卦的美学。总起来说,贲卦讲的是一个文与质的关系问题。

贲䷕ 贲者饰也,用线条勾勒出突出的形象。这同中国古代绘画思想有联系。《论语》记孔子的话:"绘事后素。"(郑康成注:"绘画,文也。凡绘画先布众色,然后以素分布其间,以成其文。")《韩非子》记"客有为周君画荚者"的故事,都说明中国古代绘画十分重视线条,这对我们理解贲卦有帮助。现在我们分三点来谈一谈贲卦的美学思想。

(一)象曰:"山下有火。"夜间山上的草木在火光照耀下,线条轮廓突出,是一种美的形象。"君子以明庶政",是说从事政治的人有了美感,可以使政治清明。但是判断和处理案件却不能根据美感,所说"无敢折狱"。这表明了美和艺术(文饰)在社会生活中的价值和局限性。

(二)王廙(王羲之的叔父)曰:"山下有火,文相照也。夫山之为体,层峰峻岭,峭崄参差,直置其形,已如雕饰,复加火照,弥见文章,贲之象也。"(李鼎祚《周易集解》)美首先见于雕饰,即雕饰的美。但经火光一照,就不只是雕饰的美,而是装饰艺术进到独立的艺术:文章。文章是独立纯粹的艺术。在火光照耀下,山岭形象有一部分突出,一部分看不见,这好像是艺术的选择。由雕饰的美发展到了以线条为主的绘画的美,更提高了艺术家的创造性,更能表现艺术家自己的情感。王廙的时代正是山水画萌芽的时代,他上述的话,表明中国画家已在山水里头见到文章了。这是艺术思想的重要发展。

唐人张彦远《历代名画记》:唐以前山水大抵"群峰之势,若钿饰、犀栉,或水不容泛,或人大于山","石则务于雕透,如冰澌斧刃,绘树则刷脉镂叶,多栖梧菀柳,功倍愈拙,不胜其色"。这是批评当时的山水画停留在雕琢的美，而没有用人的诗的境界来加以概括，使山水成为一首诗，一篇文章。这同样表示了艺术思想的发展，要求像火光的照耀作用一样，用人的精神对自然山水加以概括，组织成自己的文章，从雕饰的美，进到绘画的美。

（三）我们在前面讲到过两种美感、两种美的理想：华丽繁富的美和平淡素净的美。贲卦中也包含了这两种美的对立。"上九，白贲，无咎。"贲本来是斑纹华采，绚烂的美。白贲，则是绚烂又复归于平淡。所以荀爽说："极饰反素也。"有色达到无色，例如山水花卉画最后都发展到水墨画，才是艺术的最高境界。所以《易经》杂卦说："贲，无色也。"这里包含了一个重要的美学思想，就是认为要质地本身放光，才是真正的美。所谓"刚健、笃实、辉光"就是这个意思。

这种思想在中国美学史上影响很大。像六朝人的四六骈文、诗中的对句、园林中的对联。讲究华丽词藻的雕饰，固是一种美，但向来被认为不是艺术的最高境界。要自然、朴素的白贲的美才是最高的境界。汉刘向《说苑》：孔子卦得贲，意不平，子张问，孔子曰，"贲，非正色也，是以叹之"，"吾闻之，丹漆不文，白玉不雕，宝珠不饰。何也？质有余者，不受饰也"。最高的美，应该是本色的美，就是白贲。刘熙载《艺概》说："白贲占于贲之上爻，乃知品居极上之文，只是本色。"所以中国人的建筑，在正屋之旁，要有自然可爱的园林；中国人的画，要从金碧山水，发展到水墨山水；中国人作诗作文，要讲究"绚烂之极，归于平淡"。所有这些，都是为了追求一种较高的艺术境界，即白贲的境界。白贲，从欣赏美到超脱美，所以是一种扬弃的境界。刘勰《文心雕龙》里说："衣锦褧衣，恶文太章，贲象穷白，贵乎反本。"（按《中庸》："衣锦尚絅，恶其文太著也。"）这也是贲卦在后代确实起了美学的指导作用的证明。

六、《易经》的美学（二）离卦

离☲　离卦和中国古代工艺美术、建筑艺术都有联系，同时也表明了古代艺术和生产劳动之间的联系。我们分四点对离卦的美学作一简单说明：

（一）离者丽也。古人认为附丽在一个器具上的东西是美的。离，既有相遭遇的意思，又有相脱离的意思，这正是一种装饰的美。这可以见到离卦的美是同古代工艺美术相联系的。工艺美术就是器。器是人类的创造，如马克思所指出的，它包含了人类的本质力量，是一本打开了的人类的心理学。所以器具的雕饰能够引起美感。附丽和美丽的统一，这是离卦的一个意义。

（二）离也者，明也。"明"古字，一边是月，一边是窗。月亮照到窗子上，是为明。这是富有诗意的创造。而离卦本身形状雕空透明，也同窗子有关。这说明离卦的美学和古代建筑艺术思想有关。人与外界既有隔又有通，这是中国古代建筑艺术的基本思想。有隔有通，这就依赖着雕空的窗门。这就是离卦包含的又一个意义。有隔有通，也就是实中有虚。这不同于埃及金字塔及希腊神庙等的团块造型。中国人要求明亮，要求与外面广大世界相交通。如山西晋祠，一座大殿完全是透空的。《汉书》记载武帝建元元年有学者名公玉带，上黄帝时明堂图，谓明堂有四殿，四面无壁，水环宫垣，古语"堂厦"。"厦"即四面无墙的房子。这说明离卦的美学乃是虚实相生的美学，乃是内外通透的美学。

（三）丽者并也。丽加人旁，成俪，即并偶的意思。即两个鹿并排在山中跑。这是美的景象。在艺术中，如六朝骈俪文，如园林建筑里的对联，如京剧舞台上的形象的对比、色彩的对称等，都是并俪之美。这说明离卦又包含有对偶、对称、对比等对立因素可以引起美感的思想。

（四）《易系辞下传》："作结绳而为罔罟，以佃以渔，盖取诸离䷝。"这是一种唯心主义的颠倒。我们把它倒转过来，就可以看出，古人关于离卦的思想，同生产工具的网有关。网，能使万物附丽在网上（网，古人觉得是美的，古代陶器上常以网纹为装饰），同时据此发挥了离卦以附丽为美的思想，以通透如网孔为美的思想。

《易经》中的咸卦䷞也同美学有关。限于篇幅，我们不作介绍了。

在这个题目结束的时候，我们介绍两篇文章，以说明先秦文学艺术和美学思想所以能够发达的社会政治背景。一篇是章学诚《文史通义·诗教》(上、下),他指出当时文学的发达同纵横家在当时政治斗争中的活动有关;一篇是刘师培《论文杂记》,他指出春秋战国文学的发达同当时统治阶级中"行人之官"(外交使节)的活动有关。复杂的政治斗争丰富了他们的经验,增加了他们的见识,锻炼了他们的才能,因此他们能写出那样好的文章诗赋。这两篇文章的分析不能说完全周到,但是可以供我们参考。

第三题　中国古代的绘画美学思想

一、从线条中透露出形象姿态

我们前面讲过,埃及、希腊的建筑、雕刻是一种团块的造型。米开朗琪罗说过:一个好的雕刻作品,就是从山上滚下来滚不坏的。他们的画也是团块。中国就很不同。中国古代艺术家要打破这团块,使它有虚有实,使它疏通。中国的画,我们前面引过《论语》"绘事后素"的话以及《韩非子》"客有为周君画荚者"的故事,说明特别注意线条,是一个线条的组织。中国雕刻也像画,不重视立体性,而注意在流动的线条。(中国古代的绘画和雕刻是一致的。畫,即古"画"字,郭沫若认为下面不是"田"字,是个"周"字,"周"就是"琱琱"。可见古代的画,就是琱,画与琱琱打成一片。这一点,希腊也是同样。不过希腊的绘画和雕刻是统一于雕刻,中国则统一于绘画。敦煌的雕塑,背后就有美丽的壁画,雕塑的线条色彩和背后壁画的线条色彩是分不开的,雕塑本身就构成为壁画的一个部分。——原注)中国的建筑,我们以前已讲过了。中国戏曲的程式化,就是打破团块,把一整套行动,化为无数线条,再重新组织起来,成为一个最有表现力的美的形象。翁偶虹介绍郝寿臣所说的表演艺术中的"叠折儿"说:折儿是从线条中透露出形象姿态的意思。这个特点正可以借来表明中国画以至中国雕刻的特点。中国的“形”字旁就是三根毛，以三根毛来代表形体上的线条。这也说明中国艺术的形象的组织是线纹。

由于把形体化成为飞动的线条，着重于线条的流动，因此使得中国的绘画带有舞蹈的意味。这从汉代石刻画和敦煌壁画（飞天）可以看得很清楚。有的线条不一定是客观实在所有的线条，而是画家的构思。画家的意境中要求一种有节奏的联系。例如东汉石画像上的一幅画，两根流动的线条就是画家凭空加上的。这使得整个形象表现得更美，同时更深一层地表现内容的内部节奏。这好比是舞台上的伴奏音乐。伴奏音乐烘托和强化舞蹈动作，使之成为艺术。用自然主义的眼光是不可能理解的。

荷兰大画家伦勃朗是光的诗人。他用光和影组成他的画，画的形象就如同从光和影里凸出的一个雕刻。法国大雕刻家罗丹的韵律也是光的韵律。中国画却是线的韵律，光不要了，影也不要了。“客有为周君画荚者”的故事中讲的那种漆画，要等待阳光从一定角度的照射，才能突出形象。在韩非子看来，价值就不高，甚至不能算作画了。

从中国画注重线条，可以知道中国画的工具——笔墨的重要，中国的笔发现很早，殷代已有了笔，仰韶文化的陶器上已经有用笔画的鱼。在楚国墓中也发现了笔，中国的笔有极大的表现力，因此笔墨二字，不但代表绘画和书法的工具，而且代表了一种艺术境界。

我国现存的一幅时代古老的画，是一九四九年长沙出土的晚周帛画。对于这幅画，郭沫若作了这样极有诗意的解释：

> 画中的凤与夔，毫无疑问是在斗争。夔的唯一的一只脚伸向凤颈抓拿，凤的前屈的一只脚也伸向夔腹抓拿。夔是死沓沓地绝望地拖垂着的，凤却矫健鹰扬地呈现着战胜者的神态。
>
> 的确，这是善灵战胜了恶灵，生命战胜了死亡，和平战胜了灾难。这是生命胜利的歌颂，和平胜利的歌颂。画中的女子，我觉得不好认为巫女。那是一位很现实的正常女人的形象。并没有什么妖异的地方。从画中的位置看来，女子是分明站在凤鸟

一边的。因此我们可以肯定地说，画的意义是一位好心肠的女子，在幻想中祝祷着：经过斗争的生命的胜利、和平的胜利。

画的构成很巧妙地把幻想与现实交织着，充分表现着战国时代的时代精神。

虽然规模有大小的不同，和屈原的《离骚》的构成有异曲同工之妙。但比起《离骚》来，意义却还要积极一些：因为这里有斗争，而且有斗争必然胜利的信念。画家无疑是有意识地构成这个画面的，不仅布置匀称，而且意象轩昂。画家是站在时代的焦点上，牢守着现实的立场，虽然他为时代所限制，还没有可能脱尽古代的幻想。

这是中国现存的最古的一幅画，透过两千年的岁月的铅幕，我们听出了古代画工的搏动着的心音。（《文史论集》第296—297页）

现在我们要注意的是，这样一幅表现了战国时代的时代精神的含义丰富的画，它的形象正是由线条组成的。换句话说，它是凭借中国画的工具——笔墨而得到表现的。

二、气韵生动和迁想妙得（见洛阳西汉墓壁画）

六朝齐的谢赫，在《古画品录》序中提出了绘画“六法”，成为中国后来绘画思想、艺术思想的指导原理。“六法”就是：（一）气韵生动，（二）骨法用笔，（三）应物象形，（四）随类赋彩，（五）经营位置，（六）传移模写。

希腊人很早就提出“模仿自然”。谢赫“六法”中的“应物象形”、“随类赋彩”是模仿自然，它要求艺术家睁眼看世界：形象、颜色，并把它表现出来。但是艺术家不能停留在这里。否则就是自然主义。艺术家要进一步表达出形象内部的生命。这就是“气韵生动”的要求。气韵生动，这是绘画创作追求的最高目标，最高的境界，也是绘画批评的主要标准。

气韵,就是宇宙中鼓动万物的“气”的节奏、和谐。绘画有气韵,就能给欣赏者一种音乐感。六朝山水画家宗炳,对着山水画弹琴,“欲令众山皆响”,这说明山水画里有音乐的韵律。明代画家徐渭的《驴背吟诗图》,使人产生一种驴蹄行进的节奏感,似乎听见了驴蹄的的答答的声音。这是画家微妙的音乐感觉的传达。其实不单绘画如此。中国的建筑、园林、雕塑中都潜伏着音乐感——即所谓“韵”。西方有的美学家说:一切的艺术都趋向于音乐。这话是有部分的真理的。

再说“生动”。谢赫提出这个美学范畴,是有历史背景的。在汉代,无论绘画、雕塑、舞蹈、杂技,都是热烈飞动、虎虎有生气的。画家喜欢画龙、画虎、画飞鸟、画舞蹈中的人物。雕塑也大多表现动物。所以,谢赫的“气韵生动”,不仅仅是提出了一个美学要求,而且首先是对于汉代以来的艺术实践的一个理论概括和总结。

谢赫以后,历代画论家对于“六法”继续有所发挥。如五代的荆浩解释“气韵”二字:“气者,心随笔运,取象不惑。韵者,隐迹立形,备遗不俗。”(《笔法记》)这就是说,艺术家要把握对象的精神实质,取出对象的要点,同时在创造形象时又要隐去自己的笔迹,不使欣赏者看出自己的技巧。这样把自我溶化在对象里,突出对象的有代表性的方面,就成功成为典型的形象了。这样的形象就能让欣赏者有丰富的想象的余地。所以黄庭坚评李龙眠的画时说,“韵”者即有余不尽。

为了达到“气韵生动”,达到对象的核心的真实,艺术家要发挥自己的艺术想象。这就是顾恺之论画时说的“迁想妙得”。一幅画既然不仅仅描写外形,而且要表现出内在神情,就要靠内心的体会,把自己的想象迁入对象形象内部去,这就叫“迁想”;经过一番曲折之后,把握了对象的真正神情,是为“妙得”;颊上三毛,可以说是“迁想妙得”了——也就是把客观对象的真正特性,把客观对象的内在精神表现出来了。

顾恺之说:“台榭一定器耳,难成而易好,不待迁想妙得也。”这是受了时代的限制。后来山水画发达起来,同样有人的灵魂在内,寄托了人的思想情感,表现了艺术家的个性。譬如倪云林画一幅茅亭,就不是一张建筑设计图,而是凝结着画家的思想情感,传达出了画家的风貌。这就同样需要"迁想妙得"。

总之,"迁想妙得"就是艺术想象,或如现在有些人用的术语:形象思维。它概括了艺术创造、艺术表现方法的特殊性。后来荆浩《笔法记》提出的图画六要中的"思"("思者,删拨大要,凝想形物"),也就是这个"迁想妙得"。

三、骨力、骨法、风骨

前面说到,笔墨是中国画的一个重要特点。笔有笔力。卫夫人说:"点如坠石",即一个点要凝聚了过去的运动的力量。这种力量是艺术家内心的表现,但并非剑拔弩张,而是既有力,又秀气。这就叫做"骨"。"骨"就是笔墨落纸有力、突出,从内部发挥一种力量,虽不讲透视却可以有立体感,对我们产生一种感动力量。骨力、骨气、骨法,就成了中国美学中极重要的范畴。不但使用于绘画理论中(如顾恺之《魏晋胜流画赞》,几乎对每一个人的批评都要提到"骨"字),而且也使用于文学批评中(如《文心雕龙》有《风骨》篇)。

所谓"骨法",在绘画中,粗浅来说,有如下两方面的含义:

(一)形象、色彩有其内部的核心,这是形象的"骨"。画一只老虎,要使人感到它有"骨"。"骨",是生命和行动的支持点(引申到精神方面,就是有气节,有骨头,站得住),是表现一种坚定的力量,表现形象内部的坚固的组织。因此"骨"也就反映了艺术家主观的感觉、感受,表现了艺术家主观的情感态度。艺术家创造一个艺术形象,有褒贬,有爱憎,有评价。艺术家一下笔就是一个判断。在舞台上,丑角出台,音乐是轻松的,不规则的,跳动的;大将出台,音乐就变得庄严了。这种音乐伴奏,就是艺术家对人物的评价。同样,"骨"不仅是对形象内部核心的把握,同时也包含着艺术家对于人物事件的评价。

(二)"骨"的表现要依赖于"用笔"。张彦远说:"夫象物必在于形似,而形似须全其骨气;骨气形似,皆本于立意而归于用笔。"(《历代名画记》)这里讲到了"骨气"和"用笔"的关系。为什么"用笔"这么要紧?这要考虑到中国画的"笔"的特点。中国画用毛笔。毛笔有笔锋,有弹性。一笔下去,墨在纸上可以呈现出轻重浓淡的种种变化。无论是点,是面,都不是几何学上的点与面(那是图案画),不是平的点与面,而是圆的,有立体感的。中国画家最反对平扁,认为平扁不是艺术。就是写字,也不是平扁的。中国书法家用中锋写的字,背阳光一照,正中间有道黑线,黑线周围是淡墨,叫做"绵裹铁"。圆滚滚的,产生了立体的感觉,也就是引起了"骨"的感觉。中国画家多半用中锋作画。也有用侧锋作画的。因为侧锋易造成平面的感觉,所以他们比较讲究构图的远近透视,光线的明暗等等。这在画史上就是所谓"北宗"(以南宋的马、夏为代表)。

"骨法用笔",并不是同"墨"没有关系。在中国绘画中,笔和墨总是相互包含、相互为用的。所以不能离开"墨"来理解"骨法用笔"。对于这一点,吕凤子有过很好的说明。他说:

> "赋采画"和"水墨画"有时即用彩色水墨涂染成形,不用线作形廓,旧称"没骨画"。应该知道线是点的延长,块是点的扩大;又该知道点是有体积的,点是力之积,积力成线会使人有"生死刚正"之感,叫做骨。难道同样会使人有"生死刚正"之感的点和块,就不配叫做骨吗?画不用线构成,就须用色点或墨点、色块或墨块构成。中国画是以骨为质的,这是中国画的基本特征,怎么能叫不用线构的画做"没骨画"呢?叫它做没线画是对的,叫做"没骨画"便欠妥当了。
>
> 这大概是由于唐宋间某些画人强调笔墨(包括色说)可以分开各尽其用而来。他们以为笔有笔用与墨无关,笔的能事限于构线,墨有墨用与笔无关,墨的能事止于涂染;以为骨成于笔不是成于墨与色的,因而就不是由线构成而是由点块构成——即不是由笔构成而是由墨与色构成的画做"没骨画"。不知笔墨是永远相依为用的;笔不能离开墨而有笔的用,墨也不能离开笔而有墨的用。笔在墨在,即墨在笔在。笔在骨在,也就是墨在骨

在。怎么能说有线才算有骨,没线便是没骨呢?我们在这里敢这样说:假使“赋采画”或“水墨画”真是没有骨的话,那还配叫它做中国画吗?(《中国画法研究》第27—28页)

现在我们再来谈谈“风骨”。刘勰说:“怊怅述情,必始乎风;沈吟铺辞,莫先于骨。”“结言端直,则文骨成焉,意气骏爽,则文风生焉。”(《文心雕龙·风骨》)对于“风骨”的理解,现在学术界很有争论。“骨”是否只是一个词藻(铺辞)的问题?我认为“骨”和词是有关系的。但词是有概念内容的。词清楚了,它所表现的现实形象或对于形象的思想也清楚了。“结言端直”,就是一句话要明白正确,不是歪曲,不是诡辩。这种正确的表达,就产生了文骨。但光有“骨”还不够,还必须从逻辑性走到艺术性,才能感动人。所以“骨”之外还要有“风”。“风”可以动人,“风”是从情感中来的。中国古典美学理论既重视思想——表现为“骨”,又重视情感——表现为“风”。一篇有风有骨的文章就是好文章,这就同歌唱艺术中讲究“咬字行腔”一样。咬字是骨,即结言端直,行腔是风,即意气骏爽动人情感。

四、“山水之法,以大观小”

中国画不注重从固定角度刻画空间幻景和透视法。由于中国陆地广大深远,苍苍茫茫,中国人多喜欢登高望远(重阳登高的习惯),不是站在固定角度透视,而是从高处把握全面。这就形成中国山水画中“以大观小”的特点。宋代李成在画中“仰画飞檐”,沈括嘲笑他是“掀屋角”。沈括说:

> 李成画山上亭馆及楼塔之类,皆仰画飞檐,其说以谓自下望上,如人平地望塔檐间,见其榱桷。此论非也。大都山水之法,盖以大观小,如人观假山耳。若同真山之法,以下望上,只合见一重山,岂可重重悉见,兼不应见其溪谷间事。又如屋舍,亦不应见其中庭及后巷中事。若人在东立,则山西便合是远境;人在

西立，则山东却合是远境。似此如何成画？李君盖不知以大观小之法。其间折高、折远，自有妙理，岂在掀屋角！（《梦溪笔谈》卷十七）

画家的眼睛不是从固定角度集中于一个透视的焦点，而是流动着飘瞥上下四方，一目千里，把握大自然的内部节奏，把全部景色组织成一幅气韵生动的艺术画面。“诗云：鸢飞戾天，鱼跃于渊，言其上下察也。”（《中庸》）这就是沈括说的“折高折远”的“妙理”。而从固定角度用透视法构成的画，他却认为那不是画，不成画。中国和欧洲的绘画在空间观点上有这样大的不同，值得我们注意。谁是谁非？

第四题　中国古代的音乐美学思想

一、关于《乐记》

中国古代思想家对于音乐，特别对于音乐的社会作用、政治作用，向来是十分重视的。早在先秦，就产生了一部在音乐美学方面带有总结性的著作，就是有名的《乐记》。

《乐记》提供了一个相当完整的体系，对后代影响极大。对于这本书的内容，郭沫若曾经作了详细的分析（参看《青铜时代》一书中《公孙尼子与其音乐理论》一文）。我们现在只想补充两点：

（一）《乐记》，照古籍记载，本来有二十三篇或二十四篇。前十一篇是现存的《乐记》，后十二篇是关于音乐演奏、舞蹈表演等方面技术的记载，《乐记》没有收进去，后来失传了，只留下了前十一篇关于理论的部分，这是一个损失。

为什么要提到这一点呢？是为了说明，中国古代的音乐理论是全面的，它并不限于抽象的理论而轻视实践的材料。事实上，关于实践的记述，往往就能提供理论的启发。

(二)《乐记》最突出的特点,是强调音乐和政治的关系。一方面,强调维持等级社会的秩序,所谓“天地之序”——这就是“礼”;一方面强调争取民心,保持整个社会的谐和,所谓“天地之为”——这就是“乐”。两方面统一起来,达到巩固等级制度的目的。有人否认《乐记》的阶级内容,那是很错误的。

二、从逻辑语言走到音乐语言

中国民族音乐,从古到今,都是声乐占主导地位。所谓“丝不如竹,竹不如肉,渐近自然也”。(《世说新语》)中国古代所谓“乐”,并非纯粹的音乐,而是舞蹈、歌唱、表演的一种综合。《乐记》上有一段记载:

> 故歌者,上如抗,下如队,曲如折,止如槀木,倨中矩,句中钩,累累乎端如贯珠。故歌之为言也,长言之也。说之故言之,言之不足故长言之,长言之不足故嗟叹之,嗟叹之不足,故不知手之舞之,足之蹈之也。

“歌”是“言”,但不是普通的“言”,而是一种“长言”。“长言”即入腔,成了一个腔调,从逻辑语言、科学语言走入音乐语言、艺术语言。为什么要“长言”呢?就是因为这是一个情感的语言。“说之故言之”,因为快乐,情不自禁,就要说出,普通的语言不够表达,就要“长言之”和“嗟叹之”(入腔和行腔)。这就到了歌唱的境界。更进一步,心情的激动要以动作来表现,就走到了舞蹈的境界,所谓“嗟叹之不足,故不知手之舞之,足之蹈之也”。这种思想在当时较为普遍。《诗大序》也说了相类似的话:“情动于中而形于言,言之不足故嗟叹之,嗟叹之不足故永歌之,永歌之不足,不知手之舞之,足之蹈之也。”这也是说,逻辑语言,由于情感之推动,产生飞跃,成为音乐的语言,成为舞蹈。

那么,这推动逻辑语言成为音乐语言的情感又是怎么产生的呢?

古代思想家认为,情感产生于社会的劳动生活和阶级的压迫,所谓“男女有所怨恨,相从为歌。饥者歌其食,劳者歌其事”(见《公羊传》宣公十五年何休注。韩诗外传,嵇康《声无哀乐论》)。这显然是一种进步的美学思想。

三、“声中无字,字中有声”

从逻辑语言进到音乐语言,就产生了一个“字”和“声”的关系问题。

“字”就是概念,表现人的思想。思想应该正确反映客观真实,所以“字”里要求“真”。音乐中有了“字”,就有了属于人、与人有密切联系的内容。但是“字”还要转化为“声”,变成歌唱,走到音乐境界。这就是表现真理的语言要进入到美。“真”要融化在“美”里面。“字”与“声”的关系,就是“真”与“美”的关系。只谈“美”,不谈“真”,就是形式主义、唯美主义。既真又美,这是梅兰芳一生追求的目标。他运用传统唱腔,表现真实的生活和真实的情感,创造出真切动人的新的美,成为一代大师。

宋代的沈括谈到过“字”与“声”的关系,提出了中国歌唱艺术的一条重要规律:“声中无字,字中有声。”他说:

> 古之善歌者有语,谓“当使声中无字,字中有声”。凡曲,止是一声清浊高下如萦缕耳,字则有喉唇齿舌等音不同。当使字字举本皆轻圆,悉融入声中,令转换处无磊磈,此谓“声中无字”,古人谓之“如贯珠”,今谓之“善过度”是也。如宫声字而曲合用商声,则能转宫为商歌之,此“字中有声”也,善歌者谓之“内里声”。不善歌者,声无抑扬,谓之“念曲”;声无含韫,谓之“叫曲”。(《梦溪笔谈》卷五)

“字中有声”,这比较好理解。但是什么叫“声中无字”呢?是不是说,在歌唱中要把“字”取消呢?是的,正是说要把“字”取消。但又并非完全取消，而是把它融化了，把“字”解剖为头、腹、尾三个部分，化成为“腔”。“字”被否定了，但“字”的内容在歌唱中反而得到了充分的表达。取消了“字”，却把它提高和充实了，这就叫“扬弃”。“弃”是取消，“扬”是提高。这是辩证的过程。

戏曲表演里讲究的“咬字行腔”，就体现了这条规律。“字”和“腔”就是中国歌唱的基本元素。咬字要清楚，因为“字”是表现思想内容，反映客观现实的。但为了充分地表达，还要从“字”引出“腔”。程砚秋说，咬字就如猫抓老鼠，不一下子抓死，既要抓住，又要保存活的。这样才能既有内容的表达，又有艺术的韵味。

“咬字行腔”，是结合现实而不断发展的。例如马泰在评剧《夺印》中，通过声音的抑扬高低，表现了人物的高度政治原则性。这在唱腔方面就有所发展。近来在京剧演现代戏里更接触到从生活出发、从人物出发来发展和改进京剧唱腔和曲调的问题，值得我们注意。

四、务头

戏曲歌唱里有所谓“务头”牵涉到艺术的内容和形式等问题，所以我们在此简略地谈一谈。

什么叫“务头”？“曲调之声情，常与文情相配合，其最胜妙处，名曰‘务头’。”（童斐伯《中乐寻源》）这是说，“务头”是指精彩的文字和精彩的曲调的一种互相配合的关系。一篇文章不能从头到尾都精彩，必须有平淡来突出精彩。人的精彩在“眼”。失去眼神，就等于是泥塑木雕。诗中也有“眼”。“眼”是表情的，特别引起人们的注意。曲中就叫“务头”。李渔说：

> 曲中有“务头”，犹棋中有眼，有此则活，无此则死。进不可战，退不可守者，无眼之棋，死棋也；看不动情，唱不发调者，无“务头”之曲，死曲也。一曲有一曲之“务头”，一句有一句之“务头”，字不聱牙，音不泛调，一曲中得此一句即使全曲皆灵，一句

中得此一二字即使全句皆健者,"务头"也。由此推之,则不特曲有"务头",诗、词、歌、赋以及举子业,无一不有"务头"矣。(《闲情偶寄·别解务头》)

从这段话可以看出,"务头"的问题,并不限于戏曲的范围,它包含有各种艺术共有的某些一般规律性的内容。近人吴梅在《顾曲麈谈》里对"务头"有更深入的确切的说明。

第五题　中国园林建筑艺术所表现的美学思想

一、飞动之美

前面讲《考工记》的时候,已经讲到古代工匠喜欢把生气勃勃的动物形象用到艺术上去。这比起希腊来,就很不同。希腊建筑上的雕刻,多半用植物叶子构成花纹图案。中国古代雕刻却用龙、虎、鸟、蛇这一类生动的动物形象,至于植物花纹,要到唐代以后才逐渐兴盛起来。

在汉代,不但舞蹈、杂技等艺术十分发达,就是绘画、雕刻,也无一不呈现一种飞舞的状态。图案画常常用云彩、雷纹和翻腾的龙构成,雕刻也常常是雄壮的动物,还要加上两个能飞的翅膀。这充分反映了汉民族在当时的前进的活力。

这种飞动之美,也成为中国古代建筑艺术的一个重要特点。

《文选》中有一些描写当时建筑的文章,描写当时城市宫殿建筑的华丽,看来似乎只是夸张,只是幻想。其实不然。我们现在从地下坟墓中发掘出来实物材料,那些颜色华美的古代建筑的点缀品,说明《文选》中的那些描写,是有现实根据的,离开现实并不是那么远的。

现在我们看《文选》中一篇王文考作的《鲁灵光殿赋》。这篇赋告诉我们,这座宫殿内部的装饰,不但有碧绿的莲蓬和水草等,尤其还有许多飞动的动物形象：有飞腾的龙，有愤怒的奔兽，有红颜色的鸟雀，有张着翅膀的凤凰，有转来转去的蛇，有伸着颈子的白鹿，有伏在那里的小兔子，有抓着椽在互相追逐的猿猴，还有一个黑颜色的熊，背着一个东西，蹲在那里，吐着舌头。不但有动物，还有人：一群胡人。带着愁苦的样子，眼神憔悴，面对面跪在屋架的某一个危险的地方。上面则有神仙、玉女，“忽瞟眇以响象，若鬼神之仿佛”。在作了这样的描写之后，作者总结道：“图画天地，品类群生，杂物奇怪，山神海灵，写载其状，托之丹青，千变万化，事各胶形，随色象类，曲得其情。”这简直可以说是谢赫六法的先声了。

不但建筑内部的装饰，就是整个建筑形象，也着重表现一种动态，中国建筑特有的“飞檐”，就是起这种作用。根据《诗经》的记载，周宣王的建筑已经像一只野鸡伸翅在飞(《斯干》)，可见中国的建筑很早就趋向于飞动之美了。

二、空间的美感(一)

建筑和园林的艺术处理，是处理空间的艺术。老子就曾说：“凿户牖以为室。当其无，有室之用。”室之用是由于室中之空间。而“无”在老子又即是“道”，即是生命的节奏。

中国的园林是很发达的。北京故宫三大殿的旁边，就有三海，郊外还有圆明园、颐和园等等。这是皇帝的园林，民间的老式房子，也总有天井、院子，这也可以算作一种小小的园林。例如，郑板桥这样描写一个院落：

> 十笏茅斋，一方天井，修竹数竿，石笋数尺，其地无多，其费亦无多也。而风中雨中有声，日中月中有影，诗中酒中有情，闲中闷中有伴，非惟我爱竹石，即竹石亦爱我也。彼千金万金造园亭，或游宦四方，终其身不能归享。而吾辈欲游名山大川，又一时不得即往，何如一室小景，有情有味，历久弥新乎？对此画，构此境，何难敛之则退藏于密，亦复放之可弥六合也。(《板桥题画

竹石》)

我们可以看到,这个小天井,给了郑板桥这位画家多少丰富的感受!空间随着心中意境可敛可放,是流动变化的,是虚灵的。

宋代的郭熙论山水画,说“山水有可行者,有可望者,有可游者,有可居者”。(《林泉高致》)可行、可望、可游、可居,这也是园林艺术的基本思想。园林中也有建筑,要能够居人,使人获得休息。但它不只是为了居人,它还必须可游,可行,可望。“望”最重要。一切美术都是“望”,都是欣赏。不但“游”可以发生“望”的作用(颐和园的长廊不但领导我们“游”,而且领导我们“望”),就是“住”,也同样要“望”。窗子并不单为了透空气,也是为了能够望出去,望到一个新的境界,使我们获得美的感受。

窗子在园林建筑艺术中起着很重要的作用。有了窗子,内外就发生交流。窗外的竹子或青山,经过窗子的框框望去,就是一幅画。颐和园乐寿堂差不多四边都是窗子,周围粉墙列着许多小窗,面向湖景,每个窗子都等于一幅小画(李渔所谓“尺幅窗,无心画”)。而且同一个窗子,从不同的角度看出去,景色都不相同。这样,画的境界就无限地增多了。

明代人有一小诗,可以帮助我们了解窗子的美感作用。

一琴几上闲,
数竹窗外碧。
帘户寂无人,
春风自吹入。

这个小房间和外部是隔离的,但经过窗子又和外边联系起来了。没有人出现,突出了这个小房间的空间美。这首诗好比是一张静物画,可以当做塞尚(Cyzanne)画的几个苹果的静物画来欣赏。

不但走廊、窗子,而且一切楼、台、亭、阁,都是为了“望”,都是为了得到和丰富对于空间的美的感受。

颐和园有个匾额,叫"山色湖光共一楼"。这是说,这个楼把一个大空间的景致都吸收进来了。左思《三都赋》:"八极可围于寸眸,万物可齐于一朝。"苏轼诗:"赖有高楼能聚远,一时收拾与闲人。"就是这个意思。颐和园还有个亭子叫"画中游"。"画中游",并不是说这亭子本身就是画,而是说,这亭子外面的大空间好像一幅大画。你进了这亭子,也就进入到这幅大画之中。所以明人计成在《园冶》中说:"轩楹高爽,窗户邻虚,纳千顷之汪洋,收四时之烂漫。"

这里表现着美感的民族特点。古希腊人对于庙宇四围的自然风景似乎还没有发现。他们多半把建筑本身孤立起来欣赏。古代中国人就不同。他们总要通过建筑物,通过门窗,接触外面的大自然界(我们讲离卦的美学时曾经谈到这一点)。"窗含西岭千秋雪,门泊东吴万里船"(杜甫诗句),诗人从一个小房间通到千秋之雪、万里之船,也就是从一门一窗体会到无限的窗间、时间。这样的诗句多得很。像"凿翠开户牖"(杜甫),"山川俯绣户,日月近雕梁"(杜甫),"檐飞宛溪水,窗落敬亭云"(李白),"山翠万重当槛出,水光千里抱城来"(许浑),都是小中见大,从小空间进到大空间,丰富了美的感受。外国的教堂无论多么雄伟,也总是有局限的。但我们看天坛的那个祭天的台,这个台面对着的不是屋顶,而是一片虚空的天穹,也就是以整个宇宙作为自己的庙宇。这是和西方很不相同的。

三、空间的美感(二)

为了丰富对于空间的美感,在园林建筑中就要采用种种手法来布置空间,组织空间,创造空间,例如借景、分景、隔景等等。其中,借景又有远借,邻借,仰借,俯借,镜借等。总之,为了丰富对景。

玉泉山的塔,好像是颐和园的一部分,这是"借景"。苏州留园的冠云楼可以远借虎丘山景,拙政园在靠墙处堆一假山,上建"两宜亭",把隔墙的景色尽收眼底,突破围墙的局限,这也是"借景"。颐和园的长廊,把一片风景隔成两个,一边是近于自然的广大湖山,一边是近于人工的楼台亭阁,游人可以两边眺望,丰富了美的印象,这是“分景”。《红楼梦》小说里大观园运用园门、假山、墙垣等等，造成园中的曲折多变，境界层层深入，像音乐中不同的音符一样，使游人产生不同的情调，这也是“分景”。颐和园中的谐趣园，自成院落，另辟一个空间，另是一种趣味。这种大园林中的小园林，叫做“隔景”。对着窗子挂一面大镜，把窗外大空间的景致照入镜中，成为一幅发光的“油画”。“隔窗云雾生衣上，卷幔山泉入镜中”（王维诗句），“帆影都从窗隙过，溪光合向镜中看”（叶令仪诗句），这就是所谓“镜借”了。“镜借”是凭镜借景，使景映镜中，化实为虚（苏州怡园的面壁亭处境逼仄，乃悬一大镜，把对面假山和螺髻亭收入镜内，扩大了境界）。园中凿池映景，亦此意。

无论是借景，对景，还是隔景，分景，都是通过布置空间、组织空间、创造空间、扩大空间的种种手法，丰富美的感受，创造了艺术意境。中国园林艺术在这方面有特殊的表现，它是理解中华民族的美感特点的一项重要的领域。概括说来，当如沈复所说的：“大中见小，小中见大，虚中有实，实中有虚，或藏或露，或浅或深，不仅在周回曲折四字也。”

（原刊《文艺论丛》第 6 辑，上海人民出版社 1979 年出版）

中国艺术意境之诞生

引　言

世界是无穷尽的,生命是无穷尽的,艺术的境界也是无穷尽的。“适我无非新”(王羲之诗句),是艺术家对世界的感受。“光景常新”,是一切伟大作品的烙印。“温故而知新”,却是艺术创造与艺术批评应有的态度。历史上向前一步的进展,往往是伴着向后一步的探本穷源。李、杜的天才,不忘转益多师。十六世纪的文艺复兴追摹着希腊,十九世纪的浪漫主义憧憬着中古。二十世纪的新派且溯源到原始艺术的浑朴天真。

现代的中国站在历史的转折点。新的局面必将展开。然而我们对旧文化的检讨,以同情的了解给予新的评价,也更重要。就中国艺术方面——这中国文化史上最中心最有世界贡献的一方面——研寻其意境的特构,以窥探中国心灵的幽情壮采,也是民族文化的自省工作。希腊哲人对人生指示说:“认识你自己!”近代哲人对我们说:“改造这世界!”为了改造世界,我们先得认识。

一　意境的意义

龚定庵在北京,对戴醇士说:“西山有时渺然隔云汉外,有时苍然堕几席前,不关风雨晴晦也!”西山的忽远忽近,不是物理学上的远近,乃是心中意境的远近。

方士庶在《天慵庵随笔》里说:“山川草木,造化自然,此实境也。因心造境,以手运心,此虚境也。虚而为实,是在笔墨有无间——故古人笔墨具此山苍树秀,水活石润,于天地之外,别构一种灵奇。或率意挥洒,亦皆炼金成液,弃滓存精,曲尽蹈虚揖影之妙。”中国绘画的整个精粹在这几句话里。本文的千言万语,也只是阐明此语。

恽南田《题洁庵图》说:“谛视斯境,一草一树、一丘一壑,皆洁庵(指唐洁庵)灵想之所独辟,总非人间所有。其意象在六合之表,荣落在四时之外。将以尻轮神马,御泠风以游无穷。真所谓藐姑射之山,汾水之阳,尘垢秕糠,绰约冰雪。时俗龌龊,又何能知洁庵游心之所在哉!”

画家诗人“游心之所在”,就是他独辟的灵境,创造的意象,作为他艺术创作的中心之中心。

什么是意境?人与世界接触,因关系的层次不同,可有五种境界:①为满足生理的物质的需要,而有功利境界;②因人群共存互爱的关系,而有伦理境界;③因人群组合互制的关系,而有政治境界;④因穷研物理,追求智慧,而有学术境界;⑤因欲返本归真,冥合天人,而有宗教境界。功利境界主于利,伦理境界主于爱,政治境界主于权,学术境界主于真,宗教境界主于神。但介乎后二者的中间,以宇宙人生的具体为对象,赏玩它的色相、秩序、节奏、和谐,借以窥见自我的最深心灵的反映;化实景而为虚境,创形象以为象征,使人类最高的心灵具体化、肉身化,这就是“艺术境界”。艺术境界主于美。

所以一切美的光是来自心灵的源泉:没有心灵的映射,是无所谓美的。瑞士思想家阿米尔(Amiel)说:

一片自然风景是一个心灵的境界。

中国大画家石涛也说：

山川使予代山川而言也……山川与予神遇而迹化也。

艺术家以心灵映射万象，代山川而立言，他所表现的是主观的生命情调与客观的自然景象交融互渗，成就一个鸢飞鱼跃，活泼玲珑，渊然而深的灵境，这灵境就是构成艺术之所以为艺术的"意境"。(但在音乐和建筑，这时间中纯形式与空间中纯形式的艺术，却以非模仿自然的景象来表现人心中最深的不可名的意境，而舞蹈则又为综合时空的纯形式艺术，所以能为一切艺术的根本形态，这事后面再说到。)

意境是"情"与"景"(意象)的结晶品。王安石有一首诗：

杨柳鸣蜩绿暗，荷花落日红酣。
三十六陂春水，白头相见江南。

前三句全是写景，江南的艳丽的阳春，但着了末一句，全部景象遂笼罩上，渗透进一层无边的惆怅，回忆的愁思，和重逢的欣慰。情景交织，成了一首绝美的"诗"。

元人马东篱有一首《天净沙》小令：

枯藤老树昏鸦，小桥流水人家，
古道西风瘦马，夕阳西下——
断肠人在天涯！

也是前四句完全写景，着了末一句写情，全篇点化成一片哀愁寂寞，宇宙荒寒，枨触无边的诗境。

艺术的意境，因人因地因情因景的不同，现出种种色相，如摩尼珠，幻出多样的美。同是一个星天月夜的景，影映出几层不同的诗境：

元人杨载《景阳宫望月》云：

大地山河微有影，九天风露浩无声。

明画家沈周（石田）《写怀寄僧》云：

明河有影微云外，清露无声万木中。

清人盛青嵝咏《白莲》云：

半江残月欲无影，一岸冷云何处香。

杨诗写函盖乾坤的封建的帝居气概，沈诗写迥绝世尘的幽人境界，盛诗写风流蕴藉、流连光景的诗人胸怀。一主气象，一主幽思（禅境），一主情致。至于唐人陆龟蒙咏白莲的名句："无情有恨何人见，月晓风清欲堕时。"却系为花传神，偏于赋体，诗境虽美，主于咏物。

在一个艺术表现里情和景交融互渗，因而发掘出最深的情，一层比一层更深的情，同时也透入了最深的景，一层比一层更晶莹的景；景中全是情，情具象而为景，因而涌现了一个独特的宇宙，崭新的意象，为人类增加了丰富的想象，替世界开辟了新境，正如恽南田所说"皆灵想之所独辟，总非人间所有"！这是我的所谓"意境"。"外师造化，中得心源"，唐代画家张璪这两句训示，是这意境创现的基本条件。

二　意境与山水

元人汤采真说："山水之为物，禀造化之秀，阴阳晦暝，晴雨寒暑，朝昏昼夜，随形改步，有无穷之趣，自非胸中丘壑，汪汪洋洋，如万顷波，未易摹写。"

艺术意境的创构，是使客观景物作我主观情思的象征。我人心中情思起伏，波澜变化，仪态万千，不是一个固定的物象轮廓能够如量表出，只有大自然的全幅生动的山川草木，云烟明晦，才足以表象我们胸襟里蓬勃无尽的灵感气韵。恽南田题画说："写此云山绵邈，代致相思，笔端丝纷，皆清泪也。"山水成了诗人画家抒写情思的媒介，所以中国画和诗，都爱以山水境界做表现和咏味的中心。和西洋自希腊以来拿人体做主要对象的艺术途径迥然不同。董其昌说得好："诗以山川为境，山川亦以诗为境。"艺术家禀赋的诗心，映射着天地的诗心。(《诗纬》云："诗者天地之心。")山川大地是宇宙诗心的影现；画家诗人的心灵活跃，本身就是宇宙的创化，它的卷舒取舍，好似太虚片云，寒塘雁迹，空灵而自然！

三　意境创造与人格涵养

这种微妙境界的实现，端赖艺术家平素的精神涵养，天机的培植，在活泼泼的心灵飞跃而又凝神寂照的体验中突然地成就。元代大画家黄子久说："终日只在荒山乱石，丛木深篠中坐，意态忽忽，人不测其为何。又每往泖中通海处看急流轰浪，虽风雨骤至，水怪悲诧而不顾。"宋画家米友仁说："画之老境，于世海中一毛发事泊然无着染。每静室僧趺，忘怀万虑，与碧虚寥廓同其流。"黄子久以狄阿理索斯(Dionysius)的热情深入宇宙的动象，米友仁却以阿波罗(Apollo)式的宁静涵映世界的广大精微，代表着艺术生活上两种最高精神形式。

在这种心境中完成的艺术境界自然能空灵动荡而又深沉幽渺。南唐董源说:"写江南山,用笔甚草草,近视之几不类物象,远视之则景物灿然,幽情远思,如睹异境。"艺术家凭借他深静的心襟,发现宇宙间深沉的境地;他们在大自然里"偶遇枯槎顽石,勺水疏林,都能以深情冷眼,求其幽意所在"。黄子久每教人作深潭,以杂树滃之,其造境可想。

所以艺术境界的显现,绝不是纯客观地机械地描摹自然,而以"心匠自得为高"(米芾语)。尤其是山川景物,烟云变灭,不可临摹,须凭胸臆的创构,才能把握全景。宋画家宋迪论作山水画说:

先当求一败墙,张绢素讫,朝夕视之。既久,隔素见败墙之上,高下曲折,皆成山水之象,心存目想:高者为山,下者为水,坎者为谷,缺者为涧,显者为近,晦者为远。神领意造,恍然见人禽草木飞动往来之象,了然在目,则随意命笔,默以神会,自然景皆天就,不类人为,是谓活笔。

他这段话很可以说明中国画家所常说的"丘壑成于胸中,既寤发之于笔墨",这和西洋印象派画家莫奈(Monet)早、午、晚三时临绘同一风景至于十余次,刻意写实的态度,迥不相同。

四　禅境的表现

中国艺术家何以不满于纯客观的机械式的模写?因为艺术意境不是一个单层的平面的自然的再现,而是一个境界层深的创构。从直观感相的模写,活跃生命的传达,到最高灵境的启示,可以有三层次。蔡小石在《拜石山房词》序里形容词里面的这三境层极为精妙:

夫意以曲而善托,调以杳而弥深。始读之,则万萼春深,百色妖露，积雪缟地，余霞绮天，一境也。（这是直观感相的渲染）再读之则烟涛澒洞，霜飙飞摇，骏马下坡，泳鳞出水，又一境也。（这是活跃生命的传达）卒读之，而皎皎明月，仙仙白云，鸿雁高翔，坠叶如雨，不知其何以冲然而澹，翛然而远也。（这是最高灵境的启示。）

江顺贻评之曰："始境，情胜也。又境，气胜也。终境，格胜也。""情"是心灵对于印象的直接反映，"气"是"生气远出"的生命，"格"是映射着人格的高尚格调。西洋艺术里面的印象主义、写实主义，是相等于第一境层。浪漫主义倾向于生命音乐性的奔放表现，古典主义倾向于生命雕像式的清明启示，都相当于第二境层。至于象征主义、表现主义、后期印象派，它们的旨趣在于第三境层。

而中国自六朝以来，艺术的理想境界却是"澄怀观道"（晋宋画家宗炳语），在拈花微笑里领悟色相中微妙至深的禅境。如冠九在《都转心庵词序》说得好：

"明月几时有"，词而仙者也。"吹皱一池春水"，词而禅者也。仙不易学而禅可学。学矣，而非栖神幽遐，涵趣寥旷，通拈花之妙悟，穷非树之奇想，则动而为沾滞之音矣。其何以澄观一心，而腾踔万象。是故词之为境也，空潭印月，上下一澈，屏知识也。清馨出尘，妙香远闻，参净因也。鸟鸣珠箔，群花自落，超圆觉也。

澄观一心而腾踔万象，是意境创造的始基；鸟鸣珠箔，群花自落，是意境表现的圆成。

绘画里面也能见到这意境的层深。明画家李日华在《紫桃轩杂缀》里说：

凡画有三次第：一曰身之所容。凡置身处，非邃密，即旷朗，水边林下，多景所凑处是也。（按：此为身边近景）二曰目之所

> 瞩。或奇胜,或渺迷,泉落云生,帆移鸟去是也。(按:此为眺瞩之景)三曰意之所游。目力虽穷,而情脉不断处是也。(按:此为无尽空间之远景)然又有意有所忽处,如写一树一石,必有草草点染取态处。(按:此为有限中见取无限,传神写生之境)写长景必有意到笔不到,为神气所吞处,是非有心于忽,盖不得不忽也。(按:此为借有限以表现无限,造化与心源合一,一切形象都形成了象征境界)其于佛法相宗所云极迥色极略色之谓也。

于是绘画由丰满的色相达到最高心灵境界,所谓禅境的表现,种种境层,以此为归宿。戴醇士曾说:“恽南田以‘落叶聚还散,寒鸦栖复惊’(李白诗句)品一峰(黄子久)笔,是所谓孤蓬自振,惊沙坐飞,画也而几乎禅矣!”禅是动中的极静,也是静中的极动,寂而常照,照而常寂,动静不二,直探生命的本原。禅是中国人接触佛教大乘义后体认到自己心灵的深处而灿烂地发挥到哲学境界与艺术境界。静穆的观照和飞跃的生命构成艺术的两元,也是构成“禅”的心灵状态。《雪堂和尚拾遗录》里说:“舒州太平灯禅师颇习经论,傍教说禅。白云演和尚以偈寄之曰:‘白云山头月,太平松下影,良夜无狂风,都成一片境。’灯得偈颂之,未久,于宗门方彻渊奥。”禅境借诗境表达出来。

所以中国艺术意境的创成,既须得屈原的缠绵悱恻,又须得庄子的超旷空灵。缠绵悱恻,才能一往情深,深入万物的核心,所谓“得其环中”。超旷空灵,才能如镜中花,水中月,羚羊挂角,无迹可寻,所谓“超以象外”。色即是空,空即是色,色不异空,空不异色,这不但是盛唐人的诗境,也是宋元人的画境。

五　道、舞、空白:中国艺术意境结构的特点

庄子是具有艺术天才的哲学家,对于艺术境界的阐发最为精妙。在他是“道”,这形而上原理,和“艺”,能够体合无间。“道”的生命进

乎技,“技”的表现启示着“道”。在《养生主》里他有一段精彩的描写:

> 庖丁为文惠君解牛,手之所触,肩之所倚,足之所履,膝之所踦,砉然响然,奏刀騞然,莫不中音。合于桑林之舞,乃中经首(尧乐章)之会(节也)。文惠君曰:“嘻,善哉!技盖至此乎?”庖丁释刀对曰:“臣之所好者道也,进乎技矣。始臣之解牛之时,所见无非牛者。三年之后,未尝见全牛也。方今之时,臣以神遇而不以目视。官知止而神欲行,依乎天理,批大郤,道大窾,因其固然,技经肯綮之未尝,而况大軱乎!良庖岁更刀,割也。族庖月更刀,折也。今臣之刀十九年矣,所解数千牛矣,而刀刃若新发于硎。彼节者有间,而刀刃者无厚,以无厚入有间,恢恢乎其于游刃必有余地矣。是以十九年而刀刃若新发于硎。虽然,每至于族(交错聚结处)吾见其难为,怵然为戒,视为止,行为迟,动刀甚微,谍然已解,如土委地!提刀而立,为之四顾,为之踌躇满志。善刀而藏之。”文惠君曰:“善哉,吾闻庖丁之言,得养生焉。”

“道”的生命和“艺”的生命,游刃于虚,莫不中音,合于桑林之舞,乃中经首之会。音乐的节奏是它们的本体。所以儒家哲学也说:“大乐与天地同和,大礼与天地同节。”《易》云:“天地絪缊,万物化醇。”这生生的节奏是中国艺术境界的最后源泉。石涛题画云:“天地氤氲秀结,四时朝暮垂垂,透过鸿蒙之理,堪留百代之奇。”艺术家要在作品里把握到天地境界!德国诗人诺瓦理斯(Novalis)说:“混沌的眼,透过秩序的网幕,闪闪地发光。”石涛也说:“在于墨海中立定精神,笔锋下决出生活,尺幅上换去毛骨,混沌里放出光明。”艺术要刊落一切表皮,呈显物的晶莹真境。

艺术家经过“写实”、“传神”到“妙悟”境内,由于妙悟,他们“透过鸿蒙之理,堪留百代之奇”。这个使命是够伟大的!

那么艺术意境之表现于作品,就是要透过秩序的网幕,使鸿蒙之理闪闪发光。这秩序的网幕是由各个艺术家的意匠组织线、点、光、色、形体、声音或文字成为有机谐和的艺术形式,以表出意境。

因为这意境是艺术家的独创,是从他最深的“心源”和“造化”接触时突然的领悟和震动中诞生的,它不是一味客观地描绘,像一照相机的摄影。所以艺术家要能拿特创的“秩序的网幕”来把住那真理的闪光。音乐和建筑的秩序结构,尤能直接地启示宇宙真体的内部和谐与节奏,所以一切艺术趋向音乐的状态、建筑的意匠。

然而,尤其是“舞”,这最高度的韵律、节奏、秩序、理性,同时是最高度的生命、旋动、力、热情,它不仅是一切艺术表现的究竟状态,且是宇宙创化过程的象征。艺术家在这时失落自己于造化的核心,沉冥入神,“穷元妙于意表,合神变乎天机”(唐代大批评家张彦远论画语)。“是有真宰,与之浮沉”(司空图《诗品》语),从深不可测的玄冥的体验中升化而出,行神如空,行气如虹。在这时只有“舞”,这最紧密的律法和最热烈的旋动,能使这深不可测的玄冥的境界具象化、肉身化。

在这舞中,严谨如建筑的秩序流动而为音乐,浩荡奔驰的生命收敛而为韵律。艺术表演着宇宙的创化。所以唐代大书家张旭见公孙大娘剑器舞而悟笔法,大画家吴道子请裴将军舞剑以助壮气说:“庶因猛厉以通幽冥!”郭若虚的《图画见闻志》上说:

> (唐)开元中,将军裴旻居丧,诣吴道子,请于东都天宫寺画神鬼数壁,以资冥助。道子答曰:“吾画笔久废,若将军有意,为吾缠结,舞剑一曲,庶因猛厉以通幽冥!”旻于是脱去缞服,若常时装束,走马如飞,左旋右转,掷剑入云,高数十丈,若电光下射。旻引手执鞘承之,剑透室而入。观者数千人,无不惊栗。道子于是援毫图壁,飒然风起,为天下之壮观。道子平生绘事,得意无出于此。

诗人杜甫形容诗的最高境界说:“精微穿溟涬,飞动摧霹雳。”(《夜听许十一诵诗爱而有作》)前句是写沉冥中的探索,透进造化的精微的机缄,后句是指着大气盘旋的创造,具象而成飞舞。深沉的静照是飞动的活力的源泉。反过来说,也只有活跃的具体的生命舞姿、音乐的韵律、艺术的形象,才能使静照中的“道”具象化、肉身化。德国诗人侯德林(Höerdelin)有两句诗含义极深:

谁沉冥到
那无边际的“深”,
将热爱着
这最生动的“生”。

他这话使我们突然省悟中国哲学境界和艺术境界的特点。中国哲学是就“生命本身”体悟“道”的节奏。“道”具象于生活、礼乐制度。道尤表象于“艺”。灿烂的“艺”赋予“道”以形象和生命,“道”给予“艺”以深度和灵魂。庄子《天地》篇有一段寓言说明只有艺“象罔”才能获得道真“玄珠”:

黄帝游乎赤水之北,登乎昆仑之丘而南望,还归,遗其玄珠。(司马彪云:玄珠,道真也)使知(理智)索之而不得。使离朱(色也,视觉也)索之而不得。使喫诟(言辩也)索之而不得也。乃使象罔,象罔得之。黄帝曰:“异哉!象罔乃可以得之乎?”

吕惠卿注释得好:“象则非无,罔则非有,不皦不昧,玄珠之所以得也。”非无非有,不皦不昧,这正是艺术形象的象征作用。“象”是境相,“罔”是虚幻,艺术家创造虚幻的境相以象征宇宙人生的真际。真理闪耀于艺术形象里,玄珠的皪于象罔里。歌德曾说:“真理和神性一样,是永不肯让我们直接识知的。我们只能在反光、譬喻、象征里面观照它。”又说:“在璀璨的反光里面我们把握到生命。”生命在他就是宇宙真际。他在《浮士德》里面的诗句“一切消逝者,只是一象征”,更说明“道”、“真的生命”是寓在一切变灭的形象里。英国诗人勃莱克的一首诗说得好:

一花一世界，一沙一天国，
君掌盛无边，刹那含永劫。

——田汉译

这诗和中国宋僧道灿的重阳诗句："天地一东篱，万古一重九"，都能喻无尽于有限，一切生灭者象征着永恒。

人类这种最高的精神活动，艺术境界与哲理境界，是诞生于一个最自由最充沛的深心的自我。这充沛的自我，真力弥满，万象在旁，掉臂游行，超脱自在，需要空间，供他活动。（参见拙作《中西画法所表现的空间意识》）于是"舞"是它最直接、最具体的自然流露。"舞"是中国一切艺术境界的典型。中国的书法、画法都趋向飞舞。庄严的建筑也有飞檐表现着舞姿。杜甫《观公孙大娘弟子舞剑器行》首段云：

昔有佳人公孙氏，一舞剑器动四方，
观者如山色沮丧，天地为之久低昂。
……

天地是舞，是诗（诗者天地之心），是音乐（大乐与天地同和）。中国绘画境界的特点建筑在这上面。画家解衣盘礴，面对着一张空白的纸（表象着舞的空间），用飞舞的草情篆意谱出宇宙万形里的音乐和诗境。照相机所摄万物形体的底层在纸上是构成一片黑影。物体轮廓线内的纹理形象模糊不清。山上草树崖石不能生动地表出它们的脉络姿态。只在大雪之后，崖石轮廓林木枝干才能显出它们各自的奕奕精神性格，恍如铺垫了一层空白纸，使万物以嵯峨突兀的线纹呈露它们的绘画状态。所以中国画家爱写雪景（王维），这里是天开图画。

中国画家面对这幅空白，不肯让物的底层黑影填实了物体的"面"，取消了空白，像西洋油画；所以直接地在这一片虚白上挥毫运墨，用各式皴文表出物的生命节奏。（石涛说：“笔之于皴也，开生面也。”）同时借取书法中的草情篆意或隶体表达自己心中的韵律，所绘出的是心灵所直接领悟的物态天趣，造化和心灵的凝合。自由潇洒的笔墨，凭线纹的节奏，色彩的韵律，开径自行，养空而游，蹈光揖影，抟虚成实。（参看本文首段引方士庶语）

庄子说：“虚室生白。”又说：“唯道集虚。”中国诗词文章里都着重这空中点染，抟虚成实的表现方法，使诗境、词境里面有空间，有荡漾，和中国画面具同样的意境结构。

中国特有的艺术——书法，尤能传达这空灵动荡的意境。唐张怀瓘在他的《书议》里形容王羲之的用笔说：“一点一画，意态纵横，偃亚中间，绰有余裕。然字峻秀，类于生动，幽若深远，焕若神明，以不测为量者，书之妙也。”在这里，我们见到书法的妙境通于绘画，虚空中传出动荡，神明里透出幽深，超以象外，得其环中，是中国艺术的一切造境。

王船山在《诗绎》里说：“论画者曰，咫尺有万里之势，一势字宜着眼。若不论势，则缩万里于咫尺，直是《广舆记》前一天下图耳。五言绝句以此为落想时第一义。唯盛唐人能得其妙。如‘君家住何处，妾住在横塘，停船暂借问，或恐是同乡’，墨气所射，四表无穷，无字处皆其意也！”高日甫论画歌曰：“即其笔墨所未到，亦有灵气空中行。”笪重光说：“虚实相生，无画处皆成妙境。”三人的话都是注意到艺术境界里的虚空要素。中国的诗词、绘画、书法里，表现着同样的意境结构，代表着中国人的宇宙意识。盛唐王、孟派的诗，固多空花水月的禅境；北宋人词空中荡漾，绵渺无际；就是南宋词人姜白石的“二十四桥仍在，波心荡冷月无声”，周草窗的“看画船尽入西泠，闲却半湖春色”，也能以空虚衬托实景，墨气所射，四表无穷。但就它渲染的境象说，还是不及唐人绝句能“无字处皆其意”更为高绝。中国人对“道”的体验，是“于空寂处见流行，于流行处见空寂”，唯道集虚，体用不二，这构成中国人的生命情调和艺术意境的实相。

王船山又说：“工部（杜甫）之工在即物深致，无细不章。右丞（王维）之妙，在广摄四旁，圜中自显。”又说：“右丞妙手能使在远者近，抟虚成实，则心自旁灵，形自当位。”这话极有意思。“心自旁灵”表现于“墨气所射，四表无穷”，“形自当位”，是“咫尺有万里之势”。“广摄四旁，圜中自显”，“使在远者近，抟虚成实”，这正是大画家大诗人王维创造意境的手法，代表着中国人于空虚中创现生命的流行，絪缊的气韵。

王船山论到诗中意境的创造，还有一段精深微妙的话，使我们领悟“中国艺术意境之诞生”的终极根据。他说：“唯此窅窅摇摇之中，有一切真情在内，可兴可观，可群可怨，是以有取于诗。然因此而诗则又往往缘景缘事，缘以往缘未来，经年苦吟，而不能自道。以追光蹑影之笔，写通天尽人之怀，是诗家正法眼藏。”“以追光蹑影之笔，写通天尽人之怀”，这两句话表出中国艺术的最后的理想和最高的成就。唐、宋人诗词是这样，宋、元人的绘画也是这样。

尤其是在宋、元人的山水花鸟画里，我们具体地欣赏到这“追光蹑影之笔，写通天尽人之怀”。画家所写的自然生命，集中在一片无边的虚白上。空中荡漾着“视之不见、听之不闻、搏之不得”的“道”，老子名之为“夷”、“希”、“微”。在这一片虚白上幻现的一花一鸟、一树一石、一山一水，都负荷着无限的深意、无边的深情。（画家、诗人对万物一视同仁，往往很远的微小的一草一石，都用工笔画出，或在逸笔撇脱中表出微茫惨淡的意趣。）万物浸在光被四表的神的爱中，宁静而深沉。深，像在一和平的梦中，给予观者的感受是一澈透灵魂的安慰和惺惺的微妙的领悟。

中国画的用笔，从空中直落，墨花飞舞，和画上虚白，溶成一片，画境恍如“一片云，因日成彩，光不在内，亦不在外，既无轮廓，亦无丝理，可以生无穷之情，而情了无寄”（借王船山评王俭《春诗》绝句语）。中国画的光是动荡着全幅画面的一种形而上的、非写实的宇宙灵气的流行，贯彻中边，往复上下。古绢的黯然而光，尤能传达这种神秘的意味。西洋传统的油画填没画底，不留空白，画面上动荡的光和气氛仍是物理的目睹的实质，而中国画上画家用心所在，正在无笔墨处，无笔墨处却是飘渺天倪，化工的境界。（即其笔墨所未到，亦有灵气空中行。）这种画面的构造是植根于中国心灵里葱茏絪缊，蓬勃生发的宇宙意识。王船山说得好："两间之固有者，自然之华，因流动生变而成绮丽，心目之所及，文情赴之，貌其本荣，如所存而显之，即以华奕照耀，动人无际矣！"这不是唐诗宋画给予我们的征象吗？

然而近代文人的诗笔画境缺乏照人的光彩，动人的情致，丰富的意象，这是民族心灵一时枯萎的征象么？中国人爱在山水中设置空亭一所。戴醇士说："群山郁苍，群木荟蔚，空亭翼然，吐纳云气。"一座空亭竟成为山川灵气动荡吐纳的交点和山川精神聚积的处所。倪云林每画山水，多置空亭，他有"亭下不逢人，夕阳澹秋影"的名句。张宣题倪画《溪亭山色图》诗云："石滑岩前雨，泉香树杪风，江山无限景，都聚一亭中。"苏东坡《涵虚亭》诗云："惟有此亭无一物，坐观万景得天全。"唯道集虚，中国建筑也表现着中国人的宇宙情调。

空寂中生气流行，鸢飞鱼跃，是中国人艺术心灵与宇宙意象"两镜相入"互摄互映的华严境界。倪云林有一绝句，最能写出此境：

兰生幽谷中，倒影还自照。
无人作妍媛，春风发微笑。

希腊神话里水仙之神（Narciss）临水自鉴，眷恋着自己的仙姿，无限相思，憔悴以死。中国的兰生幽谷，倒影自照，孤芳自赏，虽感空寂，却有春风微笑相伴，一呼一吸，宇宙息息相关，悦怿风神，悠然自足。（中西精神的差别相）

艺术的境界，既使心灵和宇宙净化，又使心灵和宇宙深化，使人在超脱的胸襟里体味到宇宙的深境。

唐朝诗人常建的《江上琴兴》一诗，最能写出艺术（琴声）这净化深化的作用：

江上调玉琴，一弦清一心。
泠泠七弦遍，万木澄幽阴。
能使江月白，又令江水深。
始知梧桐枝，可以徽黄金。

中国文艺里意境高超莹洁而具有壮阔幽深的宇宙意识生命情调的作品也不可多见。我们可以举出宋人张于湖的一首词来,他的《念奴娇·过洞庭》词云:

> 洞庭青草近中秋,更无一点风色。玉鉴琼田三万顷,著我扁舟一叶。素月分晖,明河共影,表里俱澄澈。悠悠心会,妙处难与君说。
>
> 应念岭表经年,孤光自照,肝胆皆冰雪。短发萧疏襟袖冷,稳泛沧溟空阔。尽挹西江,细斟北斗,万象为宾客。(对空间之超脱)叩舷独啸,不知今夕何夕!(对时间之超脱)

这真是"雪涤凡响,棣通太音,万尘息吹,一真孤露"。笔者自己也曾写过一首小诗,希望能传达中国心灵的宇宙情调,不揣陋劣,附在这里,借供参证:

> 飙风天际来,绿压群峰暝。
> 云罅漏夕晖,光写一川冷。
> 悠悠白鹭飞,淡淡孤霞迥。
> 系缆月华生,万象浴清影。
>
> ——《柏溪夏晚归棹》

艺术的意境有它的深度、高度、阔度。杜甫诗的高、大、深,俱不可及。"吐弃到人所不能吐弃为高,含茹到人所不能含茹为大,曲折到人所不能曲折为深。"(刘熙载评杜甫诗语)叶梦得《石林诗话》里也说:"禅家有三种语,老杜诗亦然。如波漂菰米沉云黑,露冷莲房坠粉红,为函盖乾坤语。落花游丝白日静,鸣鸠乳燕青春深,为随波逐浪语。百年地僻柴门迥,五月江深草阁寒,为截断众流语。"函盖乾坤是大,随波逐浪是深,截断众流是高。李太白的诗也具有这高、深、大。但太白的情调较偏向于宇宙境象的大和高。太白登华山落雁峰，说："此山最高，呼吸之气，想通帝座，恨不携谢朓惊人句来，搔首问青天耳！"（唐语林）杜甫则"直取性情真"（杜甫诗句），他更能以深情掘发人性的深度，他具有但丁的沉着的热情和歌德的具体表现力。

李、杜境界的高、深、大，王维的静远空灵，都植根于一个活跃的、至动而有韵律的心灵。承继这心灵，是我们深衷的喜悦。

（原刊 1944 年 1 月《哲学评论》第 8 卷第 5 期，
中国哲学会编辑出版）

中国艺术三境界

“中国艺术三境界”这个题目很大,讲起来可说是大而无当。但是,大亦有好处,就是可以空空洞洞地讲一点。现在,从中国过去的艺术家所遗留下来的诗文中,找出一鳞一爪来和各位谈谈。

说起“境界”,的确是个很复杂的东西。不但中西艺术里表现的“境界”不同,单就国画来说,也有很多差异。不过,可以综合说来有下述三种境界。

一、写实(或写生)的境界。

二、传神的境界。

三、妙悟的境界。

用这三个标题,似乎有一个毛病,就是前二者有具体的对象,而后者却似乎空泛无着。但是,细想起来,它还是有对象的,那就是所谓玄境。兹分论如下:

一、写实的境界

站在油画或西洋写生画的立场来看,似乎中国画不能算是写实画。其实,中国的画家是很讲究写实的。我们从下述几个例子可以看出:

客有为齐王画者。齐王问曰:“画孰最难者?”曰:“犬马最难。”“孰易者?”曰:“鬼魅最易。夫犬马人所知也,旦暮罄于前,不可类之,故难。鬼魅无形者,不罄于前。故易之也。”

(戴)颙……宋太子铸丈六金像于瓦棺寺,像成而恨面瘦,工人不能理,乃迎颙问之。曰:“非面瘦,乃臂胛肥!”既铝,减臂胛,像乃相称,时人服其精思。

徽宗建龙德宫成,命待诏图画宫中屏壁,皆极一时之选。上来幸,一无所称,独顾壶中殿前柱廊拱眼《斜枝月季花》,问画者为谁?实少年新进。上喜,赐绯,褒锡甚宠,皆莫测其故。近侍尝请于上,上曰:“月季鲜有能画者,盖四时朝暮,花蕊叶皆不同。此作春时日中者,无毫发差,故厚赏之。”

宣和殿前植荔枝,既结实,喜动天颜。偶孔雀在其下,亟召画院众史,令图之。各极其思,华彩灿然。但孔雀欲升藤墩,先举右脚。上曰:“未也。”众史愕然莫测。后数日再呼问之,不知所对,则降旨曰:“孔雀升高,必先举左。”众史骇服。

希腊大画家曹格西斯(Zeuxis)画架上葡萄,有飞雀见而啄之。画家巴哈西斯(Panhazus)走来画一帷幕掩其上,曹格西斯回家误以为是真帷幕,欲引而张之。他能骗飞雀,却又被人骗了。

这两个故事,如同出一辙,可见东方与西方画家,有同样的写实精神。

中国画家不但重视表面写实,更透入内层。从下述例证,便可看出。

黄筌,十七岁事蜀后主王衍为待诏,至孟昶加俭校少府监,累迁如京副使。后主衍尝诏筌于内殿观吴道玄画钟馗,乃谓筌曰:“吴道玄之画钟馗者,以右手第二指抉鬼之目,不若以拇指为有力也。”令筌改进,筌于是不用道玄之本,别改画以拇指抉鬼之目者进焉。后主怪其不如旨,筌对曰:“道玄之所画者,眼色意思俱在第二指;今臣所画眼色意思,俱在拇指。”后主悟,乃喜。

这种写实,可说已到传神的境界了。

中国画家不仅可以画得很像,或至入神。并且,相信画家是个小上帝,简直可以创造出真实的东西来:

李思训开元中除卫将军,与其子李昭道中舍俱得山水之妙,时人号大李、小李。思训格品高奇,山水绝妙,鸟兽、草木,皆穷其态。昭道虽图山水、鸟兽,甚多繁巧,智惠笔力不及思训。天宝中明皇召思训画大同殿壁,兼掩障。异日因对,语思训云:“卿所画掩障,夜闻水声。”通神之佳手也,国朝山水第一。故思训神品,昭道妙上品也。

韩幹京兆人也,明皇天宝中召入供奉。上令师陈闳画马。帝怪其不同,因诘之。奏云:“臣自有师。陛下内厩之马,皆臣之师也。”上甚异之。其后果能状飞黄之质,图喷玉之奇;九方之职既精,伯乐之相乃备。且古之画马,有穆王《八骏图》,后立本亦模写之,多见筋骨,皆擅一时,足为希代之珍。开元后四海清平,外国名马,重译累至。然而沙碛之遥,蹄甲皆薄;明皇遂择其良者,与中国之骏同颁,尽写之。自后内厩有飞黄、照夜、浮云、五花之乘,奇毛异状,筋骨既圆,蹄甲皆厚。驾驭历验,若舆辇之安也;驰骤旋转,皆应韶濩之节。是以陈闳貌之于前,韩幹继之于后,写渥窪之状,若在水中,移騕袅之形,出于图上,故韩幹居神品宜矣……

这两个故事,虽然是神话,但我们可以相信,他们的画是惟妙惟肖,使人相信画家有创造生命的艺术。

中国画家又很讲实用。梁兴国寺殿中多雀,粪积佛顶,僧驱之不去。乃请画家张僧繇画一鹰一鹞于东西壁,双目瞵视,栩栩如生,雀不敢至。

由此,我们知道中国画家是有写实的兴趣、技巧、能力与观察力的。不但如此,还有能超出现实阶段,而达于更高境界者。即是传神的境界。

二、传神的境界

任何东西,不论其为木为石,在审美的观点看来,均有生命与精神的表现。画家欲把握一物的灵魂,必须改变他的技巧。就是不能再全部地纯写实地描画,而须抓住几个特点。从下述例证,可以看出。

> 顾恺之……画人尝数年不点目睛,人问其故,答曰:“四体妍媸,本无关于妙处,传神写照,正在阿堵之中。又画裴楷真,颊上加三毛,云:‘楷俊朗有识,具此正是其识,具观者详之,定觉神明殊胜。’”

传神不能板滞,必须生动自然,方为杰作。苏东坡有一首题在画上的诗:“苍鹰见人时,未起意先改。君从何处看?得此无人态。”这无人之态,便是鹰的自然状态,画家应当把握住。

西洋亦如此。当写实派极盛时,便走入另一阶段而求解脱。法国罗丹是集写实派之大成的人,但他塑像时,却令对象(模特儿)自由行动,言谈举止,一如平时,这时,他藏于屋角,随意取材,把握其自然情态。这正如宋代陈造所说的一样。他说:“使人伟衣冠,肃瞻视,巍坐屏息,仰而视,俯而起草,毫发不差,若镜中写影,未必不木偶也。着眼于颠沛、造次、应对、进退、频额、适悦、舒急、倨傲之顷。熟想而默识,一得佳思,亟运笔墨,如兔起鹘落,则气王而神完矣。”即此一段妙论,就可以胜过罗丹了。

明代吴承恩在其《射阳山人集》中,有《送写真李山人序》一文,略谓:“通州李先生至淮阴蒋家,士绅请画像,十常得十。人问之,对曰:余非技人也,而游乎技。余初出游时,见人之容貌、老少、长短、肥瘦、妍媸各有不同,为之神往,乃证其眉化,目而墨之,十分中常失五六。既久,知其性,忘其形,求之于俯仰,求之于空貌,求之于情感,有时余与同悲,有时余与同乐——再起作画,此时十失有三四。今余不观人之貌,隐几而坐,忽焉若观斯人于素,又忽焉若见紫色起于眉宇之间,乃急起作画,余不知其肖否?不知其已失几何?”作画至此阶段,可说已至浑化超脱形相,而到最高的境界了。

苏东坡《传神记》说得更透彻。他说:“传神之难在目。顾虎头云:‘传形写影,都在阿堵中。’其次在颧颊。吾尝于灯下顾自见颊影,使人就壁模之,不作眉目,见者皆失笑,知其为吾也。目与颧颊似,余无不似者,眉与鼻口可增减取似也。传神与相一道,欲得其人之天,法当于众中阴察之。今乃使人具衣冠坐,注视一物,彼方敛容自持,岂复见其天乎?凡人意思,各有所在,或在眉目,或在鼻口。虎头云:‘颊上加三毛,觉精彩殊胜。’则此人意思盖在须颊间也。优孟学孙叔敖抵掌谈笑,至使人谓死者复生,此岂举体皆似,亦得其意思所在而已。使画者悟此理,则人可以为顾陆。吾尝见僧赠惟真画曾鲁公,初不甚似。一日往见公,归而喜甚,曰:‘吾得之矣。’乃于肩后加三纹,隐约可见,作俯首仰视,眉扬而额蹙者,遂大似。南都人陈怀立,传吾神众,以为得其全者。怀立举止如诸生,萧然有于笔墨之外者也。故以吾所闻者助发之。”由此可见中国画重在传神。

山水传神在点苔,苔是山水的眉目,其次如作亭。张宣题画云:“石滑岩前雨,泉香树杪风,江山无限景,都在一亭中。”可见亭之于山水,亦如目之于人一样。宋画家郭熙云:“画山水数百里间。必有精神聚处,乃足画。散地不足画也。”

三、妙悟的境界(以下缺)

(原刊 1945 年 1 月《学生导报》周刊第 1 期)

中国艺术表现里的虚和实

先秦哲学家荀子是中国第一个写了一篇较有系统的美学论文——《乐论》的人。他有一句话说得极好,他说:“不全不粹不足以谓之美。”这话运用到艺术美上就是说:艺术既要极丰富地全面地表现生活和自然,又要提炼地去粗存精,提高、集中,更典型,更具普遍性地表现生活和自然。

由于“粹”,由于去粗存精,艺术表现里有了“虚”,“洗尽尘滓,独存孤迥”(恽南田语)。由于“全”,才能做到孟子所说的“充实之谓美,充实而有光辉之谓大”。“虚”和“实”辩证的统一,才能完成艺术的表现,形成艺术的美。

但“全”和“粹”是相互矛盾的。既去粗存精,那就似乎不全了,全就似乎不应“拔萃”。又全又粹,这不是矛盾吗?

然而只讲“全”而不顾“粹”,这就是我们现在所说的自然主义;只讲“粹”而不能反映“全”,那又容易走上抽象的形式主义的道路;既粹且全,才能在艺术表现里做到真正的“典型化”,全和粹要辩证地结合、统一,才能谓之美,正如荀子在两千年前所正确地指出的。

清初文人赵执信在他的《谈艺录》序言里有一段话很生动地形象化地说明这全和粹、虚和实辩证的统一才是艺术的最高成就。他说:

> 钱塘洪昉思(按:即洪升,《长生殿》曲本的作者)久于新城(按:即王渔洋,提倡诗中神韵说者)之门矣。与余友。一日在司

> 寇(渔洋)论诗,昉思嫉时俗之无章也,曰:"诗如龙然,首尾鳞鬣,一不具,非龙也。"司寇哂之曰:"诗如神龙,见其首不见其尾,或云中露一爪一鳞而已,安得全体?是雕塑绘画耳!"余曰:"神龙者,屈伸变化,固无定体,恍惚望见者第指其一鳞一爪,而龙之首尾完好固宛然在也。若拘于所见,以为龙具在是,雕绘者反有辞矣!"

洪昉思重视"全"而忽略了"粹",王渔洋依据他的神韵说看重一爪一鳞而忽视了"全体";赵执信指出一鳞一爪的表现方式要能显示龙的"首尾完好宛然存在"。艺术的表现正在于一鳞一爪具有象征力量,使全体宛然存在,不削弱全体丰满的内容,把它们概括在一鳞一爪里。提高了,集中了,一粒沙里看见一个世界。这是中国艺术传统中的现实主义的创作方法,不是自然主义的,也不是形式主义的。

但王渔洋、赵执信都以轻视的口吻说着雕塑绘画,好像它们只是自然主义地刻画现实。这是大大的误解。中国大画家所画的龙正是像赵执信所要求的,云中露出一鳞一爪,却使全体宛然可见。

中国传统的绘画艺术很早就掌握了这虚实相结合的手法。例如近年出土的晚周帛画凤夔人物、汉石刻人物画、东晋顾恺之《女史箴图》、唐阎立本《步辇图》、宋李公鳞《免胄图》、元颜辉《钟馗出猎图》、明徐渭《驴背吟诗》,这些赫赫名迹都是很好的例子。我们见到一片空虚的背景上突出地集中地表现人物行动姿态,删略了背景的刻画,正像中国舞台上的表演一样(汉画上正有不少舞蹈和戏剧表演)。

关于中国绘画处理空间表现方法的问题,清初画家笪重光在他的一篇《画筌》(这是中国绘画美学里的一部杰作)里说得很好,而这段论画面空间的话,也正相通于中国舞台上空间处理的方式。他说:

> 空本难图,实景清而空景现。神无可绘,真境逼而神境生。位置相戾,有画处多属赘疣。虚实相生,无画处皆成妙境。

这段语扼要地说出中国画里处理空间的方法,也叫人联想到中国舞台艺术里的表演方式和布景问题。中国舞台表演方式是有独创性的,我们愈来愈见到它的优越性。而这种艺术表演方式又是和中国独特的绘画艺术相通的,甚至也和中国诗中的意境相通。(我在一九四九年写过一篇《中国诗画中所表现的空间意识》,见本书)中国舞台上一般不设置逼真的布景(仅用少量的道具桌椅等)。老艺人说得好:"戏曲的布景是在演员的身上。"演员结合剧情的发展,灵活地运用表演程式和手法,使得"真境逼而神境生"。演员集中精神用程式手法、舞蹈行动,"逼真地"表达出人物的内心情感和行动,就会使人忘掉对于剧中环境布景的要求,不需要环境布景阻碍表演的集中和灵活,"实景清而空景现",留出空虚来让人物充分地表现剧情,剧中人和观众精神交流,深入艺术创作的最深意趣,这就是"真境逼而神境生"。这个"真境逼"是在现实主义的意义里的,不是自然主义里所谓逼真。这是艺术所启示的真,也就是"无可绘"的精神的体现,也就是美。"真"、"神"、"美"在这里是一体。

做到了这一点,就会使舞台上"空景"的"现",即空间的构成,不须借助于实物的布置来显示空间,恐怕"位置相戾,有画处多属赘疣",排除了累赘的布景,可使"无景处都成妙境"。例如川剧《刁窗》一场中虚拟的动作既突出了表演的"真",又同时显示了手势的"美",因"虚"得"实"。《秋江》剧里船翁一支桨和陈妙常的摇曳的舞姿可令观众"神游"江上。八大山人画一条生动的鱼在纸上,别无一物,令人感到满幅是水。我最近看到故宫陈列齐白石画册里一幅上画一枯枝横出,站立一鸟,别无所有,但用笔的神妙,令人感到环绕这鸟是一无垠的空间,和天际群星相接应,真是一片"神境"。

中国传统的艺术很早就突破了自然主义和形式主义的片面性,创造了民族的独特的现实主义的表达形式,使真和美、内容和形式高度地统一起来。反映这艺术发展的美学思想也具有独创的宝贵的遗产,值得我们结合艺术的实践来深入地理解和汲取,为我们从新的生活创造新的艺术形式提供借鉴和营养资料。

中国的绘画、戏剧和中国另一特殊的艺术——书法,具有着共同的特点,这就是它们里面都是贯穿着舞蹈精神(也就是音乐精神),由舞蹈动作显示虚灵的空间。唐朝大书法家张旭观看公孙大娘剑器舞而悟书法,吴道子画壁请裴将军舞剑以助壮气。而舞蹈也是中国戏剧艺术的根基。中国舞台动作在二千年的发展中形成一种富有高度节奏感和舞蹈化的基本风格,这种风格既是美的,同时又能表现生活的真实,演员能用一两个极洗炼而又极典型的姿式,把时间、地点和特定情景表现出来。例如"趟马"这个动作,可以使人看出有一匹马在跑,同时又能叫人觉得是人骑在马上,是在什么情境下骑着的。如果一个演员在趟马时"心中无马",光在那里卖弄武艺,卖弄技巧,那他的动作就是程式主义的了。——我们的舞台动作,确是能通过高度的艺术真实,表现出生活的真实的。也证明这是几千年来,一代又一代的,经过广大人民运用他们的智慧,积累而成的优秀的民族表现形式。"如果想一下子取消这种动作,代之以纯现实的,甚至是自然主义的做工,那就是取消民族传统,取消戏曲。"(见焦菊隐:《表演艺术上的三个主要问题》,《戏剧报》一九五四年十一月号)

中国艺术上这种善于运用舞蹈形式,辩证地结合着虚和实,这种独特的创造手法也贯穿在各种艺术里面。大而至于建筑,小而至于印章,都是运用虚实相生的审美原则来处理,而表现出飞舞生动的气韵。《诗经》里《斯干》那首诗里赞美周宣王的宫室时就是拿舞的姿式来形容这建筑,说它"如跂斯翼,如矢斯棘,如鸟斯革,如翚斯飞"。

由舞蹈动作伸延,展示出来的虚灵的空间,是构成中国绘画、书法、戏剧、建筑里的空间感和空间表现的共同特征,而造成中国艺术在世界上的特殊风格。它是和西洋从埃及以来所承受的几何学的空间感有不同之处。研究我们古典遗产里的特殊贡献,可以有助于人类的美学探讨和艺术理解的进展。

(原刊《文艺报》1961 年第 5 期)

中国艺术的写实精神

——为第三次全国美展写

一切艺术的境界，可以说不外是写实、传神、造境：从自然的抚摹、生命的传达，到意境的创造。艺术的根基在于对万物的酷爱，不但爱它们的形象，且从它们的形象中爱它们的灵魂。灵魂就寓在线条，寓在色调，寓在体积之中。《诗经》里有句云：

桑之未落，其叶沃若。
喓喓草虫，趯趯阜螽。

《楚辞》有句云：

秋兰兮青青，绿叶兮紫茎。

古代诗人，窥目造化，体味深刻，传神写照，万象皆春。王船山先生论诗云："君子之心，有与天地同情者，有与禽鱼草木同情者，有与女子小人同情者，有与道同情者——悉得其情，而皆有以裁用之，大以体天地之心，微以备禽鱼草木之几。"这是中国艺术中写实精神的真谛。中国的写实不是暴露人间的丑恶，抒写心灵的黑暗，乃是"张目人间，逍遥物外，含毫独运，迥发天倪"（恽南田语）。动天地、泣鬼神、参造化之权、研象外之趣，这是中国艺术家最后的目的。所以写实、传神、造境，在中国艺术上是一线贯串的，不必分析出什么写实主义、形式主义、理想主义来。近代人震惊于西洋绘画的写实能力，误以为中国艺术缺乏写实兴趣，这是大错特错的。我们现在据史籍所载关于中国艺术（主要的是绘画）的写实材料列之如下，供参考。

《韩非子》上记载："客有为齐王画者，齐王问曰：'画孰最难者？'答曰：'犬马最难。''孰最易者？''鬼魅易。'"从韩非子这话里，可以想见先秦的绘画，认为写实是难能可贵的。庄子也说过："叶公子高之好龙，雕文画之，天龙闻而下之，窥头于牖，施尾于堂，叶公见之，五色无主，是叶公非好龙也，好其似龙非龙也。"

庄子讥笑艺术家不敢大胆地面对现实，就像歌德的浮士德，召请了地神出现后，吓得惊慌失措，不敢正视它一样。

古代艺术家观察实在的精到，见下面两段故事：

六朝时宋太子铸丈六金像于瓦棺寺，像成而恨面瘦，工人不能理，乃迎戴颙曰："非面瘦，乃胛肥！"既错，减臂胛，像乃相称。

五代时，前蜀后主衍得吴道子画钟馗，右手第二指抉鬼睛，令黄筌改用拇指抉，筌乃别绢索以进之，后主怪其不如旨，筌对曰："道玄之所画者，眼色意思俱在第二指，不可改。今臣画，虽不逮吴，然眼色意思在拇指，不可移！"

由这两则故事，可见画家对于生理解剖的体认甚深，且能着重整体的机构和生命。

大画家宋徽宗做错了皇帝，然而他的艺术家的目力和注意力是惊人的。我们看他下面两段故事：

徽宗时，龙德宫成，命待诏图画宫中屏壁，皆极一时之选。上来幸，一无所观，独顾闳中殿前柱廊拱眼，斜枝月季花，问画者为谁，实一少年新进。上喜，赐宠，皆莫测其故，上曰："月季鲜有能画者，盖四时朝暮，花蕊叶皆不同，此作春时日中者，无毫发差，故厚赏之。"

宣和殿前植荔枝，既结实，喜动天颜。偶孔雀在其下，亟召画院众史，令图之。各极其思，华彩粲然。但孔雀欲升藤墩，先举右脚。上曰："未也。"众史愕然莫测。后二日再呼问之，不知所对，则降旨曰："孔雀升高，必先举左。"众史骇服。

论史家一定要说,宋徽宗留心到这些细事,无怪他不能专心朝政,让小人擅权。但作为艺术家来说,他是发挥了艺术中的写实精神,虚心观察自然,使宋代花鸟画成为世界艺坛的空前杰创,永远称成中国绘画的世界荣誉。

因为古代绘画这样倾向写实,所以在一般民众脑中、好画家的手腕下,不仅描摹了、表现了“生命”,简直是创造了写实生命。所以有种种神话,相信画龙则能破壁飞去,兴云作雨(张僧繇),画马则能供鬼使当坐骑(韩幹),画鱼则能跃入水中游泳而逝(李思训),画鹰则吓走殿上鸟雀便不敢再来(张僧繇),以针刺像可使邻女痛(顾恺之)。由这些传说神话可以想象,古人认为艺术家的最高任务在能再造真实,创新生命。艺术家是个小上帝、造物主。他们的作品就像自然一样的真实。

本来希腊和中国的古代,都是极注意写实的,我们再引列两段故事,以结束这篇小文。

希腊大画家曹格西斯(Zeuxis)画架上葡萄,有飞雀见而啄之。画家巴哈宙斯(Panhazus)走来画一帷幕掩其上。曹格西斯回家误以为是真帷幕,欲引而张之。他能骗飞雀,却又被人骗了。

吴大帝孙权尝使曹不兴画屏风,误落墨点素,因就以作蝇。既进,权以画生蝇,举手弹之。

但写实终只是绘画艺术的出发点,以写实到传达生命及人格之神味,从传神到创造意境,以窥探宇宙人生之秘,是艺术家最后最高的使命,当另为文详之。

(原刊1943年1月14日《中央日报》“艺林”)

中国诗画中所表现的空间意识

现代德国哲学家斯宾格耐(O. Spengler)在他的名著《西方之衰落》里面曾经阐明每一种独立的文化都有它的基本象征物,具体地表象它的基本精神。在埃及是“路”,在希腊是“立体”,在近代欧洲文化是“无尽的空间”。这三种基本象征都是取之于空间境界,而他们最具体的表现是在艺术里面。埃及金字塔里的甬道,希腊的雕像,近代欧洲的最大油画家伦勃朗(Rembrandt)的风景,是我们领悟这三种文化的最深的灵魂之媒介。

我们若用这个观点来考察中国艺术,尤其是画与诗中所表现的空间意识,再拿来同别种文化作比较,是一极有趣味的事。我不揣浅陋作了以下的尝试。

西洋十四世纪文艺复兴初期油画家梵埃格(Van Eyck)的画极注重写实、精细地描写人体、画面上表现屋宇内的空间,画家用科学及数学的眼光看世界。于是透视法的知识被发挥出来,而用之于绘画。意大利的建筑家勃鲁纳莱西(Brunelleci)在十五世纪的初年已经深通透视法。阿卜柏蒂在他一四三六年出版的《画论》里第一次把透视的理论发挥出来。

中国十八世纪雍正、乾隆时,名画家邹一桂对于西洋透视画法表示惊异而持不同情的态度,他说:“西洋人善勾股法,故其绘画于阴阳远近,不差锱黍,所画人物、屋树,皆有日影。其所用颜色与笔,与中华绝异。布影由阔而狭,以三角量之。画宫室于墙壁,令人几欲走进。学者能参用一二,亦其醒法。但笔法全无,虽工亦匠,故不入画品。”

邹一桂认为西洋的透视的写实的画法“笔法全无,虽工亦匠”,只是一种技巧,与真正的绘画艺术没有关系,所以“不入画品”。而能够入画品的画,即能“成画”的画,应是不采取西洋透视法的立场,而采沈括所说的“以大观小之法”。

早在宋代,一位博学家沈括在他名著《梦溪笔谈》里就曾讥评大画家李成采用透视立场“仰画飞檐”,而主张“以大观小之法”。他说:“李成画山上亭馆及楼阁之类,皆仰画飞檐。其说以谓‘自下望上,如人立平地望塔檐间,见其榱桷’。此论非也。大都山水之法,盖以大观小,如人观假山耳。若同真山之法,以下望上,只合见一重山,岂可重重悉见,兼不应见其溪谷间事。又如屋舍,亦不应见中庭及巷中事。若人在东立,则山西便合是远境。人在西立,则山东却合是远境。似此如何成画?李君盖不知以大观小之法,其间折高、折远,自有妙理,岂在掀屋角也?”

沈括以为画家画山水,并非如常人站在平地上在一个固定的地点,仰首看山;而是用心灵的眼,笼罩全景,从全体来看部分,“以大观小”。把全部景界组织成一幅气韵生动、有节奏有和谐的艺术画面,不是机械地照相。这画面上的空间组织,是受着画中全部节奏及表情所支配。“其间折高折远,自有妙理”,这就是说须服从艺术上的构图原理,而不是服从科学上算学的透视法原理。他并且以为那种依据透视法的看法只能看见片面,看不到全面,所以不能成画。他说“似此如何成画”,他若是生在今日,简直会不承认西洋传统的画是画,岂不有趣?

这正可以拿奥国近代艺术学者芮格(Riegl)所主张的“艺术意志说”来解释。中国画家并不是不晓得透视的看法,而是他的“艺术意志”不愿在画面上表现透视看法,只摄取一个角度,而采取了“以大观小”的看法,从全面节奏来决定各部分,组织各部分。中国画法六法上所说的“经营位置”,不是依据透视原理,而是“折高折远自有妙理”。全幅画面所表现的空间意识,是大自然的全面节奏与和谐。画家的眼睛不是从固定角度集中于一个透视的焦点，而是流动着飘瞥上下四方，一目千里，把握全境的阴阳开阖、高下起伏的节奏。中国最大诗人杜甫有两句诗表出这空、时意识说："乾坤万里眼，时序百年心。"《中庸》上也曾说："诗云鸢飞戾天，鱼跃于渊，言其上下察也。"

中国最早的山水画家六朝刘宋时的宗炳（公元五世纪）曾在他的《画山水序》里说山水画家的事务是：

> 身所盘桓，目所绸缪。
> 以形写形，以色貌色。

画家以流盼的眼光绸缪于身所盘桓的形形色色。所看的不是一个透视的焦点，所采的不是一个固定的立场，所画出来的是具有音乐的节奏与和谐的境界。所以宗炳把他画的山水悬在壁上，对着弹琴，他说：

> 抚琴动操，欲令众山皆响！

山水对他表现一个音乐的境界，就如他的同时的前辈那位大诗人音乐家嵇康，也是拿音乐的心灵去领悟宇宙、领悟"道"。嵇康有名句云：

> 目送归鸿，手挥五弦。
> 俯仰自得，游心太玄。

中国诗人、画家确是用"俯仰自得"的精神来欣赏宇宙，而跃入大自然的节奏里去"游心太玄"。晋代大诗人陶渊明也有诗云："俯仰终宇宙，不乐复何如！"

用心灵的俯仰的眼睛来看空间万象，我们的诗和画中所表现的空间意识，不是像那代表希腊空间感觉的有轮廓的立体雕像，不是像那表现埃及空间感的墓中的直线甬道，也不是那代表近代欧洲精神的伦勃朗的油画中渺茫无际追寻无着的深空,而是"俯仰自得"的节奏化的音乐化了的中国人的宇宙感。

《易经》上说:"无往不复,天地际也。"这正是中国人的空间意识!

这种空间意识是音乐性的(不是科学的算学的建筑性的)。它不是用几何、三角测算来的,而是由音乐舞蹈体验来的。中国古代的所谓"乐"是包括着舞的。所以唐代大画家吴道子请裴将军舞剑以助壮气。

宋郭若虚《图画见闻志》上说:

> 唐开元中,将军裴旻居丧,诣吴道子,请于东都天宫寺画神鬼数壁,以资冥助。道子答曰:"吾画笔久废,若将军有意,为吾缠结,舞剑一曲,庶因猛厉,以通幽冥!"旻于是脱去缞服,若常时装束,走马如飞,左旋右转,掷剑入云,高数十丈,若电光下射。旻引手执鞘承之,剑透室而入。观者数千人,无不惊栗。道子于是援毫图壁,飒然风起,为天下之壮观。道子平生绘事,得意无出于此。

与吴道子同时的大书家张旭也因观公孙大娘的剑器舞而书法大进。宋朝书家雷简夫因听着嘉陵江的涛声而引起写字的灵感。雷简夫说:"余偶昼卧,闻江涨瀑声。想波涛翻翻,迅駃掀搕,高下蹙逐奔去之状,无物可寄其情,遽起作书,则心中之想尽在笔下矣!"

节奏化了的自然,可以由中国书法艺术表达出来,就同音乐舞蹈一样。而中国画家所画的自然也就是这音乐境界。他的空间意识和空间表现就是"无往不复的天地之际"。不是由几何、三角所构成的西洋的透视学的空间,而是阴阳明暗高下起伏所构成的节奏化了的空间。董其昌说:"远山一起一伏则有势,疏林或高或下则有情,此画之诀也。"

有势有情的自然是有声的自然。中国古代哲人曾以音乐的十二律配合一年十二月节季的循环。《吕氏春秋·大乐》篇说:"万物所出，造于太一，化于阴阳。萌芽始震，凝凔以形。形体有处，莫不有声。声出于和，和出于适。和适，先王定乐，由此而生。”唐代诗人韦应物有诗云：

万物自生听，大空恒寂寥。

唐诗人沈佺期的《范山人画山水歌》云（见佩文斋书画谱）：“山峥嵘，水泓澄。漫漫汗汗一笔耕。一草一木栖神明。忽如空中有物，物中有声。复如远道望乡客，梦绕山川身不行！”

这是赞美范山人所画的山水好像空中的乐奏，表现一个音乐化的空间境界。宋代大批评家严羽在他的《沧浪诗话》里说唐诗人的诗中境界：“如空中之音，相中之色，水中之月，镜中之像，言有尽而意无穷。”西人约柏特（Joubert）也说：“佳诗如物之有香，空之有音，纯乎气息。”又说：“诗中妙境，每字能如弦上之音，空外余波，袅袅不绝。”（据钱钟书译）

这种诗境界，中国画家则表之于山水画中。苏东坡论唐代大画家兼诗人王维说：“味摩诘之诗，诗中有画。观摩诘之画，画中有诗。”

王维的画我们现在不容易看到（传世的有两三幅）。我们可以从诗中看他画境，却发现他里面的空间表现与后来中国山水画的特点一致！

王维的辋川诗有一绝句云：

北垞湖水北，杂树映朱栏，
逶迤南川水，明灭青林端。

在西洋画上有画大树参天者，则树外人家及远山流水必在地平线上缩短缩小，合乎透视法。而此处南川水却明灭于青林之端，不向下而向上，不向远而向近。和青林朱栏构成一片平面。而中国山水画家却取此同样的看法写之于画面，使西人诧中国画家不识透视法。然而这种看法是中国诗中的通例，如：

暗水流花径，春星带草堂。
卷帘唯白水，隐几亦青山。
白波吹粉壁，青嶂插雕梁。（以上杜甫）

天回北斗挂西楼。
檐飞宛溪水，窗落敬亭云。（以上李白）

水国舟中市，山桥树杪行。（王维）

窗影摇群动，墙阴载一峰。（岑参）

秋景墙头数点山。（刘禹锡）

窗前远岫悬生碧，帘外残霞挂熟红。（罗虬）

树杪玉堂悬。（杜审言）

江上晴楼翠霭开，满帘春水满窗山。（李群玉）

碧松梢外挂青天。（杜牧）

玉堂坚重而悬之于树杪，这是画境的平面化。青天悠远而挂之于松梢，这已经不止于世界的平面化，而是移远就近了。这不是西洋精神的追求无穷，而是饮吸无穷于自我之中！孟子曰："万物皆备于我矣，反身而诚，乐莫大焉。"宋代哲学家邵雍于所居作便坐，曰安乐窝，两旁开窗曰日月牖。正如杜甫诗云：

江山扶绣户，
日月近雕梁。

深广无穷的宇宙来亲近我,扶持我,无庸我去争取那无穷的空间,像浮士德那样野心勃勃,彷徨不安。

中国人对无穷空间这种特异的态度,阻碍中国人去发明透视法,而且使中国画至今避用透视法。我们再在中国诗中征引那饮吸无穷空时于自我,网罗山川大地于门户的例证:

云生梁栋间,风出窗户里。(郭璞)(东晋)

绣甍结飞霞,璇题纳明月。(鲍照)(六朝)

窗中列远岫,庭际俯乔林。(谢朓)(六朝)

栋里归白云,窗外落晖红。(阴铿)(六朝)

画栋朝飞南浦云,珠帘暮卷西山雨。(王勃)(初唐)

窗含西岭千秋雪,门泊东吴万里船。
天入沧浪一钓舟。(杜甫)(唐)

欲回天地入扁舟。(李商隐)(唐)

大壑随阶转,群山入户登。(王维)(唐)

隔窗云雾生衣上,卷幔山泉入镜中。(王维)(唐)

山月临窗近,天河入户低。(沈佺期)(唐)

山翠万重当槛出,水光千里抱城来。(许浑)(唐)

三峡江声流笔底，六朝帆影落樽前。
山随宴坐图画出，水作夜窗风雨来。（米芾）（宋）

一水护田将绿绕，两山排闼送青来。（王安石）（宋）

满眼长江水，苍然何郡山？
向来万里急，今在一窗间。（陈简斋）（宋）

江山重复争供眼，风雨纵横乱入楼。（陆放翁）（宋）

水光山色与人亲。（李清照）（宋）

帆影多从窗隙过，溪光合向镜中看。（叶令仪）（清）

云随一磬出林杪，窗放群山到榻前。（谭嗣同）（清）

而明朝诗人陈眉公的含晖楼诗（咏日光）云："朝挂扶桑枝，暮浴咸池水，灵光满大千，半在小楼里。"更能写出万物皆备于我的光明俊伟的气象。但早在这些诗人以前，晋宋的大诗人谢灵运（他是中国第一个写纯山水诗的）已经在他的《山居赋》里写出这网罗天地于门户、饮吸山川于胸怀的空间意识。中国诗人多爱从窗户庭阶，词人尤爱从帘、屏、栏杆、镜以吐纳世界景物。我们有"天地为庐"的宇宙观。老子曰："不出户，知天下。不窥牖，见天道。"庄子曰："瞻彼阕者，虚室生白。"孔子曰："谁能出不由户，何莫由斯道也？"中国这种移远就近、由近知远的空间意识，已经成为我们宇宙观的特色了。谢灵运《山居赋》里说：

抗北顶以葺馆，瞰南峰以启轩，罗曾崖于户里，列镜澜于窗前。因丹霞以赪楣，附碧云以翠椽。（引《宋书·谢灵运传》）

六朝刘义庆的《世说新语》载：

> 简文帝(东晋)入华林园,顾谓左右曰:“会心处不必在远,翳然林木,便自有濠濮间想也。觉鸟兽禽鱼,自来亲人!”

晋代是中国山水情绪开始与发达的时代。阮籍登临山水,尽日忘归。王羲之既去官,游名山,泛沧海,叹曰:“我卒当以乐死!”山水诗有了极高的造诣(谢灵运、陶渊明、谢朓等),山水画开始奠基。但是顾恺之、宗炳、王微已经显示出中国空间意识的特质了。宗炳主张“身所盘桓,目所绸缪,以形写形,以色貌色”。王微主张“以一管之笔拟太虚之体”。而人们遂能“以大观小”又能“小中见大”。人们把大自然吸收到庭户内。庭园艺术发达极高。庭园中罗列峰峦湖沼,俨然一个小天地。后来宋僧道灿的重阳诗句“天地一东篱,万古一重久”正写出这境界。而唐诗人孟郊更歌唱这天地反映到我的胸中,艺术的形象是由我裁成的,他唱道：

> 天地入胸臆,吁嗟生风雷。
> 文章得其微,物象由我裁!

东晋陶渊明则从他的庭园悠然窥见大宇宙的生气与节奏而证悟到忘言之境。他的《饮酒》诗云：

> 结庐在人境,而无车马喧。问君何能尔,心远地自偏。采菊东篱下,悠然见南山。山气日夕佳,飞鸟相与还。此中有真味,欲辨已忘言!

中国人的宇宙概念本与庐舍有关。“宇”是屋宇,“宙”是由“宇”中出入往来。中国古代农人的农舍就是他的世界。他们从屋宇得到空间观念。从“日出而作,日入而息”(击壤歌),由宇中出入而得到时间观念。空间、时间合成他的宇宙而安顿着他的生活。他的生活是从容的,是有节奏的。对于他空间与时间是不能分割的。春夏秋冬配合着东南西北。这个意识表现在秦汉的哲学思想里。时间的节奏(一岁十二月二十四节)率领着空间方位(东南西北等)以构成我们的宇宙。所以我们的空间感觉随着我们的时间感觉而节奏化了、音乐化了!画家在画面所欲表现的不只是一个建筑意味的空间"宇",而须同时具有音乐意味的时间节奏"宙"。一个充满音乐情趣的宇宙(时空合一体)是中国画家、诗人的艺术境界。画家、诗人对这个宇宙的态度是像宗炳所说的"身所盘桓,目所绸缪,以形写形,以色貌色"。六朝刘勰在他的名著《文心雕龙》里也说到诗人对于万物是:

> 目既往还,心亦吐纳……情往似赠,兴味如答。

"目所绸缪"的空间景是不采取西洋透视看法集合于一个焦点,而采取数层视点以构成节奏化的空间。这就是中国画家的"三远"之说。"目既往还"的空间景是《易经》所说"无往不复,天地际也"。我们再分别论之。

宋画家郭熙所著《林泉高致·山川训》云:

> 山有三远:自山下而仰山巅,谓之高远。自山前而窥山后,谓之深远。自近山而望远山,谓之平远。高远之色清明,深远之色重晦,平远之色有明有晦。高远之势突兀,深远之意重叠,平远之意冲融而缥缥缈缈。其人物之在三远也,高远者明了,深远者细碎,平远者冲澹。明了者不短,细碎者不长,冲澹者不大。此三远也。

西洋画法上的透视法是在画面上依几何学的测算构造一个三进向的空间的幻景。一切视线集结于一个焦点(或消失点)。正如邹一桂所说:"布影由阔而狭,以三角量之。画宫室于墙壁,令人几欲走进。"而中国"三远"之法,则对于同此一片山景"仰山巅,窥山后,望远山”,我们的视线是流动的,转折的。由高转深,由深转近,再横向于平远,成了一个节奏化的行动。郭熙又说:“正面溪山林木,盘折委曲,铺设其景而来,不厌其详,所以足人目之近寻也。傍边平远,峤岭重叠,钩连缥缈而去,不厌其远,所以极人目之旷望也。”他对于高远、深远、平远,用俯仰往还的视线,抚摩之,眷恋之,一视同仁,处处流连。这与西洋透视法从一固定角度把握“一远”大相径庭,而正是宗炳所说的“目所绸缪,身所盘桓”的境界。苏东坡诗云:“赖有高楼能聚远,一时收拾与闲人。”真能说出中国诗人、画家对空间的吐纳与表现。

由这“三远法”所构的空间不复是几何学的科学性的透视空间,而是诗意的创造性的艺术空间。趋向着音乐境界,渗透了时间节奏。它的构成不依据算学,而依据动力学。清代画论家华琳名之曰“推”。(华琳生于乾隆五十六年,卒于道光三十年)华琳在他的《南宗抉秘》里有一段论“三远法”,极为精彩。可惜还不为人所注意。兹不惜篇幅,详引于下,并略加阐扬。华琳说:

> 旧谱论山有三远。云自下而仰其巅曰高远。自前而窥其后曰深远。自近而望及远曰平远,此三远之定名也。又云远欲其高,当以泉高之,远欲其深,当以云深之,远欲其平,当以烟平之。此三远之定法也。乃吾见诸前辈画,其所作三远,山间有将泉与云颠倒用之者。又或有泉与云与烟一无所用者。而高者自高,深者自深,平者自平。于旧谱所论,大相径庭,何也?因详加揣测,悉心临摹,久而顿悟其妙。盖有推法焉!局架独耸,虽无泉而已具自高之势。层次加密,虽无云而已有可深之势。低褊其形,虽无烟而已成必平之势。高也深也平也,因形取势。胎骨既定,纵欲不高不深不平而不可得。惟三远为不易!然高者由卑以推之,深者由浅以推之,至于平则必不高,仍须于平中之卑处以推及高。平则必不深,亦须于平中之浅处以推及深。推之法得,斯远之神得矣!(白华按“推”是由线纹的力的方向及组织以引动吾人空间深远平之感入。不由几何形线的静的透视的秩

序,而由生动线条的节奏趋势以引起空间感觉。如中国书法所引起的空间感。我名之为力线律动所构的空间境。如现代物理学所说的电磁野。)但以堆叠为推,以穿斫为推则不可!或曰:将何以为推乎?余曰“似离而合”四字实推之神髓。(按似离而合即有机的统一。化空间为生命境界,成了力线律动的原野。)假使以离为推,致彼此间隔,则是以形推,非以神推也。(按西洋透视法是以离为推也。)且亦有离开而仍推不远者!况通幅丘壑无处处间隔之理,亦不可无离开之神。若处处合成一片,高与深与平,又皆不远矣。似离而合,无遗蕴矣!或又曰:“似离而合,毕竟以何法取之?”余曰:“无他,疏密其笔,浓淡其墨,上下四旁,明晦借映。以阴可以推阳,以阳亦可以推阴。直观之如决流之推波。睨视之如行云之推月。无往非以笔推,无往非以墨推。似离而合之法得,即推之法得。远之法亦即尽于是矣。”乃或曰:“凡作画何处不当疏密其笔,浓淡其墨,岂独推法用之乎?”不知遇当推之势,作者自宜别有经营。于疏密其笔,浓淡其墨之中,又绘出一段斡旋神理。倒转乎缩地匀魂之术。捉摸于探幽扣寂之乡。似于他处之疏密浓淡,其作用较为精细。此是悬解,难以专注。必欲实实指出,又何异以泉以云以烟者拘泥之见乎?

华琳提出“推”字以说明中国画面上“远”之表出。“远”不是以堆叠穿斫的几何学的机械式的透视法表出,而是由“似离而合”的方法视空间如一有机统一的生命境界。由动的节奏引起我们跃入空间感觉。直观之如决流之推波,睨视之如行云之推月。全以波动力引起吾人游于一个“静而与阴同德,动而与阳同波”(庄子语)的宇宙。空时意识油然而生,不待堆叠穿斫,测量推度,而自然涌现了!这种空间的体验有如鸟之拍翅,鱼之泳水,在一开一阖的节奏中完成。所以中国山水的布局以三四大开阖表现之。

中国人的最根本的宇宙观是《易经》上所说的“一阴一阳之谓道”。我们画面的空间感也凭借一虚一实、一明一暗的流动节奏表达出来。虚(空间)同实(实物)联成一片波流,如决流之推波。明同暗也联成一片波动,如行云之推月。这确是中国山水画上空间境界的表现法。而王船山所论王维的诗法,更可证明中国诗与画中空间意识的一致。王船山《诗绎》里说:“右丞妙手能使在远者近,抟虚成实,则心自旁灵,形自当位。”使在远者近,就是像我们前面所引各诗中移远就近的写景特色。我们欣赏山水画,也是抬头先看见高远的山峰,然后层层向下,窥见深远的山谷,转向近景林下水边,最后横向平远的沙滩小岛。远山与近景构成一幅平面空间节奏,因为我们的视线是从上至下的流转曲折,是节奏的动。空间在这里不是一个透视法的三进向的空间,以作为布置景物的虚空间架,而是它自己也参加进全幅节奏,受全幅音乐支配着的波动。这正是抟虚成实,使虚的空间化为实的生命。于是我们欣赏的心灵,光被四表,格于上下。“神理流于两间,天地供其一目。”(王船山论谢灵运诗语)而万物之形在这新观点内遂各有其新的适当的位置与关系。这位置不是依据几何、三角的透视法所规定,而是如沈括所说的“折高折远自有妙理”。不在乎掀起屋角以表示自下望上的透视。而中国画在画台阶、楼梯时反而都是上宽而下窄,好像是跳进画内站到阶上去向下看。而不是像西画上的透视是从欣赏者的立脚点向画内看去,阶梯是近阔而远狭,下宽而上窄。西洋人曾说中国画是反透视的。他不知我们是从远向近看,从高向下看,所以“折高折远自有妙理”,另是一套构图。我们从既高且远的心灵的眼睛“以大观小”,俯仰宇宙,正如明朝沈灏《画麈》里赞美画中的境界说:

> 称性之作,直参造化。盖缘山河大地,品类群生,皆自性现。其间卷舒取舍,如太虚片云,寒塘雁迹而已。

画家胸中的万象森罗,都从他的及万物的本体里流出来,呈现于客观的画面。它们的形象位置一本乎自然的音乐,如片云舒卷,自有妙理,不依照主观的透视看法。透视学是研究人站在一个固定地点看出去的主观景界,而中国画家、诗人宁采取“俯仰自得,游心太玄”,“目既往还,心亦吐纳”的看法,以达到“澄怀味像”。(画家宗炳语)

这是全面的客观的看法。

早在《易经》《系辞》的传里已经说古代圣哲是“仰则观象于天，俯则观法于地，观鸟兽之文与地之宜。近取诸身，远取诸物”。俯仰往还，远近取与，是中国哲人的观照法，也是诗人的观照法。而这观照法表现在我们的诗中画中，构成我们诗画中空间意识的特质。

诗人对宇宙的俯仰观照由来已久，例证不胜枚举。汉苏武诗：“俯观江汉流，仰视浮云翔。”魏文帝诗：“俯视清水波，仰看明月光。”曹子建诗：“俯降千仞，仰登天阻。”晋王羲之《兰亭诗》：“仰视碧天际，俯瞰绿水滨。”又《兰亭集序》：“仰观宇宙之大，俯察品类之盛，所以游目骋怀，足以极视听之娱，信可乐也。”谢灵运诗：“仰视乔木杪，俯聆大壑淙。”而左太冲的名句“振衣千仞冈，濯足万里流”，也是俯仰宇宙的气概。诗人虽不必直用俯仰字样，而他的意境是俯仰自得，游目骋怀的。诗人、画家最爱登山临水。“欲穷千里目，更上一层楼”，是唐诗人王之涣名句。所以杜甫尤爱用“俯”字以表现他的“乾坤万里眼，时序百年心”。他的名句如：“游目俯大江”，“层台俯风渚”，“扶杖俯沙渚”，“四顾俯层巅”，“展席俯长流”，“傲睨俯峭壁”，“此邦俯要冲”，“江缆俯鸳鸯”，“缘江路熟俯青郊”，“俯视但一气，焉能辨皇州”等，用俯字不下十数处。“俯”不但联系上下远近，且有笼罩一切的气度。古人说：赋家之心，包括宇宙。诗人对世界是抚爱的、关切的，虽然他的立场是超脱的、洒落的。晋唐诗人把这种观照法递给画家，中国画中空间境界的表现遂不得不与西洋大异其趣了。

中国人与西洋人同爱无尽空间（中国人爱称太虚太空无穷无涯），但此中有很大的精神意境上的不同。西洋人站在固定地点，由固定角度透视深空，他的视线失落于无穷，驰于无极。他对这无穷空间的态度是追寻的、控制的、冒险的、探索的。近代无线电、飞机都是表现这控制无限空间的欲望。而结果是彷徨不安，欲海难填。中国人对于这无尽空间的态度却是如古诗所说的：“高山仰止，景行行止，虽不能至，而心向往之。”人生在世，如泛扁舟，俯仰天地，容与中流，灵屿瑶岛，极目悠悠。中国人面对着平远之境而很少是一望无边的，像德国浪漫主义大画家菲德烈希（Friedrich）所画的杰作《海滨孤僧》

那样，代表着对无穷空间的怅惘。在中国画上的远空中必有数峰蕴藉，点缀空际，正如元人张秦娥诗云：“秋水一抹碧，残霞几缕红，水穷云尽处，隐隐两三峰。”或以归雁晚鸦掩映斜阳。如陈国材诗云：“红日晚天三四雁，碧波春水一双鸥。”我们向往无穷的心，须能有所安顿，归返自我，成一回旋的节奏。我们的空间意识的象征不是埃及的直线甬道，不是希腊的立体雕像，也不是欧洲近代人的无尽空间，而是潆洄委曲，绸缪往复，遥望着一个目标的行程（道）！我们的宇宙是时间率领着空间，因而成就了节奏化、音乐化了的“时空合一体”。这是“一阴一阳之谓道”。《诗经》上蒹葭三章很能表出这境界。其第一章云：“蒹葭苍苍，白露为霜。所谓伊人，在水一方。溯洄从之，道阻且长。溯游从之，宛在水中央。”而我们前面引过的陶渊明的《饮酒》诗尤值得我们再三玩味：

采菊东篱下，悠然见南山。
山气日夕佳，飞鸟相与还。
此中有真意，欲辨已忘言！

中国人于有限中见到无限，又于无限中回归有限。他的意趣不是一往不返，而是回旋往复的。唐代诗人王维的名句云：“行到水穷处，坐看云起时。”韦庄诗云：“去雁数行天际没，孤云一点净中生。”储光羲的诗句云：“落日登高屿，悠然望远山，溪流碧水去，云带清阴还。”以及杜甫的诗句：“水流心不竞，云在意俱迟。”都是写出这“目既往还，心亦吐纳，情往似赠，兴来如答”的精神意趣。“水流心不竞”是不像欧洲浮士德精神的追求无穷。“云在意俱迟”，是庄子所说的“圣人达绸缪，周遍一体也”。也就是宗炳“目所绸缪”的境界。中国人抚爱万物，与万物同其节奏：静而与阴同德，动而与阳同波（庄子语）。我们宇宙既是一阴一阳、一虚一实的生命节奏，所以它根本上是虚灵的时空合一体，是流荡着的生动气韵。哲人、诗人、画家，对于这世界是“体尽无穷而游无朕”（庄子语）。“体尽无穷”是已经证入生命的无穷节奏，画面上表出一片无尽的律动，如空中的乐奏。

“而游无朕”，即是在中国画的底层的空白里表达着本体“道”（无朕境界）。庄子曰：“瞻彼阕（空处）者，虚室生白。”这个虚白不是几何学的空间间架，死的空间，所谓顽空，而是创化万物的永恒运行着的道。这“白”是“道”的吉祥之光（见庄子）。宋朝苏东坡之弟苏辙在他《论语解》内说得好：

> 贵真空，不贵顽空。盖顽空则顽然无知之空，木石是也。若真空，则犹之天焉！湛然寂然，元无一物，然四时自尔行，百物自尔生。粲为日星，滃为云雾。沛为雨露，轰为雷霆。皆自虚空生。而所谓湛然寂然者自若也。

苏东坡也在诗里说：“静故了群动，空故纳万境。”这纳万境与群动的空即是道。即是老子所说“无”，也就是中国画上的空间。老子曰：

> 道之为物，惟恍惟惚。惚兮恍兮，其中有象。恍兮惚兮，其中有物。窈兮冥兮，其中有精。其精甚真，其中有信。（《老子》二十一章）

这不就是宋代的水墨画，如米芾云山所表现的境界吗？

杜甫也自夸他的诗“篇终接混茫”。庄子也曾赞“古之人在混茫之中”。明末思想家兼画家方密之自号“无道人”。他画山水淡烟点染，多用秃笔，不甚求似。尝戏示人曰：“此何物？正无道人得‘无’处也！”

中国画中的虚空不是死的物理的空间间架，俾物质能在里面移动，反而是最活泼的生命源泉。一切物象的纷纭节奏从他里面流出来！我们回想到前面引过的唐诗人韦应物的诗：“万物自生听，太空恒寂寥。”王维也有诗云：“徒然万象多，澹尔太虚缅。”都能表明我所说的中国人特殊的空间意识。

而李太白的诗句“地形连海尽，天影落江虚”，更有深意。有限的地形接连无涯的大海,是有尽融入无尽。天影虽高,而俯落江面,是自无尽回注有尽,使天地的实相变为虚相,点化成一片空灵。宋代哲学家程伊川曰:“冲漠无朕,而万象昭然已具。”昭然万象以冲漠无朕为基础。老子曰:“大象无形。”诗人、画家由纷纭万象的摹写以证悟到“大象无形”。用太空、太虚、无、混茫,来暗示或象征这形而上的道,这永恒创化着的原理。中国山水画在六朝初萌芽时画家宗炳绘所游历山川于壁上曰:“老病俱至,名山恐难遍游,惟当澄怀观道,卧以游之!”这“道”就是实中之虚,即实即虚的境界。明画家李日华说:“绘画必以微茫惨淡为妙境,非性灵廓彻者未易证入,以虚淡中含意多耳!”

宗炳在他的《画山水序》里已说到“山水质有而趋灵”。所以明代徐文长赞夏圭的山水卷说:“观夏圭此画,苍洁旷迥,令人舍形而悦影!”我们想到老子说过:“五色令人目盲。”又说:“玄之又玄,众妙之门。”(玄,青黑色。)也是舍形而悦影,舍质而趋灵。王维在唐代彩色绚烂的风气中高唱“画道之中水墨为上”。连吴道子也行笔磊落,于焦墨痕中略施微染,轻烟淡彩,谓之吴装。当时中国画受西域影响,壁画色彩,本是浓丽非常。现在敦煌壁画,可见一斑。而中国画家的“艺术意志”却舍形而悦影,走上水墨的道路。这说明中国人的宇宙观是“一阴一阳之谓道”,道是虚灵的,是出没太虚自成文理的节奏与和谐。画家依据这意识构造他的空间境界,所以和西洋传统的依据科学精神的空间表现自然不同了。宋人陈涧上赞美画僧觉心说:“虚静师所造者道也。放乎诗,游戏乎画,如烟云水月,出没太虚,所谓风行水上,自成文理者也。”(见邓椿《画继》)

中国画中所表现的万象,正是出没太虚而自成文理的。画家由阴阳虚实谱出的节奏,虽涵泳在虚灵中,却绸缪往复,盘桓周旋,抚爱万物,而澄怀观道。清初周亮工的《读画录》中载庄淡庵题凌又蕙画的一首诗,最能道出我上面所探索的中国诗画所表现的空间意识。诗云:

性僻羞为设色工,聊将枯木写寒空。洒然落落成三径,不断青青聚一丛。人意萧条看欲雪，道心寂历悟生风。低徊留得无边在，又见归鸦夕照中。

中国人不是向无边空间作无限制的追求，而是“留得无边在”，低徊之，玩味之，点化成了音乐。于是夕照中要有归鸦。“众鸟欣有托，吾亦爱吾庐。”(陶渊明诗)我们从无边世界回到万物，回到自己，回到我们的“宇”。“天地入吾庐”，也是古人的诗句。但我们却又从“枕上见千里，窗中窥万室”(王维诗句)神游太虚，超鸿蒙，以观万物之浩浩流衍，这才是沈括所说的“以大观小”!

清人布颜图在他的《画学心法问答》里一段话说得好：“问布置之法，曰：所谓布置者，布置山川也。宇宙之间，惟山川为大。始于鸿蒙，而备于大地。人莫究其所以然。但拘拘于石法树法之间，求长觅巧，其为技也不亦卑乎？制大物必用大器。故学之者当心期于大。必先有一段海阔天空之见存于有迹之内，而求于无迹之先。无迹者鸿蒙也，有迹者大地也。有斯大地而后有斯山川，有斯山川而后有斯草木，有斯草木而后有斯鸟兽生焉，黎庶居焉。斯固定理昭昭也。今之学者必须意在笔先，铺成大地，创造山川。其远近高卑，曲折深浅，皆令各得其势而不背，则格制定矣。”又说：“学经营位置而难于下笔？以素纸为大地，以炭朽为鸿钧，以主宰为造物。用心目经营之，谛视良久，则纸上生情，山川恍惚，即用炭朽钩定，转视则不可复得矣！此易之所谓寂然不动感而后通也。”这是我们先民的创造气象！对于现代的中国人，我们的山川大地不仍是一片音乐的和谐吗？我们的胸襟不应当仍是古画家所说的“海阔从鱼跃，天高任鸟飞”吗？我们不能以大地为素纸，以学艺为鸿钧，以良知为主宰，创造我们的新生活新世界吗？

(原刊 1949 年 5 月《新中华》杂志第 12 卷第 10 期)

中西画法所表现的空间意识

中西绘画里一个顶触目的差别,就是画面上的空间表现。我们先读一读一位清代画家邹一桂对于西洋画法的批评,可以见到中画之传统立场对于西画的空间表现持一种不满的态度。

邹一桂说:"西洋人善勾股法,故其绘画于阴阳远近,不差锱黍,所画人物、屋树,皆有日影。其所用颜色与笔,与中华绝异。布影由阔而狭,以三角量之。画宫室于墙壁,令人几欲走进。学者能参用一二,亦具醒法。但笔法全无,虽工亦匠,故不入画品。"

邹一桂说西洋画笔法全无,虽工亦匠,自然是一种成见。西画未尝不注重笔触,未尝不讲究意境。然而邹一桂却无意中说出中西画的主要差别点而指出西洋透视法的三个主要画法:

(一)几何学的透视画法。画家利用与画面成直角诸线悉集合于一视点,与画面成任何角诸线悉集于一焦点,物体前后交错互掩,形线按距离缩短,以衬出远近。邹一桂所谓西洋人善勾股,于远近不差锱黍。然而实际上我们的视觉的空间并不完全符合几何学透视,艺术亦不拘泥于科学。

(二)光影的透视法。由于物体受光,显出明暗阴阳,圆浑带光的体积,衬托烘染出立体空间。远近距离因明暗的层次而显露。但我们主观视觉所看见的明暗,并不完全符合客观物理的明暗差度。

(三)空气的透视法。人与物的中间不是绝对的空虚。这中间的空气含着水分和尘埃。地面山川因空气的浓淡阴晴,色调变化,显出远近距离。在西洋近代风景画里这空气透视法常被应用着。英国大画家杜耐(Turner)是此中圣手。但邹一桂对于这种透视法没有提到。

邹一桂所诟病于西洋画的是笔法全无,虽工亦匠,我们前面已说其不确。不过西画注重光色渲染,笔触往往隐没于形象的写实里。而中国绘画中的“笔法”确是主体。我们要了解中国画里的空间表现,也不妨先从那邹一桂所提出的笔法来下手研究。

原来人类的空间意识,照康德哲学的说法,是直观觉性上的先验格式,用以罗列万象,整顿乾坤。然而我们心理上的空间意识的构成,是靠着感官经验的媒介。我们从视觉、触觉、动觉、体觉,都可以获得空间意识。视觉的艺术如西洋油画,给与我们一种光影构成的明暗闪动茫昧深远的空间(伦勃朗的画是典范),雕刻艺术给与我们一种圆浑立体可以摩挲的坚实的空间感觉(中国三代铜器、希腊雕刻及西洋古典主义绘画给与这种空间感)。建筑艺术由外面看也是一个大立体,如雕刻内部则是一种直横线组合的可留可步的空间,富于几何学透视法的感觉。有一位德国学者 Max Schneider 研究我们音乐的听赏里也听到空间境界,层层远景。歌德说,建筑是冰冻住了的音乐。可见时间艺术的音乐和空间艺术的建筑还有暗通之点。至于舞蹈艺术在它回旋变化的动作里也随时显示起伏流动的空间形式。

每一种艺术可以表出一种空间感形。并且可以互相移易地表现它们的空间感形。西洋绘画在希腊及古典主义画风里所表现的是偏于雕刻的和建筑的空间意识。文艺复兴以后,发展到印象主义,是绘画风格的绘画,空间情绪寄托在光影色彩明暗里面。

那么,中国画中的空间意识是怎样的?我说:它是基于中国的特有艺术书法的空间表现力。

中国画里的空间构造,既不是凭借光影的烘染衬托(中国水墨画并不是光影的实写,而仍是一种抽象的笔墨表现),也不是移写雕像立体及建筑的几何透视,而是显示一种类似音乐或舞蹈所引起的空间感形。确切地说,是一种“书法的空间创造”。中国的书法本是一种类似音乐或舞蹈的节奏艺术。它具有形线之美,有情感与人格的表现。它不是摹绘实物,却又不完全抽象,如西洋字母而保有暗示实物和生命的姿式。中国音乐衰落,而书法却代替了它成为一种表达最高意境与情操的民族艺术。三代以来,每一个朝代有它的“书体”,表现那时代的生命情调与文化精神。我们几乎可以从中国书法风格的变迁来划分中国艺术史的时期,像西洋艺术史依据建筑风格的变迁来划分一样。

中国绘画以书法为基础,就同西画通于雕刻建筑的意匠。我们现在研究书法的空间表现力,可以了解中画的空间意识。

书画的神采皆生于用笔。用笔有三忌,就是板、刻、结。“板”者“腕弱笔痴,全亏取与,状物平扁,不能圆混”。(见郭若虚《图画见闻志》)用笔不板,就能状物不平扁而有圆混的立体味。中国的字不像西洋字由多寡不同的字母所拼成,而是每一个字占据齐一固定的空间,而是在写字时用笔画,如横、直、撇、捺、钩、点(永字八法曰侧、勒、努、趯、策、掠、啄、磔),结成一个有筋有骨有血有肉的“生命单位”,同时也就成为一个“上下相望,左右相近。四隅相招,大小相副,长短阔狭,临时变适”(见运笔都势诀),“八方点画环拱中心”(见法书考)的一个“空间单位”。

中国字若写得好,用笔得法,就成功一个有生命有空间立体味的艺术品。若字和字之间,行与行之间,能“偃仰顾盼,阴阳起伏,如树木之枝叶扶疏,而彼此相让。如流水之沦漪杂见,而先后相承”。这一幅字就是生命之流,一回舞蹈,一曲音乐。唐代张旭见公孙大娘舞剑,因悟草书;吴道子观斐将军舞剑而画法益进。书画都通于舞。它的空间感觉也同于舞蹈与音乐所引起的力线律动的空间感觉。书法中所谓气势,所谓结构,所谓力透纸背,都是表现这书法的空间意境。一件表现生动的艺术品,必然地同时表现空间感。因为一切动作以空间为条件,为间架。若果能状物生动,像中国画绘一枝竹影,几叶兰草,纵不画背景环境,而一片空间,宛然在目,风光日影,如绕前后。又如中国剧台,毫无布景,单凭动作暗示景界。(尝见一幅八大山人画鱼,在一张白纸的中心勾点寥寥数笔,一条极生动的鱼,别无所有,然而顿觉满纸江湖,烟波无尽。)

中国人画兰竹，不像西洋人写静物，须站在固定地位，依据透视法画出。他是临空地从四面八方抽取那迎风映日偃仰婀娜的姿态，舍弃一切背景，甚至于捐弃色相，参考月下映窗的影子，融会于心，胸有成竹，然后拿点线的纵横，写字的笔法，描出它的生命神韵。

在这样的场合，"下笔便有凹凸之形"，透视法是用不着了。画境是在一种"灵的空间"，就像一幅好字也表现一个灵的空间一样。

中国人以书法表达自然景象。李斯论书法说："送脚如游鱼得水，舞笔如景山兴云。"钟繇说："笔迹者界也，流美者人也……见万类皆象之。点如山颓，擿如雨骤，纤如丝毫，轻如云雾。去若鸣凤之游云汉，来若游女之入花林。"

书境同于画境，并且通于音的境界，我们见雷简夫一段话可知。盛熙明著法书考载雷简夫云："余偶昼卧，闻江涨声，想其波涛翻翻，迅駃掀搕，高下蹙逐，奔去之状，无物可寄其情，遽起作书，则心中之想，尽在笔下矣。"作书可以写景，可以寄情，可以绘音，因所写所绘，只是一个灵的境界耳。

恽南田评画说："谛视斯境，一草一树，一丘一壑，皆洁庵灵想所独辟，总非人间所有。其意象在六合之表，荣落在四时之外。"这一种永恒的灵的空间，是中画的造境，而这空间的构成是依于书法。

以上所述，还多是就花卉、竹石的小景取譬。现在再来看山水画的空间结构。在这方面中国画也有它的特点，我们仍旧拿西画来作比较观。（本文所说西画是指希腊的及十四世纪以来传统的画境，至于后期印象派、表现主义、立体主义等自当别论。）

西洋的绘画渊源于希腊。希腊人发明几何学与科学，他们的宇宙观是一方面把握自然的现实，他方面重视宇宙形象里的数理和谐性。于是创造整齐匀称、静穆庄严的建筑，生动写实而高贵雅丽的雕像，以奉祀神明，象征神性。希腊绘画的景界也就是移写建筑空间和雕像形体于画面；人体必求其圆浑，背景多为建筑。（见残留的希腊壁画和墓中人影像）经过中古时代到文艺复兴，更是自觉地讲求艺术与科学的一致。画家兢兢于研究透视法、解剖学，以建立合理的真实的空间表现和人体风骨的写实。文艺复兴的西洋画家虽然是爱自然,陶醉于色相,然终不能与自然冥合于一,而拿一种对立的抗争的眼光正视世界。艺术不惟摹写自然,并且修正自然,以合于数理和谐的标准。意大利十四、十五世纪画家从乔阿托(Giotto)、波堤切利(Botticelli)、季朗达亚(Ghirlandaja)、柏鲁金罗(Perugino),到伟大的拉飞尔都是墨守着正面对立的看法,画中透视的视点与视线皆集合于画面的正中。画面之整齐、对称、均衡、和谐是他们的特色。虽然这种正面对立的态度也不免暗示着物与我中间一种紧张,一种分裂,不能忘怀尔我,浑化为一,而是偏于科学的理知的态度。然而究竟还相当地保有希腊风格的静穆和生命力的充实与均衡。透视法的学理与技术,在这两世纪中由探试而至于完成。但当时北欧画家如德国的丢勒(Dürer)等则已爱构造斜视的透视法,把视点移向中轴之左右上下,甚至于移向画面之外,使观赏者的视点落向不堪把握的虚空,彷徨追寻的心灵驰向无尽。到了十七、十八世纪,巴洛克(Baroque)风格的艺术更是驰情入幻,眩艳逞奇,摛葩织藻,以寄托这彷徨落寞、苦闷失望的空虚。视线驰骋于画面,追寻空间的深度与无穷(Rembrandt 的油画)。

所以西洋透视法在平面上幻出逼真的空间构造,如镜中影、水中月,其幻愈真,则其真愈幻。逼真的假相往往令人更感为可怖的空幻。加上西洋油色的灿烂眩耀,遂使出发于写实的西洋艺术,结束于诙诡艳奇的唯美主义(如 Gustave Moreau)。至于近代的印象主义、表现主义、立体主义未来派等乃遂光怪陆离,不可思议,令人难以追踪。然而彷徨追寻是它们的核心,它们是“苦闷的象征”。

我们转过头来看中国山水画中所表现的空间意识!

中国山水画的开创人可以推到六朝、刘宋时画家宗炳与王微。他们两人同时是中国山水画理论的建设者。尤其是对透视法的阐发及中国空间意识的特点透露了千古的秘蕴。这两位山水画的创始人早就决定了中国山水画在世界画坛的特殊路线。

宗炳在西洋透视法发明以前一千年已经说出透视法的秘诀。我们知道透视法就是把眼前立体形的远近的景物看作平面形以移上画面的方法。一个很简单而实用的技巧,就是竖立一块大玻璃板,我们隔着玻璃板“透视”远景，各种物景透过玻璃映现眼帘时观出绘画的状态，这就是因远近的距离之变化，大的会变小，小的会变大，方的会变扁。因上下位置的变化，高的会变低，低的会变高。这画面的形象与实际的迥然不同。然而它是画面上幻现那三进向空间境界的张本。

宗炳在他的《画山水序》里说：“今张绡素以远映，则崐阆之形可围于方寸之内，竖划三寸，当千仞之高，横墨数尺，体百里之远。”又说：“去之稍阔，则其见弥小。”那“张绡素以远映”，不就是隔着玻璃以透视的方法么？宗炳一语道破于西洋一千年前，然而中国山水画却始终没有实行运用这种透视法，并且始终躲避它，取消它，反对它。如沈括评斥李成仰画飞檐，而主张以大观小。又说从下望上只合见一重山，不能重重悉见，这是根本反对站在固定视点的透视法。又中国画画棹面、台阶、地席等都是上阔而下狭，这不是根本躲避和取消透视看法？我们对这种怪事也可以在宗炳、王微的画论里得到充分的解释。王微的《叙画》里说：“古人之作画也，非以案城域，辨方州，标镇阜，划浸流，本乎形者融，灵而变动者心也。灵无所见，故所托不动，目有所极，故所见不周。于是乎以一管之笔，拟太虚之体，以判躯之状，尽寸眸之明。”在这话里王微根本反对绘画是写实和实用的。绘画是托不动的形象以显现那灵而变动（无所见）的心。绘画不是面对实景，画出一角的视野（目有所极故所见不周），而是以一管之笔，拟太虚之体。那无穷的空间和充塞这空间的生命（道），是绘画的真正对象和境界。所以要从这“目存所极故所见不周”的狭隘的视野和实景里解放出来，而放弃那“张绡素以远映”的透视法。

《淮南子》的《天文训》首段说：“……道始于虚霩（通廓），虚霩生宇宙，宇宙生气……”这和宇宙虚廓合而为一的生生之气，正是中国画的对象。而中国人对于这空间和生命的态度却不是正视的抗衡，紧张的对立，而是纵身大化，与物推移。中国诗中所常用的字眼如盘桓、周旋、徘徊、流连，哲学书如《易经》所常用的如往复、来回、周而复始、无往不复，正描出中国人的空间意识。我们又见到宗炳的《画山水序》里说得好：“身所盘桓，目所绸缪，以形写形，以色貌色。”中国画山水所写出的岂不正是这目所绸缪，身所盘桓的层层山、叠叠水，尺幅之中写千里之景，而重重景象，虚灵绵邈，有如远寺钟声，空中回荡。宗炳又说："抚琴弄操，欲令众山皆响。"中国画境之通于音乐，正如西洋画境之通于雕刻建筑一样。

西洋画在一个近立方形的框里幻出一个锥形的透视空间，由近至远，层层推出，以至于目极难穷的远天，令人心往不返，驰情入幻，浮士德的追求无尽，何以异此？

中国画则喜欢在一竖立方形的直幅里，令人抬头先见远山，然后由远至近，逐渐返于画家或观者所流连盘桓的水边林下。《易经》上说："无往不复，天地际也。"中国人看山水不是心往不返，目极无穷，而是"返身而诚"，"万物皆备于我"。王安石有两句诗云："一水护田将绿绕，两山排闼送青来。"前一句写盘桓、流连、绸缪之情；下一句写由远至近，回返自心的空间感觉。

这是中西画中所表现空间意识的不同。

（原载《中园艺术论丛》第1辑。
商务印书馆1936年编辑出版）

论中西画法的渊源与基础

人类在生活中所体验的境界与意义,有用逻辑的体系范围条理之,以表达出来的,这是科学与哲学。有在人生的实践行为或人格心灵的态度里表达出来的,这是道德与宗教。但也还有那在实践生活中体味万物的形象,天机活泼,深入"生命节奏的核心",以自由谐和的形式,表达出人生最深的意趣,这就是"美"与"美术"。

所以美与美术的特点是在"形式",在"节奏",而它所表现的是生命的内核,是生命内部最深的动,是至动而有条理的生命情调。"一切的艺术都是趋向音乐的状态。"这是派脱(W. Pater)最堪玩味的名言。

美术中所谓形式,如数量的比例、形线的排列(建筑)、色彩的和谐(绘画)、音律的节奏,都是抽象的点、线、面、体或声音的交织结构。为了集中地提高地和深入地反映现实的形象及心情诸感,使人在摇曳荡漾的律动与谐和中窥见真理,引人发无穷的意趣、绵渺的思想。

所以形式的作用可以别为三项:

(一)美的形式的组织,使一片自然或人生的内容自成一独立的有机体的形象,引动我们对它能有集中的注意、深入的体验。"间隔化"是"形式"的消极的功用。美的对象之第一步需要间隔。图画的框、雕像的石座、堂宇的栏杆台阶、剧台的帘幕(新式的配光法及观众坐黑暗中)、从窗眼窥青山一角、登高俯瞰黑夜幕罩的灯火街市,这些美的境界都是由各种间隔作用造成。

(二)美的形式之积极的作用是组织、集合、配置。一言蔽之是构图。使片景孤境能织成一内在自足的境界,无待于外而自成一意义丰满的小宇宙,启示着宇宙人生的更深一层的真实。

希腊大建筑家以极简单朴质的形体线条构造典雅庙堂,使人千载之下瞻赏之犹有无穷高远圣美的意境,令人不能忘怀。

(三)形式之最后与最深的作用,就是它不只是化实相为空灵,引人精神飞越,超入美境;而尤在它能进一步引人"由美入真",深入生命节奏的核心。世界上惟有最生动的艺术形式——如音乐、舞蹈姿态、建筑、书法、中国戏面谱、钟鼎彝器的形态与花纹——乃最能表达人类不可言、不可状之心灵姿式与生命的律动。

每一个伟大的时代,伟大的文化,都欲在实用生活之余裕,或在社会的重要典礼,以庄严的建筑、崇高的音乐、闳丽的舞蹈,表达这生命的高潮、一代精神的最深节奏(北平天坛及祈年殿是象征中国古代宇宙观最伟大的建筑)。建筑形体的抽象结构、音乐的节律与和谐、舞蹈的线纹姿式,乃最能表现吾人深心的情调与律动。

吾人借此返于"失去了的和谐,埋没了的节奏",重新获得生命的中心,乃得真自由、真生命。美术对于人生的意义与价值在此。

中国的瓦木建筑易于毁灭,圆雕艺术不及希腊发达,古代封建礼乐生活之形式美也早已破灭。民族的天才乃借笔墨的飞舞,写胸中的逸气(逸气即是自由的超脱的心灵节奏)。所以中国画法不重具体物象的刻画,而倾向抽象的笔墨表达人格心情与意境。中国画是一种建筑的形线美、音乐的节奏美、舞蹈的姿态美。其要素不在机械的写实,而在创造意象,虽然它的出发点也极重写实,如花鸟画写生的精妙,为世界第一。

中国画,真像一种舞蹈,画家解衣盘礴,任意挥洒。他的精神与着重点在全幅的节奏生命而不沾滞于个体形相的刻画。画家用笔墨的浓淡,点线的交错,明暗虚实的互映,形体气势的开合,谱成一幅如音乐如舞蹈的图案。物体形象固宛然在目,然而飞动摇曳,似真似幻,完全溶解浑化在笔墨点线的互流交错之中!

西洋自埃及、希腊以来传统的画风,是在一幅幻现立体空间的画境中描出圆雕式的物体。特重透视法、解剖学、光影凸凹的晕染。画境似可走进，似可手摩，它们的渊源与背景是埃及、希腊的雕刻艺术与建筑空间。

在中国，则人体圆雕远不及希腊发达，亦未臻最高的纯雕刻风味的境界。晋、唐以来塑像反受画境影响，具有画风。杨惠之的雕塑是和吴道子的绘画相通，不似希腊的立体雕刻成为西洋后来画家的范本。而商、周钟鼎敦尊等彝器则形态沉重浑穆、典雅和美，其表现中国宇宙情绪可与希腊神像雕刻相当。中国的画境、画风与画法的特点当在此种钟鼎彝器盘鉴的花纹图案及汉代壁画中求之。

在这些花纹中人物、禽兽、虫鱼、龙凤等飞动的形相，跳跃宛转，活泼异常。但它们完全溶化浑合于全幅图案的流动花纹线条里面。物象融于花纹，花纹亦即原本于物象形线的蜕化、僵化。每一个动物形象是一组飞动线纹之节奏的交织，而融合在全幅花纹的交响曲中。它们个个生动，而个个抽象化，不雕凿凹凸立体的形似，而注重飞动姿态之节奏和韵律的表现。这内部的运动，用线纹表达出来的，就是物的"骨气"（张彦远《历代名画记》云：古之画或遗其形似而尚其骨气）。骨是主持"动"的肢体，写骨气即是写着动的核心。中国绘画六法中之"骨法用笔"，即系运用笔法把捉物的骨气以表现生命动象。所谓"气韵生动"是骨法用笔的目标与结果。

在这种点线交流的律动的形象里面，立体的、静的空间失去意义，它不复是位置物体的间架。画幅中飞动的物象与"空白"处处交融，结成全幅流动的虚灵的节奏。空白在中国画里不复是包举万象位置万物的轮廓，而是溶入万物内部，参加万象之动的虚灵的"道"。画幅中虚实明暗交融互映，构成飘渺浮动的细缊气韵，真如我们目睹的山川真景。此中有明暗、有凹凸、有宇宙空间的深远，但却没有立体的刻画痕；亦不似西洋油画如可走进的实景，乃是一片神游的意境。因为中国画法以抽象的笔墨把捉物象骨气，写出物的内部生命，则"立体体积"的"深度"之感也自然产生，正不必刻画雕凿，渲染凹凸，反失真态，流于板滞。

然而，中国画既超脱了刻板的立体空间、凹凸实体及光线阴影，于是它的画法乃能笔笔灵虚，不滞于物，而又笔笔写实，为物传神。唐志契的《绘事微言》中有句云："墨沈留川影，笔花传石神。"笔不滞于物，笔乃留有余地，抒写作家自己胸中浩荡之思、奇逸之趣。而引书法入画乃成中国画第一特点。董其昌云："以草隶奇字之法为之，树如屈铁，山如画沙，绝去甜俗蹊径，乃为士气。"中国特有的艺术"书法"实为中国绘画的骨干，各种点线皴法溶解万象超入灵虚妙境，而融诗心、诗境于画景，亦成为中国画第二特色。中国乐教失传，诗人不能弦歌，乃将心灵的情韵表现于书法、画法。书法尤为代替音乐的抽象艺术。在画幅上题诗写字，借书法以点醒画中的笔法，借诗句以衬出画中意境，而并不觉其破坏画景（在西洋油画上题句即破坏其写实幻境），这又是中国画可注意的特色，因中、西画法所表现的"境界层"根本不同：一为写实的，一为虚灵的；一为物我对立的，一为物我浑融的。中国画以书法为骨干，以诗境为灵魂，诗、书、画同属于一境层。西画以建筑空间为间架，以雕塑人体为对象，建筑、雕刻、油画同属于一境层。中国画运用笔勾的线纹及墨色的浓淡直接表达生命情调，透入物象的核心，其精神简淡幽微，"洗尽尘滓，独存孤迥"。唐代大批评家张彦远说："得其形似，则无其气韵。具其彩色，则失其笔法。"遗形似而尚骨气，薄彩色以重笔法。"超以象外，得其环中"，这是中国画宋元以后的趋向。然而形似逼真与色彩浓丽，却正是西洋油画的特色。中西绘画的趋向不同如此。

商、周的钟鼎彝器及盘鉴上图案花纹进展而为汉代壁画，人物、禽兽已渐从花纹图案的包围中解放，然在汉画中还常看到花纹遗迹环绕起伏于人兽飞动的姿态中间，以联系呼应全幅的节奏。东晋顾恺之的画全从汉画脱胎，以线纹流动之美（如春蚕吐丝）组织人物衣褶，构成全幅生动的画面。而中国人物画之发展乃与西洋大异其趣。西洋人物画脱胎于希腊的雕刻，以全身肢体之立体的描摹为主要。中国人物画则一方着重眸子的传神，另一方则在衣褶的飘洒流动中，以各式线纹的描法表现各种性格与生命姿态。南北朝时印度传来西方晕染凹凸阴影之法，虽一时有人模仿（张僧繇曾于一乘寺门上画凹凸花，远望眼晕如真），然终为中国画风所排斥放弃，不合中国心理。

中国画自有它独特的宇宙观点与生命情调，一贯相承，至宋元山水画、花鸟画发达，它的特殊画风更为显著。以各式抽象的点、线皴擦摄取万物的骨相与气韵，其妙处尤在点画离披，时见缺落，逸笔撇脱，若断若续，而一点一拂，具含气韵。以丰富的暗示力与象征力代形相的实写，超脱而浑厚。大痴山人画山水，苍苍莽莽，浑化无迹，而气韵蓬松，得山川的元气；其最不似处、最荒率处，最为得神。似真似梦的境界涵浑在一无形无迹，而又无往不在的虚空中："色即是空，空即是色。"气韵流动，是诗、是音乐、是舞蹈，不是立体的雕刻！

中国画以"气韵生动"即"生命的律动"为终始的对象，以笔法取物之骨气，所谓"骨法用笔"为绘画的手段。于是晋谢赫的六法以"应物象形"、"随类赋彩"之模仿自然，及"经营位置"之研究和谐、秩序、比例、匀称等问题列在三四等地位。然而这"模仿自然"及"形式美"，即和谐、比例等，却系占据西洋美学思想发展之中心的二大中心问题。希腊艺术理论尤不能越此范围。惟逮至近代西洋人"浮士德精神"的发展，美学与艺术理论中乃产生"生命表现"及"情感移入"等问题。而西洋艺术亦自二十世纪起乃思超脱这传统的观点，辟新宇宙观，于是有立体主义、表现主义等对传统的反动。然终系西洋绘画中所产生的纠纷，与中国绘画的作风立场究竟不相同。

西洋文化的主要基础在希腊，西洋绘画的基础也就在希腊的艺术。希腊民族是艺术与哲学的民族，而它在艺术上最高的表现是建筑与雕刻。希腊的庙堂圣殿是希腊文化生活的中心。它们清丽高雅、庄严朴质，尽量表现"和谐、匀称、整齐、凝重、静穆"的形式美。远眺雅典圣殿的柱廊，真如一曲凝住了的音乐。哲学家毕达哥拉斯视宇宙的基本结构，是在数量的比例中表示着音乐式的和谐。希腊的建筑确象征了这种形式严整的宇宙观。柏拉图所称为宇宙本体的"理念"，也是一种合于数学形体的理想图形。亚里士多德也以"形式"与"质料"为宇宙构造的原理。当时以"和谐、秩序、比例、平衡"为美的最高标准与理想，几乎是一班希腊哲学家与艺术家共同的论调，而这些也是希腊艺术美的特殊征象。

然而希腊艺术除建筑外，尤重雕刻。雕刻则系模范人体，取象

“自然”。当时艺术家竞以写幻逼真为贵。于是“模仿自然”也几乎成为希腊哲学家、艺术家共同的艺术理论。柏拉图因艺术是模仿自然而轻视它的价值。亚里士多德也以模仿自然说明艺术。这种艺术见解与主张系由于观察当时盛行的雕刻艺术而发生,是无可怀疑的。雕刻的对象——“人体”是宇宙间具体而微,近而静的对象。进一步研究透视术与解剖学自是当然之事。中国绘画的渊源基础却系在商周钟鼎镜盘上所雕绘大自然深山大泽的龙蛇虎豹、星云鸟兽的飞动形态,而以卍字纹回纹等连成各式模样以为底,借以象征宇宙生命的节奏。它的境界是一全幅的天地,不是单个的人体。它的笔法是流动有律的线纹,不是静止立体的形象。当时人尚系在山泽原野中与天地的大气流衍及自然界奇禽异兽的活泼生命相接触,且对之有神魔的感觉(《楚辞》中所表现的境界)。它们从深心里感觉万物有神魔的生命与力量。所以他们雕绘的生物也琦玮诡谲,呈现异样的生气魔力。(近代人视宇宙为平凡,绘出来的境界也就平凡。所写的虎豹是动物园铁栏里的虎豹,自缺少深山大泽的气象。)希腊人住在文明整洁的城市中,地中海日光朗丽,一切物象轮廓清楚。思想亦游泳于清明的逻辑与几何学中。神秘奇诡的幻感渐失,神们也失去深沉的神秘性,只是一种在高明愉快境域里的人生。人体的美,是他们的渴念。在人体美中发现宇宙的秩序、和谐、比例、平衡,即是发现“神”,因为这些即是宇宙结构的原理,神的象征。人体雕刻与神殿建筑是希腊艺术的极峰,它们也确实表现了希腊人的“神的境界”与“理想的美”。

西洋绘画的发展也就以这两种伟大艺术为背景、为基础,而决定了它特殊的路线与境界。

希腊的画,如庞贝古城遗迹所见的壁画,可以说是移雕像于画面,远看直如立体雕刻的摄影。立体的圆雕式的人体静坐或站立在透视的建筑空间里。后来西洋画法所用油色与毛刷尤适合于这种雕塑的描形。以这种画与中国古代花纹图案画或汉代南阳及四川壁画相对照,其动静之殊令人惊异。一为飞动的线纹,一为沉重的雕像。谢赫的六法以气韵生动为首目,确系说明中国画的特点,而中国哲学如《易经》以“动”说明宇宙人生(天行健、君子以自强不息),正与中国艺术精神相表里。

希腊艺术理论因建筑与雕刻两大美术的暗示,以“形式美”(即基于建筑美的和谐、比例、对称平衡等)及“自然模仿”(即雕刻艺术的特性)为最高原理,于是理想的艺术创作即系在模仿自然的实相中同时表达出和谐、比例、平衡、整齐的形式美。一座人体雕像须成为一“型范的”,即具体形象溶合于标准形式,实现理想的人像,所谓柏拉图的“理念”。希腊伟大的雕刻确系表现那柏拉图哲学所发挥的理念世界。它们的人体雕像是人类永久的理想典范,是人世间的神境。这位轻视当时艺术的哲学家,不料他的“理念论”反成希腊艺术适合的注释,且成为后来千百年西洋美学与艺术理论的中心概念与问题。

西洋中古时的艺术文化因基督教的禁欲思想,不能有希腊的茂盛,号称黑暗时期。然而哥特式(gothic)的大教堂高耸入云,表现强烈的出世精神,其雕刻神像也全受宗教热情的支配,富于表现的能力,实灌输一种新境界、新技术给与西洋艺术。然而须近代西洋人始能重新了解它的意义与价值。(前之如歌德,近之如法国罗丹及德国的艺术学者。而近代浪漫主义、表现主义的艺术运动,也于此寻找他们的精神渊源。)

十五六世纪“文艺复兴”的艺术运动则远承希腊的立场而更渗入近代崇拜自然、陶醉现实的精神。这时的艺术有两大目标:即“真”与“美”。所谓真,即系模范自然,刻意写实。当时大天才(画家、雕刻家、科学家)达·芬奇(L. daVinci)在他著名的《画论》中说:“最可夸奖的绘画是最能形似的绘画。”他们所描摹的自然以人体为中心,人体的造像又以希腊的雕刻为范本。所以达·芬奇又说:“圆描(即立体的雕塑式的描绘法)是绘画的主体与灵魂。”(按:中国的人物画系一组流动线纹之节律的组合,其每一线条有独立的意义与表现,以参加全体点线音乐的交响曲。西画线条乃为描画形体轮廓或皴擦光影明暗的一分子,其结果是隐没在立体的幻象里,不见其痕迹,真所谓隐迹立形。中国画则正在独立的点线皴擦中表现境界与风格。然而亦由于中、西绘画工具之不同,中国的墨色若一刻画,即失去光彩气韵。西洋油色的描绘不惟幻出立体,且有明暗闪耀烘托无限情韵,可称“色彩的诗”。而轮廓及衣褶线纹亦有其来自希腊雕刻的高贵的美。)达·芬奇这句话道出了西洋画的特点。移雕刻入画面是西洋画传统的立场。因着重极端的求“真”,艺术家从事人体的解剖,以祈认识内部构造的真相。尸体难得且犯禁,艺术家往往黑夜赴坟地盗尸,斗室中灯光下秘密支解,若有无穷意味。达·芬奇也曾亲手解剖男女尸体三十余具,雕刻家唐迪(Donti)自夸曾手剖八十三具尸体之多。这是西洋艺术家的科学精神及西洋艺术的科学基础。还有一种科学也是西洋艺术的特殊观点所产生,这就是极为重要的透视学。绘画既重视自然对象之立体的描摹,而立体对象是位置在三进向的空间,于是极重要的透视术乃被建筑家卜鲁勒莱西(Brunelleci)于十五世纪初期发现,建筑家阿柏蒂(Alberti)第一次写成书。透视学与解剖学为西洋画家所必修,就同书法与诗为中国画家所必涵养一样。而阐发这两种与西洋油画有如此重要关系之学术者为大雕刻家与建筑家,也就同阐发中国画理论及提高中国画地位者为诗人、书家一样。

求真的精神既如上述,求真之外则求“美”,为文艺复兴时画家之热烈的憧憬。真理披着美丽的外衣,寄“自然模仿”于“和谐形式”之中,是当时艺术家的一致的企图。而和谐的形式美则又以希腊的建筑为最高的典范。希腊建筑如巴泰龙(Parthenon)的万神殿表象着宇宙永久秩序:庄严整齐,不愧神灵的居宅。大建筑学家阿柏蒂在他的名著《建筑论》中说:“美即是各部分之谐合,不能增一分,不能减一分。”又说:“美是一种协调,一种和声。各都会归于全体,依据数量关系与秩序,适如最圆满之自然律‘和谐’所要求。”于此可见文艺复兴所追求的美仍是踵步希腊,以亚里士多德所谓“复杂中之统一”(形式和谐)为美的准则。

“模仿自然”与“和谐的形式”为西洋传统艺术(所谓古典艺术)的中心观念已如上述。模仿自然是艺术的“内容”,形式和谐是艺术的“外形”,形式与内容乃成西洋美学史的中心问题。在中国画学的六法中则“应物象形”(即模仿自然)与“经营位置”(即形式和谐)列在第三第四的地位。中、西趋向之不同，于此可见。然则西洋绘画不讲求气韵生动与骨法用笔么？似又不然！

西洋画因脱胎于希腊雕刻，重视立体的描摹；而雕刻形体之凹凸的显露实又凭借光线与阴影。画家用油色烘染出立体的凹凸，同时一种光影的明暗闪动跳跃于全幅画面，使画境空灵生动，自生气韵。故西洋油画表现气韵生动，实较中国色彩为易。而中国画则因工具写光困难，乃另辟蹊径，不在刻画凸凹的写实上求生活，而舍具体、趋抽象，于笔墨点线皴擦的表现力上见本领。其结果则笔情墨韵中点线交织，成一音乐性的“谱构”。其气韵生动为幽淡的、微妙的、静寂的、洒落的，没有彩色的喧哗炫耀，而富于心灵的幽深淡远。

中国画运用笔法墨气以外取物的骨相神态，内表人格心灵。不敷彩色而神韵骨气已足。西洋画则各人有各人的“色调”以表现各个性所见色相世界及自心的情韵。色彩的音乐与点线的音乐各有所长。中国画以墨调色，其浓淡明晦，映发光彩，相等于油画之光。清人沈宗骞在《芥舟学画篇》里论人物画法说：“盖画以骨格为主。骨干只须以笔墨写出。笔墨有神，则未设色之前，天然有一种应得之色，隐现于衣裳环佩之间，因而附之，自然深浅得宜，神采焕发。”在这几句话里又看出中国画的笔墨骨法与西洋画雕塑式的圆描法根本取象不同，又看出彩色在中国画上的地位，系附于笔墨骨法之下，宜于简淡，不似在西洋油画中处于主体地位。虽然“一切的艺术都是趋向音乐”，而华堂弦响与明月箫声，其韵调自别。

西洋文艺复兴时代的艺术虽根基于希腊的立场，着重自然模仿与形式美，然而一种近代人生的新精神，已潜伏滋生。“积极活动的生命”和“企向无限的憧憬”，是这新精神的内容。热爱大自然，陶醉于现世的美丽，眷念于光、色、空气。绘画上的彩色主义替代了希腊云石雕像的净素妍雅。所谓“绘画的风俗”继古典主义之“雕刻的风格”而兴起。于是古典主义与浪漫主义、印象主义、写实主义与表现主义、立体主义的争执支配了近代的画坛。然而西洋油画中所谓“绘画的风格”，重明暗光影的韵调，仍系来源于立体雕刻上的阴影及其光的氛围。罗丹的雕刻就是一种“绘画风格”的雕刻。西洋油画境界是光影的气韵包围着立体雕像的核心。其“境界层”与中国画的抽象笔墨之超实相的结构终不相同。就是近代的印象主义,也不外乎是极端的描摹目睹的印象(渊源于模仿自然)。所谓立体主义,也渊源于古代几何形式的构图,其远祖在埃及的浮雕画及希腊艺术史中“几何主义”的作风。后期印象派重视线条的构图,颇有中国画的意味,然他们线条画的运笔法终不及中国的流动变化、意义丰富,而他们所表达的宇宙观点仍是西洋的立场,与中国根本不同。中画、西画各有传统的宇宙观点,造成中、西两大独立的绘画系统。

现在将这两方不同的观点与表现法再综述一下,以结束这篇短论:

(一)中国画所表现的境界特征,可以说是根基于中国民族的基本哲学,即《易经》的宇宙观:阴阳二气化生万物,万物皆禀天地之气以生,一切物体可以说是一种“气积”(庄子:天,积气也)。这生生不已的阴阳二气织成一种有节奏的生命。中国画的主题“气韵生动”,就是“生命的节奏”或“有节奏的生命”。伏羲画八卦,即是以最简单的线条结构表示宇宙万象的变化节奏。后来成为中国山水花鸟画的基本境界的老、庄思想及禅宗思想也不外乎于静观寂照中,求返于自己深心的心灵节奏,以体合宇宙内部的生命节奏。中国画自伏羲八卦、商周钟鼎图案花纹、汉代壁画、顾恺之以后历唐、宋、元、明,皆是运用笔法、墨法以取物象的骨气,物象外表的凹凸阴影终不愿刻画,以免笔滞于物。所以虽在六朝时受外来印度影响,输入晕染法,然而中国人则终不愿描写从“一个光泉”所看见的光线及影响,如目睹的立体真景。而将全幅意境谱入一明暗虚实的节奏中,“神光离合,乍阴乍阳”(《洛神赋》语)以表现全宇宙的气韵生命,笔墨的点线皴擦既从刻画实体中解放出来,乃更能自由表达作者自心意匠的构图。画幅中每一丛林、一堆石,皆成一意匠的结构,神韵意趣超妙,如音乐的一节。气韵生动,由此产生。书法与诗和中国画的关系也由此建立。

(二)西洋绘画的境界,其渊源基础在于希腊的雕刻与建筑(其远祖尤在埃及浮雕及容貌画)。以目睹的具体实相融合于和谐整齐的形式,是他们的理想。(希腊几何学研究具体物形中之普遍形相,西洋科学研究具体之物质运动,符合抽象的数理公式,盖有同样的精神。)雕刻形体上的光影凹凸利用油色晕染移入画面,其光彩明暗及颜色的鲜艳流丽构成画境之气韵生动。近代绘风更由古典主义的雕刻风格进展为色彩主义的绘画风格,虽象征了古典精神向近代精神的转变,然而它们的宇宙观点仍是一贯的,即"人"与"物"、"心"与"境"的对立相视。不过希腊的古典的境界是有限的具体宇宙包含在和谐宁静的秩序中,近代的世界观是一无穷的力的系统在无尽的交流的关系中。而人与这世界对立,或欲以小己体合于宇宙,或思戡天役物,伸张人类的权力意志,其主客观对立的态度则为一致(心、物及主观、客观问题始终支配了西洋哲学思想)。

而这物、我对立的观点,亦表现于西洋画的透视法。西画的景物与空间是画家立在地上平视的对象,由一固定的主观立场所看见的客观境界,貌似客观实颇主观(写实主义的极点就成了印象主义)。就是近代画风爱写无边天际的风光,仍是目睹具体的有限境界,不似中国画所写近景一树一石也是虚灵的、表象的。中国画的透视法是提神太虚,从世外鸟瞰的立场观照全整的律动的大自然,他的空间立场是在时间中徘徊移动,游目周览,集合数层与多方的视点谱成一幅超象虚灵的诗情画境(产生了中国特有的手卷画)。所以它的境界偏向远景。"高远、深远、平远",是构成中国透视法的"三远"。在这远景里看不见刻画显露的凹凸及光线阴影。浓丽的色彩也隐没于轻烟淡霭。一片明暗的节奏表象着全幅宇宙的絪缊的气韵,正符合中国心灵蓬松潇洒的意境。故中国画的境界似乎主观而实为一片客观的全整宇宙,和中国哲学及其他精神方面一样。"荒寒"、"洒落"是心襟超脱的中国画家所认为最高的境界(元代大画家多为山林隐逸,画境最富于荒寒之趣),其体悟自然生命之深透,可称空前绝后,有如希腊人之启示人体的神境。

中国画因系鸟瞰的远景,其仰眺俯视与物象之距离相等,故多爱写长方立轴以揽自上至下的全景。数层的明暗虚实构成全幅的气韵与节奏。西洋画因系对立的平视,故多用近立方形的横幅以幻现自近至远的真景。而光与阴影的互映构成全幅的气韵流动。

中国画的作者因远超画境,俯瞰自然,在画境里不易寻得作家的立场,一片荒凉,似是无人自足的境界。(一幅西洋油画则须寻找得作家自己的立脚观点以鉴赏之。)然而中国作家的人格个性反因此完全融化潜隐在全画的意境里,尤表现在笔墨点线的姿态意趣里面。在此又看出中国精神之超世入世空有不二的态度。

还有一件可注意的事,就是我们东方另一大文化区印度绘画的观点,却系与西洋希腊精神相近,虽然它在色彩的幻美方面也表现了丰富的东方情调。印度绘法有所谓“六分”,梵云“萨邓迦”,相传在西历第三世纪始见记载,大约也系综括前人的意见,如中国谢赫的六法,其内容如下:

(1)形象之知识;(2)量及质之正确感受;(3)对于形体之情感;(4)典雅及美之表示;(5)逼似真相;(6)笔及色之美术的用法。

综观六分,颇乏系统次序。其(1)(2)(3)(5)条不外乎模仿自然,注重描写形象质量的实际。其(4)条则为形式方面的和谐美。其(6)条属于技术方面。全部思想与希腊艺术论之特重“自然模仿”与“和谐的形式”恰相吻合。希腊人、印度人同为阿利安人种,其哲学思想与宇宙观念颇多相通的地方。艺术立场的相近也不足异了。魏晋六朝间,印度画法输入中国,不啻即是西洋画法开始影响中国,然而中国吸取它的晕染法而变化之,以表现自己的气韵生动与明暗节奏,却不袭取它凹凸阴影的刻画,仍不损害中国特殊的观点与作风。

然而中国画趋向抽象的笔墨,轻烟淡彩,虚灵如梦,洗净铅华,超脱暄丽耀彩的色相,却违背了“画是眼睛的艺术”之原始意义。“色彩的音乐”在中国画久已衰落(近见唐代式壁画,敷色浓丽,线条劲秀,使人联想文艺复兴初期画家薄蒂采丽的油画)。幸宋、元大画家皆时时不忘以“自然”为师,于造化细缊的气韵中求笔墨的真实基础。近代画家如石涛,亦游遍山川奇境,运奇姿纵横的笔墨,写神会目睹的妙景,真气远出,妙造自然。画家任伯年则更能于花卉翎毛,表现精深华妙的色彩新境,为近代少有的色彩画家,令人反省绘画原来的使命。然而此外则颇多一味模仿传统的形式,外失自然真感,内乏性灵生气，目无真景，手无笔法。既缺绚丽灿烂的光色以与西画争胜，又遗失了古人雄浑流丽的笔墨能力。艺术本当与文化生命同向前进。中国画此后的道路，不但须恢复我国传统运笔线纹之美及其伟大的表现力，尤须倾心注目于彩色流韵的真景，创造浓丽清新的色相世界。更须在现实生活的体验中表达出时代的精神节奏。因为一切艺术虽是趋向音乐，止于至美，然而它最深最后的基础仍是在“真”与“诚”。

（原刊1934年10月中央大学《文艺丛刊》第1卷第2期）

关于山水诗画的点滴感想

民歌开端的句子多半是采取自然景物。民歌里的“月子弯弯照九州”早已被古人注意到了。这就是所谓起兴。见景生情,因物起兴,这本是写诗时很自然的过程。《诗经》三百篇里有些被古人称做“兴”体的,多半是开端两句或一句描写自然景物:山水、鸟兽、草木等,以便引起下面的思想情感。主观里被引起的这种思想情感和客观的形象结合着,使形象成了思想情感的象征,歌唱出来,便成了诗。民歌里的“船夫号子”的领唱者在摇桨前进中四面瞻望,看见天际乌云卷起,风来浪涌,便用歌词唱了出来,指挥众人注意加劲划桨,勇猛向前,抵抗风暴。众人边唱边划,紧张地渡过风险,天晴浪静后歌声徐缓,悠然远逝。如《澧水船夫号子》就是一首很好的壮丽紧张的歌曲,不亚于《伏尔加船夫曲》。《诗经》三百篇里本来大部分是民歌,保存了不少这种从劳动中来的“兴”体的诗。这“兴”体诗是以形容自然景物开端的。山水风物的描写在这里建立了它的根基。《诗经》里这类的景物描写是优秀而有力的。刘勰在他著名的《文心雕龙》里说:“原夫登高之旨,盖睹物兴情,情以物兴,故义必明雅;物以情观,故辞必巧丽。”(《诠赋》)又说:“山沓水匝,树杂云合。目既往还,心亦吐纳。春日迟迟,秋风飒飒。情往似赠,兴来如答。”(《物色》)明末爱国思想家王船山在他的《夕堂永日绪论内编》里说:“不能作景语,又何能作情语邪?古人绝唱句多景语,如‘高台多悲风’,‘蝴蝶飞南园’,‘池塘生春草’,‘亭皋木叶下’,‘芙蓉露下落’皆是也,而情寓其中矣。以写景之心理言情,则身心中独喻之微轻安拈出。”好一个“身心中独喻之微轻安拈出”。明末遗民石涛在国破家亡之后所画的山水画里,就寄托了他的悲愤、抑郁。他的朋友张鹤野题他的山水画说:“零碎山川颠倒树,不成图画更伤心。”鹤野又题一幅《渔翁垂钓图》说:“可怜大地鱼虾尽,犹有垂竿独钓翁。”这里写出了满人入关后,人民所遭的惨劫。宋朝遗民郑所南画兰草不画兰根及泥土,表示大宋已失去了国土,这幅画和他所写的《心史》出于同一沉痛的心情。

山水、花鸟和草木不也是能寄托深刻的政治意识吗?歌德的《浮士德》末尾总结性的两句诗说:“一切的消逝者,都是一象征。”屈原拿美人、香草寄托他的爱国热情,不是成了千古的名作吗?所以主要的问题是看你怎样处理这些题材。题材是画家、诗人寄托思想感情的客体形象,在艺术境界里主要的还是它所寄托和表达出来的思想情感。所以,题材可以取之于世界上的万千形象。没有什么形象是消极的。山水是大物,对于我们思想感情的启发是非常广泛而深厚的。人类所接触的山水环境本是人类加工的结果,是“人化的自然”。喜爱山水就是喜爱人类自己的成就。陶渊明歌颂“良苗亦怀新”,是因为这良苗的怀新有他自己的劳动在里面。他“采菊东篱下,悠然见南山”,是因为南山给予了他劳动时的安慰和精神上的休息。陶渊明正是在自己辛勤的劳动里体会到大自然山水给予他的慈惠和精神的养育。谢灵运的政治野心也在他的泛海诗句“溟涨无端倪,虚舟有超越”里透露了出来,招致统治阶层的疑忌。

中国社会主义的建设,使我国的山河大地改变了容貌,我们更加感到“江山如此多娇”。革命领袖赞美了这新的手创的江山,傅抱石、关山月又把这诗句画了出来,这就是我们新的山水诗画的代表作。我们有《黄河大合唱》,我们有《春到西藏》,还有许许多多赞颂我们新江山的山水画、山水诗。自有人类历史以来,这山水就和人类血肉相连,人类世世代代的情感、思想、希望和劳动都在这山水里刻下了深刻的烙印。中国的山水已具有着中国人民的精神面貌,假使有人从海外归来,脚踏上我们的国土时,就会亲切地感受到中国山水的特殊意味和境界，而这些意味也早已反映在我国千余年来的山水诗画里。这些山水诗画达到极高的艺术成就，并为各国艺术界所早已赞扬和研究。宋元的山水花鸟画在清朝末年不被本国反动统治阶级重视，无价的珍品流落海外的也极多。解放以后，我国政府珍贵文化遗产，才彻底地禁止出国，好让我们来继承它和向前推进。我们要描写劳动人民，我们也要歌唱和描绘伟大的中国劳动人民所“人化的自然”。

这有什么不好呢？

问题是我们要拿新的、积极的眼光和情绪欣赏山水，要用新的手法和风格创作出新的山水诗画，赶上和超过我们的优秀遗产。只有我们在自己的辛勤缔造中才会亲切地体会到我们祖宗遗产的优秀和丰富。我们要赶上它，超越它，不是说说就可以做到的。谦虚学习是进步的起点。

（原刊《文学评论》1961 年第 1 期）

介绍两本关于中国画学的书并论中国的绘画

美学的研究，虽然应当以整个的美的世界为对象，包含着宇宙美、人生美与艺术美；但向来的美学总倾向以艺术美为出发点，甚至以为是惟一研究的对象。因为艺术的创造是人类有意识地实现他的美的理想，我们也就从艺术中认识各时代、各民族心目中之所谓美。所以西洋的美学理论始终与西洋的艺术相表里，他们的美学以他们的艺术为基础。希腊时代的艺术给与西洋美学以“形式”、“和谐”、“自然模仿”、“复杂中之统一”等主要问题，至今不衰。文艺复兴以来，近代艺术则给与西洋美学以“生命表现”和“情感流露”等问题。而中国艺术的中心——绘画——则给与中国画学以“气韵生动”、“笔墨”、“虚实”、“阴阳明暗”等问题。将来的世界美学自当不拘于一时一地的艺术表现，而综合全世界古今的艺术理想，融合贯通，求美学上最普遍的原理而不轻忽各个性的特殊风格。因为美与美术的源泉是人类最深心灵与他的环境世界接触相感时的波动。各个美术有它特殊的宇宙观与人生情绪为最深基础。中国的艺术与美学理论也自有它伟大独立的精神意义。所以中国的画学对将来的世界美学自有它特殊重要的贡献。

中国画中所表现的中国心灵究竟是怎样？它与西洋精神的差别何在？古代希腊人心灵所反映的世界是一个 Cosmos（宇宙）。这就是一个圆满的、完成的、和谐的、秩序井然的宇宙。这宇宙是有限而宁静的。人体是这大宇宙中的小宇宙。他的和谐、他的秩序，是这宇宙精神的反映。所以希腊大艺术家雕刻人体石像以为神的象征。他的哲学以"和谐"为美的原理。文艺复兴以来,近代人生则视宇宙为无限的空间与无限的活动。人生是向着这无尽的世界作无尽的努力。所以他们的艺术如"哥特式"的教堂高耸入太空,意向无尽。大画家伦勃朗所写画像皆是每一个心灵活跃的面貌,背负着苍茫无底的空间。歌德的《浮士德》是永不停息的前进追求。近代西洋文明心灵的符号可以说是"向着无尽的宇宙作无止境的奋勉"。

中国绘画里所表现的最深心灵究竟是什么?答曰:它既不是以世界为有限的圆满的现实而崇拜模仿,也不是向一无尽的世界作无尽的追求,烦闷苦恼,彷徨不安。它所表现的精神是一种"深沉静默地与这无限的自然,无限的太空浑然融化,体合为一"。它所启示的境界是静的,因为顺着自然法则运行的宇宙是虽动而静的,与自然精神合一的人生也是虽动而静的。它所描写的对象,山川、人物、花鸟、虫鱼,都充满着生命的动——气韵生动。但因为自然是顺法则的(老、庄所谓道),画家是默契自然的,所以画幅中潜存着一层深深的静寂。就是尺幅里的花鸟、虫鱼,也都像是沉落遗忘于宇宙悠渺的太空中,意境旷邈幽深。至于山水画如倪云林的一丘一壑,简之又简,譬如为道,损之又损,所得着的是一片空明中金刚不灭的精粹。它表现着无限的寂静,也同时表示着是自然最深最厚的结构。有如柏拉图的观念,纵然天地毁灭,此山此水的观念是毁灭不动的。

中国人感到这宇宙的深处是无形无色的虚空,而这虚空却是万物的源泉,万动的根本,生生不已的创造力。老、庄名之为"道"、为"自然"、为"虚无",儒家名之为"天"。万象皆从空虚中来,向空虚中去。所以纸上的空白是中国画真正的画底。西洋油画先用颜色全部涂抹画底,然后在上面依据远近法或名透视法(Perspective)幻现出目睹手可捉摸的真景。它的境界是世界中有限的具体的一域。中国画则在一片空白上随意布放几个人物,不知是人物在空间,还是空间因人物而显。人与空间,溶成一片,俱是无尽的气韵生动。我们觉得在这无边的世界里,只有这几个人,并不嫌其少。而这几个人在这空白的环境里,并不觉得没有世界。因为中国画底的空白在画的整个的意境上并不是真空，乃正是宇宙灵气往来，生命流动之处。笪重光说："虚实相生，无画处皆成妙境。"这无画处的空白正是老、庄宇宙观中的"虚无"。它是万象的源泉、万动的根本。中国山水画是最客观的，超脱了小己主观地位的远近法以写大自然千里山川。或是登高远眺云山烟景、无垠的太空、浑茫的大气，整个的无边宇宙是这一片云山的背景。中国画家不是以一区域具体的自然景物为"模特儿"，对坐而描摹之，使画境与观者、作者相对立。中国画的山水往往是一片荒寒，恍如原始的天地，不见人迹，没有作者，亦没有观者，纯然一块自然本体、自然生命。所以虽然也有阴阳明暗，远近大小，但却不是站立在一固定的观点所看见的 P1astic（造型的）形色阴影如西洋油画。西画、中画观照宇宙的立场与出发点根本不同。一是具体可捉摸的空间，由线条与光线表现（西洋油色的光彩使画境空灵生动。中画颜色单纯而无光，不及油画，乃另求方法，于是以水墨渲染为重）。一是浑茫的太空无边的宇宙，此中景物有明暗而无阴影。有人欲融合中、西画法于一张画面的，结果无不失败，因为没有注意这宇宙立场的不同。清代的朗世宁、现代的陶冷月就是个例子（西洋印象派乃是写个人主观立场的印象，表现派是主观幻想情感的表现，而中画是客观的自然生命，不能混为一谈）。中国画中不是没有作家个性的表现，他的心灵特性是早已全部化在笔墨里面。有时亦或寄托于一二人物，浑然坐忘于山水中间，如树如石如水如云，是大自然的一体。

所以中国宋元山水画是最写实的作品，而同时是最空灵的精神表现，心灵与自然完全合一。花鸟画所表现的亦复如是。勃莱克的诗句："一沙一世界，一花一天国"，真可以用来咏赞一幅精妙的宋人花鸟。一天的春色寄托于数点桃花，二三水鸟启示着自然的无限生机。中国人不是像浮士德"追求"着"无限"，乃是在一丘一壑、一花一鸟中发现了无限，表现了无限，所以他的态度是悠然意远而又怡然自足的。他是超脱的，但又不是出世的。他的画是讲求空灵的，但又是极写实的。他以气韵生动为理想，但又要充满着静气。一言蔽之，他是最超越自然而又最切近自然，是世界最心灵化的艺术（德国艺术学者 O. Fischer 的批评），而同时是自然的本身。表现这种微妙艺术的工具是那最抽象最灵活的笔与墨。笔墨的运用，神妙无穷，也是千余年来各个画家的秘密，无数画学理论所发挥的。我们在此地不及详细讨论了。

中国有数千年绘画艺术光荣的历史，同时也有自公元五世纪以来精深的画学。谢赫的《六法论》综合前人的理论，奠定后来的基础。以后画家、鉴赏家论画的著作浩如烟海。此中的精思妙论不惟是将来世界美学极重要的材料，也是了解中国文化心灵最重要的源泉（现代徐悲鸿画家写有《废话》一书，发挥中国艺术的真谛，颇有为前人所未道的，尚未付刊）。但可惜段金碎玉散于各书，没有系统地整理。今幸有郑午昌先生著《中国画学全史》，二十余万字，综述中国绘画与画学的历史。黄憩园先生则将画法理论"分别部居，以类相比，勒为一书，俾天下学者治一书而诸书之粹义灿然在目"。两书帮助研究中国画理、画法很有意义。现在简单介绍于后，希望读者进一步看他们的原书。

郑午昌先生以五年的时间和精力来编纂《中国画学全史》。划分为四大时期，即：（一）实用时期；（二）礼教时期；（三）宗教化时期；（四）文学化时期。除周秦以前因绘画幼稚，资料不足，无法叙述外，自汉迄清划代为章。每章分四节：（一）概况，概论一代绘画的源流、派别及其盛衰的状况；（二）画迹，举各家名迹之已为鉴赏家所记录或曾经著者目睹而确有价值者集录之；（三）画家，叙一时代绘画宗匠之姓名、爵里、生卒年月；（四）画论，博采画家、鉴赏家论画的学说。其后又有附录四：（一）历代关于画学之著述；（二）历代各地画家百分比例表；（三）历代各种绘画盛衰比例表；（四）近代画家传略。

此书合画史、画论于一炉，叙述详明，条理周密，文笔畅达，理论与事实并重，诚是一本空前的著作。读者若细心阅过，必能对世界文化史上这一件大事——中国的绘画（与希腊的雕刻和德国的音乐鼎足而三的）——有相当的了解与认识。

历史的综合的叙述固然重要，但若有人从这些过分丰富的材料中系统地提选出各问题，将先贤的画法理论分门别类，罗列摘录，使读者对中国绘画中各主要问题一目了然，而在每问题的门类中合观许多论家各方面的意见，则不惟研究者便利，且为将来中国美学原理系统化之初步。

黄慿园先生的《山水画法类丛》就是这样的一本书。他因为"古人论画之书，多详于画评、画史，而略于画法，本书则专谈画法，而不及画评、画史。根据各家学说，断以个人意见"。他这本书分上下篇，每篇分若干类，每类分若干段。每段各有题，以便读者检阅。上篇的内容列为五类：（一）局势——又分天地位置、远近大小、宾主、虚实等问题十四段；（二）笔墨——分名称、用笔轻重、繁简、用墨浓淡等问题二十四段；（三）景象——分明暗、阴暗、阴影、倒影等五段；（四）杂论——包含画品、画理、六法、十二忌、师古人与师自然、作画之修养、南北宗、西法之参用等问题共有二十九段。下篇则分画山、画石、皴染、画树、画云、画人等若干类。全书系统化的分类，惜乎著者没有说明其原理与标准，所以当然还有许多可以商榷改进的地方。但是著者用这分类的方法概述千余年来的画法理论，实在是便于学国画及研究画理者。尤其是每一门中罗列各家相反不同的意见，使研究者不致偏向一方，而真理往往是由辩证的方式阐明的。

（原刊 1932 年 10 月《图书评论》第 1 卷第 2 期）

论《游春图》

如果我们把隋唐的丰富多彩、雄健有力的艺术和文化比作中国文化史上的浓春季节，那么，展子虔的这幅《游春图》，便是隋唐艺术发展里的第一声鸟鸣，带来了整个的春天气息和明媚动人的景态。这“春”支配了唐代艺术的基本调子。如果我们把唐代艺术文化比拟欧洲十六世纪的文艺复兴，那么，展子虔这幅《游春图》就相当于十五世纪意大利画家菩提彻利(Bottice11i)的《春》和《爱神的诞生》。在意境内容和笔法风格上，两春都可做有趣的比较。展子虔这幅画里的“春漪吹粼动轻澜”(原画后冯子振题诗)可以和《爱神的诞生》里两个风神在空际吹着春风，水上涟漪粼粼的景态相通。《游春图》里的“桃蹊李径葩未残”(冯题句)也可以和《春》里的满地落英缤纷相对映。展子虔用笔尚未脱尽六朝以来山水画的稚拙纤细的风味，菩提彻利也一样。正是这种稚拙令人玩味不尽，给予后人深刻的感受。但展画和菩画也有不同处，这就是后者仍以人物(裸体女神)占主要地位，而前者已以一望无边咫尺千里的开阔山水为主要对象了。中国山水画在六朝已经萌芽，《游春图》正是我国保存下来的第一幅完整优美的山水画，它在我国艺术史上具有极大的价值。

关于展子虔的事迹，我们知道的不多。他生活在第六世纪下半叶。公元589年，隋文帝在东都设立“妙楷”、“宝迹”二台，藏古书画，展子虔曾从江南去服务。他擅长山水、人物、台阁，也画过不少壁画，他用笔虽未尽脱六朝遗意，但已摆脱了佛教的悲观者出世情调。

他用细致遒劲的线条描绘形象，尤长于以青绿作主调。如这幅《游春图》使用青绿勾填，所画春山花树，殿阁游骑，线条纤细活泼，色调明快秀丽，看了令人喜爱山川，珍重生活。

宋朝大批评家董逌在《广川画跋》里赞扬他画的马说："展子虔作立马而有走势，其卧马而有腾骧起跃势，若不可掩复也。"在山水画中，他也抓住人物的内在生命，表现出山川的全面景象和这景象里的流动气氛——春。

（原刊《人民画报》1958 年第 3 期）

徐悲鸿与中国绘画

徐君《国画集》将刊行于柏林巴黎，为写此文以介绍于西人。

当西历纪元第五世纪，中国绘画已经历汉魏六朝发展臻于高点。人物画大盛，山水画亦已入佳境。顾恺之陆探微张僧繇等大放光芒，照耀百世。于是谢赫综合画学理论辑成绘画之六法：曰气韵生动；曰骨法用笔；曰应物象形；曰随类赋彩；曰经营位置；曰传移模写。此六法中之应物象形与随类赋彩，即是临摹自然，刻画造化中之真形态。经营位置，是布置万象于尺幅之中，使自然之境界成艺术之境界。骨法用笔则是中国绘画工具之特点。笔与墨之运用，神妙无穷：可以写轮廓，可以供渲染；有干笔湿笔轻重虚实巧拙繁简之分，而宇宙间万种形象，山水云烟，人物花鸟，皆幻现于笔底。且笔之运用，存于一心，通于腕指，为人格个性直接表现之枢纽。故书法为中国特有之高级艺术：以抽象之笔墨表现极具体之人格风度及个性情感，而其美有如音乐。且中国文字原本象形，即缩写物象中抽象之轮廓要点，而遗弃其无关于物之精粹结构的部分。故与文字同源之中国绘画，自始即不重视物之"阴影"。非不能绘，不欲绘，不必绘也。（西画以阴影为目睹之实境而描画之，乃有凸凹。中画以阴影为虚幻而不欲画之，乃超脱凸凹，自成妙境。）

中国古代画家多为耽嗜老庄思想之高人逸士。彼等忘情世俗，于静中观万物之理趣。其心追手摹表现于笔墨者，亦此物象中之理趣而已（理者物之定形，趣者物之生机）。苏东坡云："余尝论画，以为人禽宫室器用皆有常形;至于山石竹木,水波烟云,虽无常形,而有常理。常形之失,人皆知之。常理之不当,虽晓画者有不知。"东坡之所谓常理,实造化生命中之内部结构,亦不能离生命而存者也。山水人物花鸟中,无往而不寓有混沌宇宙之常理。宋人尺幅花鸟,于寥寥数笔中,写出一无尽之自然,物理具足,生趣盎然。故笔法之妙用为中国画之特色,传神写形,流露个性,皆系于此。清代画家邹一桂尝讥西洋画为无笔法,其实西洋画家亦未尝不重视用笔:尤以炭笔素描于笔致起落中表现物体之生命。惟中国画笔法之异于西洋油画者,即在简之一字。清画家恽格(南田)云:"画以简为尚。简之入微,则洗尽尘滓,独存孤迥。"恽本初云:"画以简洁为上。简者简于象,非简于意。简之至者,缛之至也。"故徐悲鸿君称艺有两德为最难诣者:曰华贵,曰静穆;而造诣之道则在练与简。其言曰:"中国画以黑墨写于白纸或绢,其精神在抽象。杰作中最现性格处在练。练则简。简则几乎华贵,为艺之极则矣。"此实中国画法所到之最高境界。华贵而简,乃宇宙生命之表象。造化中形态万千,其生命之原理则一。故气象最华贵之午夜星天,亦最为清空高洁,以其灿烂中有秩序也。此宇宙生命中一以贯之之道,周流万汇,无往不在;而视之无形,听之无声。老子名之为虚无。此虚无非真虚无,乃宇宙中混沌创化之原理;亦即画图中所谓生动之气韵。画家抒写自然,即是欲表现此生动之气韵;故谢赫列为六法第一,实绘画最后之对象与结果也。

生动之气韵笼罩万物,而空灵无迹;故在画中为空虚与流动。中国画最重空白处。空白处并非真空,乃灵气往来生命流动之处。且空而后能简,简而练,则理趣横溢,而脱略形迹。然此境不易到也,必画家人格高尚,秉性坚贞,不以世俗利害营于胸中,不以时代好尚惑其心志,乃能沉潜深入万物核心,得其理趣,胸怀洒落,庄子所谓能与天地精神往来者,乃能随手拈来都成妙谛。中国绘画能完全达此境界者,首推宋元大家。惟后来亦代不乏人,未尝中绝。近代则任伯年为徐悲鸿君所最推重,而徐君自己亦以中国美术之承继者自任。徐君幼年历遭困厄,而坚苦卓绝,不因困难而挫志,不以荣誉而自满。且认定一切艺术当以造化为师。故观照万物,临摹自然,求目与手之准确精练(在柏林动物园中追摹狮之生活形态,素描以千数计)。有时或太求形似。但自谓"因心惊造化之奇,终不愿牺牲自然形貌,而强之就吾体式,宁屈吾体式而曲全造化之妙"。斯真中国绘画传统之真旨。盖中国古代绘画,实先由形似之极致而超入神奇之妙境者也。花鸟虫鱼之为写实不论矣,即号称理想境界之山水画,实亦画家登高远眺之云山烟景。郭熙云:"山水大物也,鉴者须远观,方见一障山水之形势气象。"其实真山水中之云烟变幻,景物空灵,乃有过于画中山水者。且画家所欲画者自然界之气韵生动。刘熙载云:"山之精神写不出,以烟霞写之。春之精神写不出,以草树写之。"于此可以窥见中国画家写实而能空灵之秘密矣。

徐君以二十年素描写生之努力,于西画写实之艺术已深入堂奥。今乃纵横其笔意以写国画,由巧而返于拙,乃能流露个性之真趣,表现自然之理趣。昔画家徐鼎尝自跋其画云:"有法归于无法,无法归于有法,乃为大成。"徐君现已趋向此大成之道。中国文艺不欲复兴则已,若欲复兴,则舍此道无他途矣。

文后附言

中国画以笔墨写出物之神态意境,恍如目睹。但画境内虽有深有空,有明暗阴阳,有远近,却无明显之立体凹凸与阴影如西洋画。虽六朝时张僧繇画凹凸花,远望眼晕凹凸如真。但后来中国画始终不肯画阴影,不肯透视法刻画手可捉摸之立体。画面中处处灵虚,多有空白,若一刻画便有匠气。而西画不然,此为中西画根本不同之点,殊堪注意,曾于《图书评论》第二期(即《介绍两本关于中国画学的书并论中国的绘画》——编者注)从宇宙观及技术工具之观点比较略论及之,读者可参阅。

(原刊 1932 年 10 月《国风》第 1 卷第 4 期)

中国书法里的美学思想

唐代孙过庭《书谱》里说:“羲之写《乐毅》则情多怫郁,书画赞则意涉瑰奇,《黄庭经》则怡怿虚无,《太师箴》则纵横争折,暨乎《兰亭》兴集,思逸神超,私门诫誓,情拘志惨,所谓涉乐方笑,言哀已叹。”

人愉快时,面呈笑容,哀痛时放出悲声,这种内心情感也能在中国书法里表现出来,像在诗歌音乐里那样。别的民族写字还没有能达到这种境地的。中国的书法何以会有这种特点?

唐代韩愈在他的《送高闲上人序》里说:“张旭善草书,不治他技,喜怒窘穷,忧悲愉佚,怨恨思慕,酣醉,无聊,不平,有动于心,必于草书焉发之。观于物,见山水崖谷,鸟兽虫鱼,草木之花实,日月列星,风雨水火,雷霆霹雳,歌舞战斗,天地事物之变,可喜可愕,一寓于书,故旭之书变动犹鬼神,不可端倪,以此终其身而名后世。”张旭的书法不但抒写自己的情感,也表出自然界各种变动的形象。但这些形象是通过他的情感所体会的,是“可喜可愕”的;他在表达自己的情感中同时反映出或暗示着自然界的各种形象。或借着这些形象的概括来暗示着他自己对这些形象的情感。这些形象在他的书法里不是事物的刻画,而是情景交融的“意境”,像中国画,更像音乐,像舞蹈,像优美的建筑。

现在我们再引一段书家自己的表白。后汉大书家蔡邕说:“凡欲结构字体,皆须象其一物,若鸟之形,若虫食禾,若山若树,纵横有托,运用合度，方可谓书。”元代赵子昂写“子”字时，先习画鸟飞之形“ ”，使子字有这鸟飞形象的暗示。他写“为”字时，习画鼠形数种，穷极它的变化，如 、 、 、 。他从“为”字得到“鼠”形的暗示，因而积极地观察鼠的生动形象，吸取着深一层的对生命形象的构思，使“为”字更有生气、更有意味、内容更丰富。这字已不仅是一个表达概念的符号，而是一个表现生命的单位，书家用字的结构来表达物象的结构和生气勃勃的动作了。

这个生气勃勃的自然界的形象，它的本来的形体和生命，是由什么构成的呢？常识告诉我们：一个有生命的躯体是由骨、肉、筋、血构成的。“骨”是生物体最基本的间架，由于骨，一个生物体才能站立起来和行动。附在骨上的筋是一切动作的主持者，筋是我们运动感的源泉。敷在骨筋外面的肉，包裹着它们而使一个生命体有了形象。流贯在筋肉中的血液营养着、滋润着全部形体。有了骨、筋、肉、血，一个生命体诞生了。中国古代的书家要想使“字”也表现生命，成为反映生命的艺术，就须用他所具有的方法和工具在字里表现出一个生命体的骨、筋、肉、血的感觉来。但在这里不是完全像绘画，直接模示客观形体，而是通过较抽象的点、线、笔画，使我们从情感和想象里体会到客体形象里的骨、筋、肉、血，就像音乐和建筑也能通过诉之于我们情感及身体直感的形象来启示人类的生活内容和意义。（明人丰坊的《笔诀》里说：“书有筋骨血肉，筋生于腕，腕能悬，则筋骨相连而有势，骨生于指，指能实，则骨体坚定而不弱。血生于水，肉生于墨，水须新汲，墨须新磨，则燥湿停匀而肥瘦适可。然大要先知笔诀，斯众美随之矣。”近人丁文隽对这段话解说得很清楚，他说：“于人，骨所以支形体，筋所以司动转。骨贵劲健而筋贵灵活，故书，点画劲健者谓之有骨，软弱者谓之无骨。点画灵活者谓之有筋，呆板者谓之无筋。欲求点画之劲健，必须毫无虚发，墨无旁溢，功在指实，故曰骨生于指。欲求点画之灵活，必须纵横无疑，提顿从心，功在悬腕，故曰筋生于腕。点画劲健飞动则见刚柔之情,生动静之态,自然神完气足。故曰筋骨相连而有势,势即赅刚柔动静之情态而言之也。夫书以点画为形,以水墨为质者也。于人,筋骨血肉同属于质,于书,则筋骨所以状其点画,属于形,血肉所以言其水墨,属于质。无质则形不生,无水墨则点画不成。水湿而清,其性犹血。故曰血生于水。墨浓而浊,其性犹肉,故曰肉生于墨,血贵燥湿合度,燥湿合度谓之血润。肉贵肥瘦适中,肥瘦适中谓之肉莹。血肉惟恐其多,多则筋骨不见。筋骨贵惟患其少,少则神气全无。必也四质停匀,始为尽善尽美。然非巧智兼优,心手双善者,不克臻此。"——原注)

中国人写的字,能够成为艺术品,有两个主要因素:一是由于中国字的起始是象形的,二是中国人用的笔。许慎《说文》序解释文字的定义说:仓颉之初作书,盖依类象形,故谓之文;其后形声相益,即谓之字。字者,言孳乳而浸多也(此依大徐(徐铉)本,段玉裁据左传正义,补"文者物象之本"句),文和字是对待的。单体的字,像水木,是"文",复体的字,像江河杞柳,是"字",是由"形声相益,孳乳浸多"而来的。写字在古代正确的称呼是"书"。书者如也,书的任务是如,写出来的字要"如"我们心中对于物象的把握和理解。用抽象的点画表出"物象之本",这也就是说物象中的"文",就是交织在一个物象里或物象和物象的相互关系里的条理:长短、大小、疏密、朝揖、应接、向背、穿插等等的规律和结构。而这个被把握到的"文",同时又反映着人对它们的情感反应。这种"因情生文,因文见情"的字就升华到艺术境界,具有艺术价值而成为美学的对象了。

第二个主要因素是笔。书字从聿(yú),聿就是笔,篆文 ,像手把笔,笔杆下扎了毛。殷朝人就有了笔,这个特殊的工具才使中国人的书法有可能成为一种世界独特的艺术,也使中国画有了独特的风格。中国人的笔是把兽毛(主要用兔毛)捆缚起做成的。它铺毫抽锋,极富弹性,所以巨细收纵,变化无穷。这是欧洲人用鹅管笔、钢笔、铅笔以及油画笔所不能比的。从殷朝发明了和运用了这支笔,创造了书法艺术，历代不断有伟大的发展，到唐代各门艺术，都发展到极盛的时候，唐太宗李世民独独宝爱晋人王羲之所写的《兰亭序》，临死时不能割舍，恳求他的儿子让他带进棺去。可以想见在中国艺术最高峰时期中国书法艺术所占的地位了。这是怎样可能的呢？

我们前面已说过是基于两个主要因素，一是中国字在起始的时候是象形的，这种形象化的意境在后来"孳乳浸多"的"字体"里仍然潜存着、暗示着。在字的笔画里、结构里、章法里，显示着形象里面的骨、筋、肉、血，以至于动作的关联。后来从象形到谐声，形声相益，更丰富了"字"的形象意境，像江字、河字，令人仿佛目睹水流，耳闻汩汩的水声。所以唐人的一首绝句若用优美的书法写了出来，不但是使我们领略诗情，也同时如睹画境。诗句写成对联或条幅挂在壁上，美的享受不亚于画，而且也是一种综合艺术，像中国其他许多艺术那样。

中国文字成熟可分三期：一、纯图画期；二、图画佐文字期；三、纯文字期。纯图画期，是以图画表达思想，全无文字。如鼎文（殷文存上，一上）：

像一人抱小儿，作为"尸"来祭祀祖先。礼："君子抱孙不抱子。"

又如觚文（殷文存下，廿四下）：

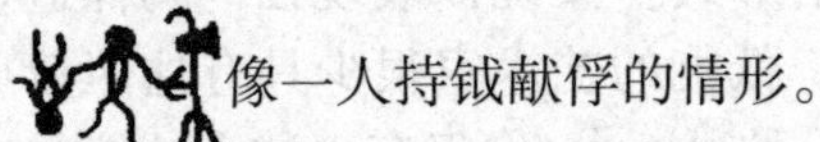像一人持钺献俘的情形。

叶玉森的《铁云藏龟拾遗》里第六页影印殷墟甲骨上一字为猿猴形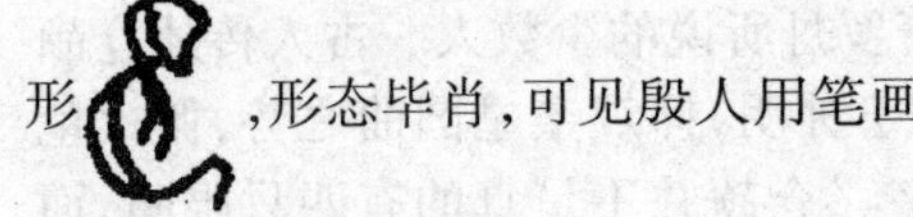，形态毕肖，可见殷人用笔画抓住"物象之本"、"物象之文"的技能。

像这类用图画表达思想的例子很多。后来到"图画佐文字时期"，在一篇文字里往往夹杂着鸟兽等形象，我们说中国书画同源是有根据的。而且在整个书画史上画和书法的密切关系始终保持着。要研究中国画的特点,不能不研究中国书法。我从前曾经说过,写西方美术史,往往拿西方各时代建筑风格的变迁做骨干来贯串,中国建筑风格的变迁不大,不能用来区别各时代绘画雕塑风格的变迁。而书法却自殷代以来,风格的变迁很显著,可以代替建筑在西方美术史中的地位,凭借它来窥探各个时代艺术风格的特征。这个工作尚待我们去做,这里不过是一个提议罢了。

我们现在谈谈中国书艺里的用笔、结体、章法所表现的美学思想,我们在此不能多谈到书法用笔的技术性方面的问题。这方面,古人已讲得极多了。我只谈谈用笔里的美学思想。中国文字的发展,由模写形象里的"文",到孳乳浸多的"字",象形字在量的方面减少了,代替它的是抽象的点线笔画所构成的字体。通过结构的疏密、点画的轻重、行笔的缓急,表现作者对形象的情感,发抒自己的意境,就像音乐艺术从自然界的群声里抽出纯洁的"乐音"来,发展这乐音间相互结合的规律。用强弱、高低、节奏、旋律等有规则的变化来表现自然界、社会界的形象和自心的情感。近代法国大雕刻家罗丹曾经对德国女画家娜斯蒂兹说:"一个规定的线(文)通贯着大宇宙,赋予了一切被创造物。如果他们在这线里面运行着,而自觉着自由自在,那是不会产生出任何丑陋的东西来的。希腊人因此深入地研究了自然,他们的完美是从这里来的,不是从一个抽象的'理念'来的。人的身体是一座庙宇,具有神样的诸形式。"又说:"表现在一胸像造型里的要务,是寻找那特征的线纹。低能的艺术家很少具有这胆量单独地强调出那要紧的线,这需要一种决断力,像仅有少数人才能具有的那样。"

我们古代伟大的先民就属于罗丹所说的少数人。古人传述仓颉造字时的情形说:"颉首四目,通于神明,仰观奎星圆曲之势,俯察龟文鸟迹之象,博采众美,合而为字。"仓颉并不是真的有四只眼睛,而是说他象征着人类从猿进化到人,两手解放了,全身直立,因而双眼能仰观天文、俯察地理,好像增加了两个眼睛,他能够全面地、综合地把握世界,透视那通贯着大宇宙赋予了万物的规定的线,因而能在脑筋里构造概念,又用"文"、"字"来表示这些概念。"人"诞生了,文明诞生了,中国的书法也诞生了。中国最早的文字就具有美的性质。邓以蛰先生在《书法之欣赏》里说得好:"甲骨文字,其为书法抑纯为符号,今固难言,然就书之全体而论,一方面固纯为横竖转折之笔画所组成,若后之施于真书之'永字八法',当然无此繁杂之笔调。他方面横竖转折却有其结构之意,行次有其左行右行之分,又以上下字连贯之关系,俨然有其笔画之可增可减,如后之行草书然者。至其悬针垂韭之笔致,横直转折,安排紧凑,四方三角等之配合,空白疏密之调和,诸如此类,竟能给一段文字以全篇之美观,此美莫非来自意境而为当时书家之精心结撰可知也。至于钟鼎彝器之款识铭词,其书法之圆转委婉,结体行次之疏密,虽有优劣,其优者使人见之如仰观满天星斗,精神四射。古人言仓颉造字之初云:'颉首四目,通于神明,仰观奎星圆曲之势,俯察龟文鸟迹之象,博采众美,合而为字',今以此语形容吾人观看长篇钟鼎铭词如毛公鼎、散氏盘之感觉,最为恰当。石鼓以下,又加以停匀整齐之美。至始皇诸刻石,笔致虽仍为篆体,而结体行次,整齐之外,并见端庄,不仅直行之空白如一,横行亦如之,此种整齐端庄之美至汉碑八分而至其极,凡此皆字之于形式之外,所以致乎美之意境也。"

邓先生这段话说出了中国书法在创造伊始,就在实用之外,同时走上艺术美的方向,使中国书法不像其他民族的文字,停留在作为符号的阶段,而成为表达民族美感的工具。

现在从美学观点来考察中国书法里的用笔、结体和章法。

(一)用笔

用笔有中锋、侧锋、藏锋、出锋、方笔、圆笔、轻重、疾徐等等区别,皆所以运用单纯的点画而成其变化,来表现丰富的内心情感和世界诸形相,像音乐运用少数的乐音,依据和声、节奏与旋律的规律,构成千万乐曲一样。但宋朝大批评家董逌在《广川画跋》里说得好:"且观天地生物，特一气运化尔，其功用秘移，与物有宜，莫知为之者，故能成于自然。”他这话可以和罗丹所说的“一个规定的线通贯着大宇宙而赋予了一切被创造物，他们在它里面运行着，而自觉着自由自在”相印证。所以千笔万笔，统于一笔，正是这一笔的运化尔！

罗丹在万千雕塑的形象里见到这一条贯注于一切中的“线”，中国画家在万千绘画的形象中见到这一笔画，而大书家却是运此一笔以构成万千的艺术形象，这就是中国历代丰富的书法。唐朝伟大的批评家和画史的创作者张彦远在《历代名画记》里论顾、陆、张、吴诸大画家的用笔时说：“顾恺之之迹，紧劲联绵，循环超忽，调格逸易，风趋电疾，意存笔先，画尽意在，所以全神气也。昔张芝学崔瑗、杜度草书之法，因而变之，以成今草书之体势，一笔而成，气脉通连，隔行不断。唯王子敬（献之）明其深旨，故行首之字，往往继其前行，世上谓之一笔书。其后陆探微亦作一笔画，连绵不断，故知书画用笔同法。”张彦远谈到书画法的用笔时，特别指出这“一笔而成，气脉通贯”，和罗丹所指出的通贯宇宙的一根线，一千年间，东西艺人，遥遥相印。可见中国书画家运用这“一笔”的点画，创造中国特有的丰富的艺术形象，是有它的艺术原理上的根据的。

但这里所说的一笔书、一笔画，并不真是一条不断的线纹像宋人郭若虚在《图画见闻志》里所记述的戚文秀画水图里那样，“图中有一笔长五丈……自边际起，通贯于波浪之间，与众毫不失次序，超腾回折，实逾五丈矣”。而是像郭若虚所要说明的，“王献之能为一笔书，陆探微能为一笔画，无适（……意译为：并不是）一篇之文，一物之像而能一笔可就也。乃是自始及终，笔有朝揖，连绵相属，气脉不断。”这才是一笔画一笔书的正确的定义。所以古人所传的“永字八法”，用笔为八而一气呵成，血脉不断，构成一个有骨有肉有筋有血的字体，表现一个生命单位，成功一个艺术境界。

用笔怎样能够表现骨、肉、筋、血来，成为艺术境界呢？

三国时魏国大书家钟繇说道：“笔迹者界也，流美者人也……见万象皆类之。”笔蘸墨画在纸帛上，留下了笔迹（点画），突破了空白，创始了形象。石涛《画语录》第一章“一画章”里说得好：“太古无法，太朴不散,太朴一散,而法立矣。法于何立?立于一画。一画者众有之本,万象之根……人能以一画具体而微,意明笔透。腕不虚则画非是,画非是则腕不灵。动之以旋,润之以转,居之以旷,出如截,入如揭,能圆能方,能直能曲,能上能下,左右均齐,凸凹突兀,断截横斜,如水之就下,如火之炎上,自然而不容毫发强也,用无不神而法无不贯也。理无不入而态无不尽也。信手一挥,山川、人物、鸟兽、草木、池榭、楼台,取形用势,写生揣意,运情摹景,显露隐含,人不见其画之成,画不违其心之用,盖自太朴散而一画之法立矣。一画之法立而万物著矣。"

从这一画之笔迹,流出万象之美,也就是人心内之美。没有人,就感不到这美,没有人,也画不出、表不出这美。所以钟繇说:"流美者人也。"所以罗丹说:"通贯大宇宙的一条线,万物在它里面感到自由自在,就不会产生出丑来。"画家、书家、雕塑家创造了这条线(一画),使万象得以在自由自在的感觉里表现自己,这就是"美"!美是从"人"流出来的,又是万物形象里节奏旋律的体现。所以石涛又说:"夫画者从于心者也。山川人物之秀错,鸟兽草木之性情,池榭楼台之矩度,未能深入其理,曲尽其态,终未得一画之洪规也。行远登高,悉起肤寸,此一画收尽鸿蒙之外,即亿万万笔墨,未有不始于此而终于此,惟听人之握取之耳!"

所以中国人这支笔,开始于一画,界破了虚空,留下了笔迹,既流出人心之美,也流出万象之美。罗丹所说的这根通贯宇宙、遍及于万物的线,中国的先民极早就在书法里、在殷墟甲骨文、在商周钟鼎文、在汉隶八分、在晋唐的真行草书里,做出极丰盛的、创造性的反映了。

人类从思想上把握世界,必须接纳万象到概念的网里,纲举而后目张,物物明朗。中国人用笔写象世界,从一笔入手,但一笔画不能摄万象,须要变动而成八法,才能尽笔画的"势",以反映物象里的"势"。禁经云:"八法起于隶字之始,自崔(瑗)张(芝)钟(繇)王(羲之)传授所用,该于万字而为墨道之最。"又云:"昔逸少(王羲之)攻书多载,廿七年偏攻永字。以其备八法之势,能通一切字也。"隋僧智永欲存王氏典型,以为百家法祖,故发其旨趣。智永的永字八法是:

丶侧法第一(如鸟翻然侧下)

一 勒法第二(如勒马之用缰)

丨努法第三(用力也)

亅趯法第四(趯音剔,跳貌与跃同)

㇀策法第五(如策马之用鞭)

丿掠法第六(如篦之掠发)

㇒啄法第七(如鸟之啄物)

㇏磔法第八(磔音哲,裂牲谓之磔,笔锋开张也)

八笔合成一个永字。宋人姜白石《续书谱》说:“真书用笔,自有八法,我尝采古人之字,列之为图,今略言其指。点者,字之眉目,全借顾盼精神,有向有背……所贵长短合宜,结束坚实。丿㇏者,字之手足,伸缩异度,变化多端,要如鱼翼鸟翅,有翩翩自得之状。乚亅者,字之步履,欲其沉实。”这都是说笔画的变形多端,总之,在于反映生命的运动。这些生命运动在宇宙线里感得自由自在,呈“翩翩自得之状”,这就是美。但这些笔画,由于悬腕中锋,运全身之力以赴之,笔迹落纸,一个点不是平铺的一个面,而是有深度的,它是螺旋运动的终点,显示着力量,跳进眼帘。点,不称点而称为侧,是说它的“势”,左顾右瞰,欹侧不平。卫夫人笔阵图里说:“点如高峰坠石,磕磕然实如崩也。”这是何等石破天惊的力量。一个横画不说是横,而称为勒,是说它的“势”,牵缰勒马,跃然纸上。钟繇云:“笔迹者界也,流美者人也。”“美”就是势、是力、就是虎虎有生气的节奏。这里见到中国人的美学倾向于壮美,和谢赫的《画品录》里的见地相一致。

一笔而具八法,形成一字,一字就像一座建筑,有栋梁椽柱,有间架结构。西方美学从希腊的庙堂抽象出美的规律来。如均衡、比例、对称、和谐、层次、节奏等等,至今成为西方美学里美的形式的基本范畴,是西方美学首先要加以分析研究的。我们从古人论书法的结构美里也可以得到若干中国美学的范畴,这就可以拿来和西方美学里的诸范畴作比较研究,观其异同,以丰富世界的美学内容,这类工作尚有待我们开始来做。现在我们谈谈中国书法里的结构美。

（二）结构

字的结构，又称布白，因字由点画连贯穿插而成，点画的空白处也是字的组成部分，虚实相生，才完成一个艺术品。空白处应当计算在一个字的造型之内，空白要分布适当，和笔画具同等的艺术价值。所以大书家邓石如曾说书法要“计白当黑”，无笔墨处也是妙境呀！这也像一座建筑的设计，首先要考虑空间的分布，虚处和实处同样重要。中国书法艺术里这种空间美，在篆、隶、真、草、飞白里有不同的表现，尚待我们钻研。就像西方美学研究哥特式、文艺复兴式、巴洛克式建筑里那些不同的空间感一样。空间感的不同，表现着一个民族、一个时代、一个阶级，在不同的经济基础上、社会条件里不同的世界观和对生活最深的体会。

商周的篆文、秦人的小篆、汉人的隶书八分、魏晋的行草、唐人的真书、宋明的行草，各有各的姿态和风格。古人曾说：“晋人尚韵，唐人尚法，宋人尚意，明人尚态”，这是人们开始从字形的结构和布白里见到各时代风格的不同（书法里这种不同的风格也可以在它们同时代的其他艺术里去考察）。

“唐人尚法”，所以在字体上真书特别发达（当然有它的政治原因、社会基础，现在不多述），他们研究真书的字体结构也特别细致。字体结构中的“法”，唐人的探讨是有成就的。人类是依据美的规律来创造的，唐人所述的书法中的“法”，是我们研究中国古代的美感和美学思想的好资料。

相传唐代大书家欧阳询曾留下真书字体结构法三十六条（故宫现在藏有他自己的墨迹《梦奠帖》）。由于它的重要，我不嫌累赘，把它全部写出来，供我们研究中国美学的同志们参考，我觉得我们可以从它们开始来窥探中国美学思想里的一些基本范畴。我们可以从书法里的审美观念再通于中国其他艺术，如绘画、建筑、文学、音乐、舞蹈、工艺美术等。我以为这有美学方法论的价值。但一切艺术中的法，只是法，是要灵活运用，要从有法到无法，表现出艺术家独特的个性与风格来，才是真正的艺术。艺术是创造出来的，不是“如法炮制”的。何况这三十六条只是适合于真书的，对于其他书体应当研究它们各自的内在的美学规律。现在介绍欧阳询的结字三十六法，是依据戈守智所纂著的《汉溪书法通解》。他自己的阐发也很多精义，这里引述不少，不一一注出。

(1)排叠

字欲其排叠，疏密停匀，不可或阔或狭，如(壽藁畫竇筆麗贏爨)之字，系旁言旁之类，八法所谓分间布白，又曰调匀点画是也。

戈守智说：排者，排之以疏其势；叠者，叠之以密其间也。大凡字之笔画多者，欲其有排特之势。不言促者，欲其字里茂密，如重花叠叶，笔笔生动，而不见拘苦繁杂之态。则排叠之所以善也。故曰“分间布白”，谓点画各有位置，则密处不犯而疏处不离。又曰“调匀点画”，谓随其字之形体，以调匀其点画之大小与长短疏密也。

李淳亦有堆积二例，谓堆者累累重叠，欲其铺匀。积者，总总繁紊，求其整饬。(晶品畾磊)堆之例也。(爨鬱靈縻)积之例也。而别置(壽畺畫量)为匀画一例。(馨聲繁繫)为错综一例，俱不出排叠之法。

(2)避就

避密就疏，避险就易，避远就近。欲其彼此映带得宜，如(廬)字上一撇既尖，下一撇不应相同。(府)字一笔向下，一笔向左。(逢)字下“辶”拔出，则上必作长点，亦避重叠而就简径也。

(3)顶戴

顶戴者，如人戴物而行，又如人高妆大髻，正看时，欲其上下皆正，使无倾侧之形。旁看时，欲其玲珑松秀，而见结构之巧。如(臺)、(響)、(營)、(帶)。戴之正势也。高低轻重，纤毫不偏。便觉字体稳重。(聳)、(藝)、(甃)、(鵞)，戴之侧势也。长短疏密，极意作态，便觉字势峭拔，又此例字，尾轻则灵，尾重则滞，不必过求匀称，反致失势。(戈守智)

(4)穿插

穿者,穿其宽处。插者插其虚处也。如(中)字以竖穿之。(册)字以画穿之。(爽)字以撇穿之。皆穿法也。(曲)字以竖插之,(爾)字以(乂)插之。(密)字以点啄插之。皆插法也。(戈)

(5)向背

向背,左右之势也。向内者向也。向外者背也。一内一外者,助也。不内不外者,并也。如(好)字为向,(北)字为背,(腿)字助右,(剔)字助左,(贻)、(棘)之字并立。(戈)

(6)偏侧

一字之形,大都斜正反侧,交错而成,然皆有一笔主其势者。陈绎曾所谓以一为主,而七面之势倾向之也。下笔之始,必先审势。势归横直者正。势归斜侧戈勾者偏。(戈)

(7)挑𢯱

直者挑,曲者𢯱。挑者取其强劲,𢯱者意在虚和。如(戈弋丸气),曲直本是一定,无可变易也。又如(獻勵)之撇,婉转以附左,(省炙)之撇,曲折以承上,此又随字变化,难以枚举也。(戈)

(8)相让

字之左右,或多或少,须彼此相让,方为尽善。如(馬旁纟旁鳥旁)诸字,须左边平直,然后右边可作字,否则妨碍不便。如(䜌)字以中央言字上画短,让两糸出,如(辦)字以中央力字近下,让两辛字出。又如(鳴呼)字,口在左者,宜近上,(和)、(扣)字,口在右者,宜近下。使不妨碍然后为佳。

(9)补空

补空,补其空处,使与完处相同,而得四满方正也。又疏势不补,惟密势补之。疏势不补者。谓其势本疏而不整。如(少)字之空右。(戈)字之空左。岂可以点撇补方耶?密势补之者,如智永千字文书耻字,以左画补右。欧因之以书聖字。法帖中此类甚多,所以完其神理,而调匀其八边也。

又如(年)字谓之空一,谓二画之下,须空出一画地位,而后置第三画也。

(玊)字谓之豁二,谓一画之下,须空出两画地位,而后置二画也。

(烹)字谓之隔三,谓了字中勾,须空三画地位,而后置下四点也。右军云“实处就法,虚处藏神”,故又不得以匀排为补空。(戈)

(白华按:此段说出虚实相生的妙理,补空要注意“虚处藏神”。补空不是取消虚处,而正是留出空处,而又在空处轻轻着笔,反而显示出虚处,因而气韵流动,空中传神,这是中国艺术创造里一条重要的原理,贯通在许多其他艺术里面。)

(10)覆盖

覆盖者,如宫室之覆于上也。宫室取其高大。故下面笔画不宜相著,左右笔势意在能容,而覆之尽也。

如(賓容)之类,点须正,画须圆明,不宜相著与上长下短也。

薛绍彭曰:篆多垂势而下含,隶多仰势而上逞。

(11)贴零

如(令今冬寒)之类是也。

贴零者因其下点零碎,易于失势,故拈贴之也。疏则字体宽懈,蹙则不分位置。

(12)粘合

字之本相离开者,即欲粘合,使相著顾揖乃佳。如诸偏旁字(卧鑒非門)之类是也。

索靖曰:譬夫和风吹林,偃草扇树,枝条顺气,转相比附。赵孟頫曰:毋似束薪,勿为冻蝇。徐渭曰:字有惧其疏散而一味扭结,不免束薪冻蝇之似。

(13)捷速

李斯曰:用笔之法,先急回,后疾下,如鹰望鹏逝,信之自然,不复重改。王羲之曰:一字之中须有缓急,如烏字下,首一点,点须急,横直即须迟,欲乌之急脚,斯乃取形势也。(風鳳)等字亦取腕势,故不欲迟也。《书法三昧》曰:(風)字两边皆圆,名“金剪刀”。

(14)满不要虚

如(園圖國回包南隔目四勾)之类是也。

莫云卿曰:为外称内,为内称外,(國圖)等字,内称外也。(齒幽)等,外称内也。

(15)意连

字有形断而意连者,如(之以心必小川州水求)之类是也。

字有形体不交者,非左右映带,岂能连络,或有点画散布,笔意相反者,尤须起伏照应,空处连络,使形势不相隔绝,则虽疏而不离也。(戈)

(16)覆冒

覆冒者,注下之势也,务在停匀,不可偏侧欹斜。

凡字之上大者,必覆冒其下,如(雨)字头、(穴)字头之类是也。

(17)垂曳

垂者垂左,曳者曳右也,皆展一笔以疏宕之,使不拘攣也。凡字左缩者右垂,右缩者左垂,亦势所当然也。垂如(都鄉卿夘夅)之类。曳如(水支欠皮更辶走民也)之类是也(曳,徐也,引也,牵也)。(戈)

(18)借换

如《醴泉铭》(祕)字,就示字右点作必字左点,此借换也。又如(鵝)之为(䳘)为(鵞)之类,为其字难结体,故互换如此,亦借换也。

作字必从正体,借换之法,不得已而用之。(戈)

(19)增减

字之有难结体者或因笔画少而增添,或因笔画多而减省。(白华按:六朝人书此类甚多。)

(20)应副

字之点画稀少者,欲其彼此相映带,故必得应副相称而后可。又如(龍詩讐轉)之类,必一画对一画,相应亦相副也。

更有左右不均者,各自调匀,(瓊曉註軸)之类,一促一疏。相让之中,笔意亦自相应副也。

(21)撑拄

字之独立者必得撑拄,然后劲健可观,如(丁亭手亨寧于矛予可司弓永下卉草巾千)之类是也。

凡作竖,直势易,曲势难,如(千永下草)之字挺拔而笔力易劲,(亨矛于寧弓)之字和婉而笔势难存,故必举一字之结束而注意为之,宁迟毋速,宁重毋佻,所谓如古木之据崖,则善矣。

（白华按：舞蹈也是“和婉而形势难存”的，可在这里领悟劲健之理：“宁重毋佻”。）

（22）朝揖

朝揖者，偏旁凑合之字也。一字之美，偏旁凑成，分拆看时，各自成美。故朝有朝之美，揖有揖之美。正如百物之状，活动圆备，各各自足，众美具也。（戈）

王世贞曰：凡数字合为一字者，必须相顾揖而后联络也。（白华按：令人联想双人舞。）

（23）救应

凡作一字，意中先已构一完成字样，跃跃在纸矣。及下笔时仍复一笔顾一笔，失势者救之，优势者应之，自一笔至十笔廿笔，笔笔回顾，无一懈笔也。（戈）

解缙曰：上字之与下字，左行之与右行，横斜疏密，各有悠当，上下连延，左右顾瞩，八面四方，有如布阵，纷纷纭纭，斗乱而不乱，浑浑沌沌，形圆而不可破。

（24）附丽

字之形体有宜相附近者，不可相离，如（影形飛起超飲勉），凡有（文旁欠旁）者之类。以小附大，以少附多。

附者立一以为正，而以其一为附也。凡附丽者，正势既欲其端凝，而旁附欲其有态，或婉转而流动，或拖沓而偃蹇，或作势而趋先，或迟疑而托后，要相体以立势，并因地以制宜，不可拘也。如（廟飛澗path嫄懕導影形猷）之类是也。（戈）（白华按：此段可参考建筑中装饰部分）

（25）回抱

回抱向左者如（曷丐易匊）之类，向右者如（艮鬼包旭它）之类是也。回抱者，回锋向内转笔勾抱也。太宽则散漫而无归，太紧，则逼窄而不可以容物，使其宛转勾环，如抱冲和之气，则笔势浑脱而力归手腕，书之神品也。（戈）

（26）包裹

谓如（園圃）打圈之类，四围包裹也。（尚向）上包下，（幽凶）下包上。(匱匡)左包右,(甸匈)右包左之类是也。包裹之势要以端方而得流利为贵。非端方之难,端方而得流利之为难。

(27)小成大

字之大体犹屋之有墙壁也。墙壁既毁,安问纱窗绣户,此以大成小之势不可不知。然亦有极小之处而全体结束在此者。设或一点失所,则若美人之病一目。一画失势,则如壮士之折一股。此以小成大之势,更不可不知。

字以大成小者,如(門辶)之类。明人项穆曰:"初学之士先立大体,横直安置,对待布白,务求匀齐方正,此以大成小也。"以小成大,则字之成形极其小。如(孤)字只在末后一捺,(寧)字只在末后一亅,(欠)字只在末后一点之类是也。《书诀》云:"一点成一字之规,一字乃通篇之主。"

(28)小大成形

谓小字大字各有形势也。东坡曰:"大字难于密结而无间,小字难于宽绰而有余。"若能大字密结,小字宽绰,则尽善尽美矣。

(29)小大与大小

《书法》曰:大字促令小,小字放令大,自然宽猛得宜。譬如(曰)字之小,难与(國)字同大;如(一)(二)字之疏,亦欲字画与密者相间,必当思所以位置排布,令相映带得宜,然后为上。或曰谓上小下大,上大下小,欲其相称,亦一说也。

李淳曰:"长者原不喜短,短者切勿求长。如(自目耳茸)与(白曰臼四)是也。大者既大,而妙于攒簇。小者虽小,而贵在丰严,如(囊橐)与(厶工)之类是也。"

米芾曰:"字有大小相称。且如写'太一之殿',作四窠分,岂可将'一'字肥满一窠以配殿字乎?盖自有相称,大小不展促也。余尝书'天庆之观','天''之'字皆四笔,'慶''觀'字多画,俱在下。各随其相称写之,挂起气势自带过,皆如大小一般,真有飞动之势也。"

(30)各自成形

凡写字,欲其合为一字亦好,分而异体亦好,由其能各自成形也。

(31)相管领

以上管下为“管”，以前领后之为“领”。由一笔而至全字，彼此顾盼，不失位置。由一字以至全篇，其气势能管束到底也。

(32)应接

字之点画欲其互相应接。两点者如(小八忄)自相应接，三点者如(糸)则左朝右，中朝上，右朝左。四点者如(然)、(無)二字，则两旁两点相应，中间相接。

张绅说：“古之写字，正如作文。有字法，有章法，有篇法。终篇结构，首尾相应。故羲之能为一笔书，谓《禊序》自‘永’字至‘文’字，笔意顾盼，朝向偃仰，阴阳起伏，笔笔不断，人不能也。”

(33)褊

魏风“维是褊心”，陋陋之意也。又衣小谓之褊。故曰收敛紧密也。盖欧书之不及钟王者以其褊，而其得力亦在于褊。褊者欧之本色也。然如《化度》、《九成》，未始非冠裳玉珮，气度雍雍，既不寒俭而亦不轻浮。(戈)

(34)左小右大

左小右大，左荣右枯，皆执笔偏右之故。大抵作书须结体平正，若促左宽右，书之病也。

此一节乃字之病，左右大小，欲其相停。人之结字，易于左小而右大，故此与下二节，皆著其病也。

(35)左高右低　左短右长

此二节皆字之病。

(36)却好

谓其包裹斗凑，不致失势，结束停当，皆得其宜也。

却好，恰到好处也。戈守智曰：“诸篇结构之法，不过求其却好。疏密却好，排叠是也。远近却好，避就是也。上势却好，顶戴，覆冒，覆盖是也。下势却好，贴零，垂曳，撑拄是也。对代者，分亦有情，向背朝揖，相让，各自成形之却好也。联络者，交而不犯，粘合，意连，应副，附丽，应接之却好也。实则串插，虚则管领，合则救应，离则成形。因乎其所本然者而却好也。互换其大体，增减其小节，移实以补虚，借彼以益此。易乎其所同然者而却好也。挽者屈己以和，抱者虚中以待，谦之所以却好也。包者外张其势，满者内固其体，盈之所以却好也。褊者紧密，偏者偏侧，捷者捷速，令用时便非弊病，笔有大小，体有大小，书有大小，安置处更饶区分。故明结构之法，方得字体却好也。至于神妙变化在己，究亦不出规矩外也。”

（白华按：这段“却好”总结了书法美学，值得我们细玩。）

这一自古相传欧阳询的结体三十六法，是从真书的结构分析出字体美的构成诸法，一切是以美为目标。为了实现美，不怕依据美的规律来改变字形，就像希腊的建筑，为了创造美的形象，也改变了石柱形，不按照几何形学的线。我们古代美学里所阐明的美的形式的范畴在这里可以找到一些具体资料，这是对我们美学史研究者很有意义的事。这类的美学范畴，在别的艺术门类里，应当也可以发掘和整理出来。（在书法范围内，草书、篆书、隶书又有它们各自的美学规律，更应进行研究。）还有一层，中国书法里结体的规律，正像西洋建筑里结构规律那样，它们启示着西洋古希腊及中古哥特式艺术里空间感的型式，中国书法里的结体也显示着中国人的空间感的型式。我以前在另一文里说过：“中国画里的空间构造，既不是凭借光影的烘染衬托，也不是移写雕像立体及建筑里的几何透视，而是显示一种类似音乐或舞蹈所引起的空间感形。确切地说，就是一种书法的空间创造。”

我们研究中国书法里的结体规律，是应当从这一较广泛、较深入的角度来进行的。这是一个美学的课题，也是一个意识形态史功课题。

从字体的个体结构到一幅整篇的章法，是这结构规律的扩张和应用。现在我们略谈章法，更可以窥探中国人的空间感的特征。

（三）章法

以上所述字体结构三十六法里有“相管领”与“应接”二条已不是专论单个字体，同时也是一篇文字全幅的章法了。戈守智说：“凡作字者，首写一字，其气势便能管束到底，则此一字便是通篇之领袖矣。假使一字之中有一二懈笔，即不能管领一行，一幅之中有几处出入，即不能管领一幅，此管领之法也。应接者，错举一字而言也（白华按："错举"即随便举出一个字），如上字作如何体段，此字便当如何应接，右行作如何体段，此字又当如何应接。假使上字连用大捺，则用翻点以承之。右行连用大捺，则用轻掠以应之。行行相向，字字相承，俱有意态，正如宾朋杂坐，交相应接也。又管领者如始之倡，应接者如后之随也。"

"相管领"好像一个乐曲里的主题，贯穿着和团结着全曲于不散，同时表出作者的基本乐思。"应接"就是在各个变化里相互照应，相互联系。这是艺术布局章法的基本原则。

我前曾引述过张绅说："古之写字，正如作文。有字法，有章法，有篇法。终篇结构，首尾相应。故羲之能为一笔书，谓《褉序》（即《兰亭序》）自'永'字至'文'字，笔意顾盼，朝向偃仰，阴阳起伏，笔笔不断，人不能也。"王羲之的《兰亭序》，不仅每个字结构优美，更注意全篇的章法布白，前后相管领，相接应，有主题，有变化。全篇中有十八个"之"字，每个结体不同，神态各异，暗示着变化，却又贯穿和联系着全篇。既执行着管领的任务，又于变化中前后相互接应，构成全幅的联络，使全篇从第一字"永"到末一字"文"一气贯注，风神潇洒，不粘不脱，表现王羲之的精神风度，也标出晋人对于美的最高理想。毋怪唐太宗和唐代各大书家那样宝爱它了。他们临写兰亭时，各有他不同的笔意，褚摹欧摹神情两样，但全篇的章法，分行布白，不敢稍有移动，兰亭的章法真具有美的典型的意义了。

王羲之题卫夫人《笔阵图》说："夫欲书者，先于研墨，凝神静思，预想字形大小，偃仰平直，振动令筋脉相连，意在笔前，然后作字。若平直相似，状若算子（即算盘上的算子），上下方整，前后齐平，此不是书，但得其点画尔！"

这段话指出了后世馆阁体、干禄书的弊病。我们现在爱好魏晋六朝的书法，北碑上不知名的人各种跌脱不羁的结构，它们正暗合羲之的指示。然而羲之的兰亭仍是千古绝作，不可企及。他自己也不能写出第二幅来，这里是创造。

从这种“创造”里才能涌出真正的艺术意境。意境不是自然主义地模写现实，也不是抽象的空想的构造。它是从生活的极深刻的和丰富的体验，情感浓郁，思想沉挚里突然地创造性地冒了出来的。音乐家凭它来制作乐调，书家凭它写出艺术性的书法，每一篇的章法是一个独创，表出独特的风格，丰富了人类的艺术收获。我们从《兰亭序》里欣赏到中国书法的美，也证实了羲之对于书法的美学思想。

至于殷代甲骨文、商周铜器款识，它们的布白之美，早已被人们赞赏。铜器的“款识”虽只寥寥几个字，形体简约，而布白巧妙奇绝，令人玩味不尽，愈深入地去领略，愈觉幽深无际，把握不住，绝不是几何学、数学的理智所能规划出来的。长篇的金文也能在整齐之中疏宕自在，充分表现书家的自由而又严谨的感觉。

殷初的文字中往往间以纯象形文字，大小参差、牡牝相衔，以全体为一字，更能见到相管领与接应之美。

中国古代商周铜器铭文里所表现章法的美，令人相信仓颉四目窥见了宇宙的神奇，获得自然界最深妙的形式的秘密。歌德曾论作品说：“题材人人看得见，内容意义经过努力可以把握，而形式对大多数人是一秘密。”

我们要窥探中国书法里章法、布白的美，探寻它的秘密，首先要从铜器铭文入手。我现在引述郭宝钧先生《由铜器研究所见到之古代艺术》里一段论述来结束我这篇小文。郭先生说：“铭文排列以下行而左（即右行）为常式。在契文（即殷文）有龟板限制，卜兆或左或右，卜辞应之，因有下行而右（即左行）之对刻，金铭有踵为之者。又有分段接读者，有顺倒相间者，有文字行列皆反书者，皆偶有例也。章法展延，以长方幅为多，行小者纵长，行多者横长，亦有应适地位，上下参差，呈错落之状者，有以兽环为中心，展列九十度扇面式，兼为装饰者（在器外壁），后世书法演为艺术品，张挂屏联，与壁画同重，于此已兆其朕。铭既下行，篆时一挥而下，故形成脉络相注之行气，而行与行间，在早期因字体结构不同，或长跨数字，或缩为一点，犄角错落，顾盼生姿。中晚期或界划方格，渐趋整饬，不惟注意纵贯，且多顾及横平,开秦篆汉隶之端矣。铭文所在,在同一器类,同一时代,大抵有定所。如早期鼎甗鬲位内壁两耳间,角单足,盘簋位内底;角爵斝杯位鋬阴;戈矛斧瞿在柄内;觚在足下外底,均为骤视不易见,细察又易见之地。骤视不易见者,不欲伤表面之美也。细察又易见者,附铭识别之本意也,似古人对书画,有表里公私之辨认。画者世之所同也,因在表,惟恐人之不见,以彰其美,有一道同风之意焉。铭者己之所独也,因在里,惟恐人之遽见,以藏其私,有默而识之之意焉(以器容物,则铭文被淹,然若遗失则有识别)。此早期格局也。中期以铭文为宝书,尚巨制,器小莫容,集中鼎簋。以二者口阔底平,便施工也。晚期简帛盛行,金铭反简短,器尚薄制,铸者少,刻者多。为施工之便,故鬲移器口,鼎移外肩,壶移盖周,随工艺为转移。至各期具盖之器,大抵对铭,可互校以识新义。同组同铸之器,大抵同铭,如列鼎编钟,亦有互校之益。又有一铭分载多器者,齐侯七钟其适例(簋亦有此,见《澂秋馆》)。"

铜器铭刻因适应各器的形状、用途及制造等等条件,变易它们的行列、方向、地位,于是受迫而呈现不同的形式,却更使它们丰富多样,增加艺术价值,令人见到古代劳动人民在创制中如何与美相结合。

(原刊《哲学研究》1962 年第 1 期)

中国书法艺术的性质

中国书法在国际艺术界受到特别的重视,与油画差不多。别的国家,像以前的希腊、埃及,他们的书法也不能说一点也没有,但不能发展成为像中国这样一种艺术。这一点是有很多条件。中国的笔墨、中国的书法的传统、中国字,是象形的。有象形的基础,这一点就有艺术性。中国文字渐渐地越来越抽象,后来就不完全包有"象形"了,而"象形"、"指事"等只是文字的一个阶段。但是,骨子里头,还保留着这种精神。中国书家研究发展这种精神,成为世界上独特的艺术,也是值得注意的,并且艺术发展境界之高。像王羲之,中国人对他的崇拜,尤其是从前唐太宗对他那么重视,那真是少有的。唐太宗把他的书法看得比任何艺术都高了,这一点是值得我们思考的。书法艺术,中国周围国家都有,如朝鲜、日本,尤其是日本人,也很讲究的。日本人对书法(书道)研究特别注意。中国书法的内容也很丰富,有很多书体,境界的发展是没有一定的止境的,将来还会有新的书体,我们现在还不知道。并且,各个时代有各个时代的风格,这一点是值得研究的。我们中国人对艺术的研究也特别注意到书法的艺术,因为这是中国的一个特有的方面,如像印度的文字,就还不能成为书法的艺术,所以这也是值得世界好好研究的问题。

书法的性质问题,我在《中国书法里的美学思想》等文章中涉及到,可以作为你们研究的参考。中国的书法,是节奏化了的自然,表达着深一层的对生命形象的构思,成为反映生命的艺术。因此,中国的书法，不像其他民族的文字，停留在作为符号的阶段，而是走上艺术美的方向，而成为表达民族美感的工具。这也可说是中国书法的一个特点。中国的画，画与书法，差不多是分不开的，绘画的发展，越来越与书法联系起来，画的价值往往是与书法的价值结合在一起的。其他民族的文字，如拉丁文，是抽象的符号。中国书法的抽象中间还有象形，有象形的文字，象形的东西就有了艺术的基础了。

中国书法的发展，后来的用笔、结体、章法、一点一画，越来越讲究，发展到很高的艺术境界。从前的传统，由王羲之的楷书、行书下来，同时在北方，北魏的隶书，也是承继着古代篆隶下来的。这里面内容也还是很丰富的。这个中国书法的艺术，是最值得中国人作为一个特别的课题来发挥的。从前，日本人对中国书法很重视，后来，有些西洋人本来与中国书法距离很远，但也有些还真正研究的东西。我记得在抗战时期，在西南联大有一个美国人，就对中国的书法特别感兴趣，作了不少研究。

中国书法的理论，如我曾提到过的欧阳询结体三十六法，也是中国的传统下来的，书法理论的材料非常丰富，这也是很特别的，在别的国家，任何哪国也没有这么回事，对书法有这么浓厚的兴趣，只有中国有，而且特别高，就因为它有着很高的美学价值。

（原刊《书法研究》1983 年第 4 期）

书法在中国艺术史上的地位及其用笔意味

西晋大画家钟繇论书法说:“笔迹者界也,流美者人也,非凡庸所知。见万象皆类之,点如山颓,擿如雨线,纤如丝毫,轻如云雾,去者如鸣凤之游云汉,来者如游女之入花林。”这是说出书法用笔也通于画意。唐代大书家李阳冰论笔法说:“于天地山川得其方圆流峙之常,于日月星辰得其经纬昭回之度。近取诸身,远取诸物,幽至于鬼神之情状,细至于喜怒舒惨,莫不毕载。”这是说书法取象于天地的文章、人心的情况,通于文学的美。雷简夫说:“余偶昼卧,闻江涨声,想其波涛翻翻,迅驶掀搖,高下蹙逐奔去之状,无物可寄其情,遽起作书,则心中之想尽在笔下矣。”是则写字可网罗声音意象,通于音乐的美。唐代草书宗匠张旭见公孙大娘剑器舞,始得低昂回翔之状,书家解衣盘礴,运笔如飞,何尝不是一种舞蹈?中国书法是一种艺术,能表现人格,创造意境,和其他艺术一样,尤接近于音乐的、舞蹈的、建筑的抽象美(和绘画、雕塑的具象美相对)。中国乐教衰落,建筑单调,书法成了表现各时代精神的中心艺术。中国绘画也是写字,与各时代书法用笔相通,汉以前绘画已不可见,而书法则可上溯商周。我们要想窥探商周秦汉唐宋的生活情调与艺术风格,可以从各时代的书法中去体会。西洋人写艺术风格史常以建筑风格的变迁做基础,以建筑样式划分时代。中国人写艺术史没有建筑的凭借,大可以拿书法风格的变迁来做主体形象。然而一部中国书学史还没人写过,这是研究中国艺术史和文化史的一个缺憾。近得胡小石先生《中国书学史》讲稿,欣喜过望。胡先生根据最新的材料,用风格分析的方法叙述书法的演变,以文化综合的观点通贯每一时代的艺术风格与书型。这篇"绪论"分三段,第一段论书法的艺术地位,第二段论书法与时代的关联,第三段论书体及书之三法:用笔、结体、布白。以后分章论述各时代的书法,拟陆续发表,请读者留意。胡先生研"古文"之学,曾著《甲骨文例》及《古文变迁论》。

中国书法有"方笔"与"圆笔"之分。圆笔所表现的是雍容和厚,气象浑穆,是一种肯定人生、爱抚世界的乐观态度,谐和融洽的心灵。西洋希腊的,尤其是文艺复兴的绘画、雕刻,多取圆笔。这是爱自然、亲近自然的精神和态度。王羲之的书法是圆笔的,有取象于鹅项之说。晋人书札是家人朋友间的通讯,他们用笔圆和亲切。自然界现象多半是圆曲线的,很少笔直的抽象线条(人造的建筑物除外),我们站在海滨向天边一望,宇宙是圆的。

方笔是以严峻的直线折角代替柔和抚摩物体之圆曲线。它的精神是抽象地超脱现实,或严肃地统治现实(汉代分书)。龙门造像的书体皆雄峻伟茂,是方笔之极轨。这是代表佛教全盛时代教义里的超越精神和宗教的权威力量。正和西洋中古基督教哥特式大教堂的建筑雕刻绘画,多用抽象的直线折角相同。《天发神谶碑》之奇伟,全用方笔,也是表示这种宗教意境。然而泰山经石峪的金刚经大字却慈祥博大,微妙圆通,全用圆笔,正表现大乘入世救世的精神。

(原刊 1938 年 12 月 4 日、11 日《时事新报·学灯》。
本文原为刊发胡小石《中国书学史·绪论》等文
所撰两篇"编辑后语",标题为本书编者所加)

笔法之妙

董其昌在《画眼》里说："古人论画有云：下笔便有凹凸之形，此最悬解，吾以此悟，高出历代处，虽不能至，庶几效之，得其百一，便是自老以游丘壑间矣。"为什么"下笔便有凹凸之形"，董老自己虽悟，却没对我们说明其所以然。中国画在纸面上不用几何学的透视法，也不用光影明暗的晕染，却能下笔便有凹凸之形，此中妙诀，全在"下笔"二字。笔下的"点"和"线"，能以它的轻重浓淡表达出物体的生命，把握住物体的精神，自然便会涌现出空间的氛围。八大山人在一张白纸中心用两三笔墨画一条鱼，顿觉江湖满眼，烟波无尽。石涛画几笔兰叶，也觉周围是空气日光，春风袅袅，空间凹凸不写而自现，笔法之妙原来如是。伍蠡甫先生更说明"线是每笔的基本，点中有它，面中有它，散布在整个画面的线实代表画家的精神或意识的倾向"。这话非常精辟。纸面上的画境是画家借托物象的描摹以写出胸中的宇宙和自心的韵律，这是造境。所造的画境必是一个崭新的和谐的均衡的小宇宙。欲达到此目的，画家便不惜"变形""歪曲"来改造对象以完成自己的"构图"，这话不知是合伍先生的原义否？

（原刊1939年4月30日《时事新报·学灯》。本文原为刊发伍蠡甫《笔法论——中国画的线与均衡》所撰"编辑后语"，标题为本书编者所加）

略谈敦煌艺术的意义与价值

中国艺术有三个方向与境界。第一个是礼教的、伦理的方向。三代钟鼎和玉器都联系于礼教，而它的图案画发展为具有教育及道德意义的汉代壁画（如武梁祠壁画等），东晋顾恺之的女史箴，也还是属于这范畴。第二是唐宋以来笃爱自然界的山水花鸟，使中国绘画艺术树立了它的特色，获得了世界地位。然而正因为这"自然主义"支配了宋代的艺坛，遂使人们忘怀了那第三个方向，即从六朝到晚唐宋初的丰富的宗教艺术。这七八百年的佛教艺术创造了空前绝后的佛教雕像。云冈、龙门、天龙山的石窟，尤以近来才被人注意的四川大足造像和甘肃麦积山造像。中国竟有这样伟大的雕塑艺术，其数量之多，地域之广，规模之大，造诣之深，都足以和希腊雕塑艺术争辉千古！而这艺术却被唐宋以来的文人画家所视而不见，就像西洋中古教士对于罗马郊区的古典艺术熟视无睹。

雕刻之外，在当时更热闹、更动人、更炫丽的是彩色的壁画，而当时画家的艺术热情表现于张图与跋异竞赛这段动人的故事：

> 五代时，张图，梁人，好丹青，尤长大像。梁龙德间，洛阳广爱寺沙门义暄，置金币，邀四方奇笔，画三门两壁。时处士跋异，号为绝笔，乃来应募。异方草定画样，图忽立其后曰："知跋君敏手，固来赞贰。"异方自负，乃笑曰："顾陆，吾曹之友也，岂须赞贰？"图愿绘右壁，不假朽约，搦管挥写，倏忽成折腰报事师者，从

以三鬼。异乃瞪目踧踖，惊拱而言曰："子岂非张将军乎?"图捉管厉声曰："然。"异雍容而谢曰："此二壁非异所能也。"遂引退，图亦不伪让，乃于东壁画水仙一座，直视西壁报事师者，意思极为高远。然跋异固为善佛道鬼神称绝笔艺者，虽被斥于张将军。后又在福先寺大殿画护法善神，方朽约时，忽有一人来，自言姓李，滑台人，有名善画罗汉，乡里呼余为李罗汉，当与汝对画，角其巧拙。异恐如张图者流，遂固让西壁与之。异乃竭精伫思，意与笔会，屹成一神，侍从严毅，而又设色鲜丽。李氏纵观异画，觉精妙入神非己所及，遂手足失措。由是异有得色，遂夸诧曰："昔见败于张将军，今取捷于李罗汉。"

这真是中国伟大的"艺术热情时代"！因了西域传来的宗教信仰的刺激及新技术的启发，中国艺人摆脱了传统礼教之理智束缚，驰骋他们的幻想，发挥他们的热力。线条、色彩、形象，无一不飞动奔放，虎虎有生气。"飞"是他们的精神理想，飞腾动荡是那时艺术境界的特征。

这个灿烂的佛教艺术，在中原本土，因历代战乱及佛教之衰退而被摧毁消灭。富丽的壁画及其崇高的境界真是"如幻梦如泡影"，从衰退萎弱的民族心灵里消逝了。支持画家艺境的是残山剩水、孤花片叶，虽具清超之美而乏磅礴的雄图。天佑中国！在西陲敦煌洞窟里，竟替我们保留了那千年艺术的灿烂遗影。我们的艺术史可以重新写了！我们如梦初觉，发现先民的伟力、活力、热力、想象力。

这次敦煌艺术研究所辛苦筹备的艺展，虽不能代替我们必需有一次的敦煌之游，而临摹的逼真，已经可以让我们从"一粒沙中窥见一个世界，一朵花中欣赏一个天国"了！

最使我们感兴趣的是敦煌壁画中的极其生动而具有神魔性的动物画，我们从一些奇禽异兽的泼辣的表现里透进了世界生命的原始境界，意味幽深而沉厚。现代西洋新派画家厌倦了自然表面的刻画，企求自由大真原始的心灵去把握自然生命的核心层。德国画家马尔克(F. Marc)震惊世俗的《蓝马》,可以同这里的马精神相通。而这里《释尊本生故事图录》的画风,尤以“游观农务”一幅简直是近代画家盎利卢骚(Henri Rousseau)的特异的孩稚心灵的画境。几幅力士像和北魏乐伎像的构图及用笔,使我们联想到法国野兽派洛奥(Rouart)的拙厚的线条及中古教堂玻璃窗上哥特式的画像。而马蒂思(Matisse)这些人的线纹也可以在这里找到他们的伟大先驱。不过这里的一切是出自古人的原始感觉和内心的迸发,浑朴而天真,而西洋新派画家是在追寻着失去的天国,是有意识的回到原始意味。

敦煌艺术在中国整个艺术史上的特点与价值,是在它的对象以人物为中心。在这方面与希腊相似。但希腊的人体的境界和这里有一个显著的分别。希腊的人像是着重在“体”,一个由皮肤轮廓所包的体积,所以表现得静穆稳重。而敦煌人像,全是在飞腾的舞姿中(连立像、坐像的躯体也是在扭曲的舞姿中),人像的着重点不在体积而在那克服了地心吸力的飞动旋律。所以身体上的主要衣饰不是贴体的衫褐,而是飘荡飞举的缠绕着的带纹(在北魏画里有全以带纹代替衣饰的)。佛背的火焰似的圆光,足下的波浪似的莲座,联合着这许多带纹组成一幅广大繁富的旋律,象征着宇宙节奏,以容包这躯体的节奏于其中。这是敦煌人像所启示给我们的中西人物画的主要区别。只有英国的画家勃莱克的《神曲》插画中人物,也表现这同样的上下飞腾的旋律境界。近代雕刻家罗丹也摆脱了希腊古典意境,将人体雕像谱入于光的明暗闪灼的节奏中,而敦煌人像却系融化在线纹的旋律里。敦煌的艺境是音乐意味的,全以音乐舞蹈为基本情调,《西方净土变》的天空中还飞跃着各式乐器呢!

艺展中有唐画山水数幅,大可以帮助中国山水画史的探索。有一二幅令人想象王维的作风,但它们本身也都具有拙厚天真的美。在艺术史上,是各个阶段、各个时代“直接面对着上帝”的,各有各的境界与美。至少我们欣赏者应该拿这个态度去欣领他们的艺术价值。而我们现代艺术家能从这里获得深厚的启发,鼓舞创造的热情,是毫无疑义的。至于图案设计之繁富灿美,也表示古人的创造的想象力之活跃。一个文化丰盛的时代,必能发明无数图案,装饰他们的物质背景,以美化他们的生活。

(原刊 1948 年 9 月《观察》第 5 卷第 4 期)

论《世说新语》和晋人的美

汉末魏晋六朝是中国政治上最混乱、社会上最苦痛的时代，然而却是精神史上极自由、极解放，最富于智慧、最浓于热情的一个时代。因此也就是最富有艺术精神的一个时代。王羲之父子的字，顾恺之和陆探微的画，戴逵和戴颙的雕塑，嵇康的广陵散（琴曲），曹植、阮籍、陶潜、谢灵运、鲍照、谢朓的诗，郦道元、杨衒之的写景文，云冈、龙门壮伟的造像，洛阳和南朝的闳丽的寺院，无不是光芒万丈，前无古人，奠定了后代文学艺术的根基与趋向。

这时代以前——汉代——在艺术上过于质朴，在思想上定于一尊，统治于儒教；这时代以后——唐代——在艺术上过于成熟，在思想上又入于儒、佛、道三教的支配。只有这几百年间是精神上的大解放，人格上、思想上的大自由。人心里面的美与丑、高贵与残忍、圣洁与恶魔，同样发挥到了极致。这也是中国周秦诸子以后第二度的哲学时代，一些卓超的哲学天才——佛教的大师，也是生在这个时代。

这是中国人生活史里点缀着最多的悲剧，富于命运的罗曼司的一个时期，八王之乱、五胡乱华、南北朝分裂，酿成社会秩序的大解体，旧礼教的总崩溃、思想和信仰的自由、艺术创造精神的勃发，使我们联想到西欧十六世纪的“文艺复兴”。这是强烈、矛盾、热情、浓于生命彩色的一个时代。

但是西洋“文艺复兴”的艺术（建筑、绘画、雕刻）所表现的美是浓郁的、华贵的、壮硕的；魏晋人则倾向简约玄澹，超然绝俗的哲学的美,晋人的书法是这美的最具体的表现。

这晋人的美,是这全时代的最高峰。《世说新语》一书记述得挺生动,能以简劲的笔墨画出它的精神面貌、若干人物的性格、时代的色彩和空气。文笔的简约玄澹尤能传神。撰述人刘义庆生于晋末,注释者刘孝标也是梁人。当时晋人的流风余韵犹未泯灭,所述的内容,至少在精神的传模方面,离真相不远(唐修《晋书》也多取材于它)。

要研究中国人的美感和艺术精神的特性,《世说新语》一书里有不少重要的资料和启示,是不可忽略的。今就个人读书札记粗略举出数点,以供读者参考,详细而有系统的发挥,则有待于将来。

一、魏晋人生活上、人格上的自然主义和个性主义,解脱了汉代儒教统治下的礼法束缚,在政治上先已表现于曹操那种超道德观念的用人标准。一般知识分子多半超脱礼法观点直接欣赏人格个性之美,尊重个性价值。恒温问殷浩曰:"卿何如我?"殷答曰:"我与我周旋久,宁作我!"这种自我价值的发现和肯定,在西洋是文艺复兴以来的事。而《世说新语》上第六篇《雅量》、第七篇《识鉴》、第八篇《赏誉》、第九篇《品藻》、第十四篇《容止》,都系鉴赏和形容"人格个性之美"的。而美学上的评赏,所谓"品藻"的对象乃在"人物"。中国美学竟是出发于"人物品藻"之美学。美的概念、范畴、形容词,发源于人格美的评赏。"君子比德于玉",中国人对于人格美的爱赏渊源极早,而品藻人物的空气,已盛行于汉末。到"世说新语时代"则登峰造极了(《世说》载"温太真是过江第二流之高者。时名辈共说人物,第一将尽之间,温常失色"。即此可见当时人物品藻在社会上的势力)。

中国艺术和文学批评的名著,谢赫的《画品》,袁昂、庾肩吾的《画品》,钟嵘的《诗品》,刘勰的《文心雕龙》,都产生在这热闹的品藻人物的空气中。后来唐代司空图的《二十四品》,乃集我国美感范畴之大成。

二、山水美的发现和晋人的艺术心灵。《世说》载东晋画家顾恺之从会稽还,人问山水之美,顾云:"千岩竞秀,万壑争流,草木蒙笼其上,若云兴霞蔚。"这几句话不是后来五代北宋荆(浩)、关(仝)、董

(源)、巨(然)等山水画境界的绝妙写照么?中国伟大的山水画的意境,已包具于晋人对自然美的发现中了!而《世说》载简文帝入华林园,顾谓左右曰:“会心处不必在远,翳然林水,便自有濠濮间想也。觉鸟兽禽鱼自来亲人。”这不又是元人山水花鸟小幅,黄大痴、倪云林、钱舜举、王若水的画境吗?(中国南宗画派的精意在于表现一种潇洒胸襟,这也是晋人的流风余韵。)

晋宋人欣赏山水,由实入虚,即实即虚,超入玄境。当时画家宗炳云:“山水质有而趣灵。”陶渊明的“采菊东篱下,悠然见南山”,“此中有真意,欲辨已忘言”;谢灵运的“溟涨无端倪,虚舟有超越”以及袁彦伯的“江山辽落,居然有万里之势”。王右军与谢太傅共登冶城,谢悠然远想,有高世之志。荀中郎登北固望海云:“虽未睹三山,便自使人有凌云意。”晋宋人欣赏自然,有“目送归鸿,手挥五弦”的超然玄远的意趣。这使中国山水画自始即是一种“意境中的山水”。宗炳画所游山水悬于室中,对之云:“抚琴动操,欲令众山皆响!”郭景纯有诗句曰:“林无静树,川无停流”,阮孚评之云:“泓峥萧瑟,实不可言,每读此文,辄觉神超形越。”这玄远幽深的哲学意味深透在当时人的美感和自然欣赏中。

晋人以虚灵的胸襟、玄学的意味体会自然,乃能表里澄澈,一片空明,建立最高的晶莹的美的意境!司空图《诗品》里曾形容艺术心灵为“空潭写春,古镜照神”,此境晋人有之:

> 王羲之曰:“从山阴道上行,如在镜中游!”

心情的朗澄,使山川影映在光明净体中!

> 王司州(修龄)至吴兴印渚中看,叹曰:“非惟使人情开涤,亦觉日月清朗!”
>
> 司马太傅(道子)斋中夜坐,于时天月明净,都无纤翳,太傅叹以为佳。谢景重在坐,答曰:“意谓乃不如微云点缀。”太傅因戏谢曰:“卿居心不净,乃复强欲滓秽太清邪?”

这样高洁爱赏自然的胸襟，才能够在中国山水画的演进中产生元人倪云林那样“洗尽尘滓，独存孤迥”，“潜移造化而与天游”，“乘云御风，以游于尘壒之表”（皆恽南田评倪画语），创立一个玉洁冰清，宇宙般幽深的山水灵境。晋人的美的理想，很可以注意的，是显著的追慕着光明鲜洁，晶莹发亮的意象。他们赞赏人格美的形容词，像：“濯濯如春月柳”，“轩轩如朝霞举”，“清风朗月”，“玉山”，“玉树”，“磊砢而英多”，“爽朗清举”，都是一片光亮意象。甚至于殷仲堪死后，殷仲文称他“虽不能休明一世，足以映彻九泉”。形容自然界的如：“清露晨流，新桐初引”。形容建筑的，如：“遥望层城，丹楼如霞”。庄子的理想人格“藐姑射仙人，绰约若处子，肌肤若冰雪”，不是这晋人的美的意象的源泉么？桓温谓谢尚“企脚北窗下，弹琵琶，故自有天际真人想”。天际真人是晋人理想的人格，也是理想的美。

晋人风神潇洒，不滞于物，这优美的自由的心灵找到一种最适宜于表现他自己的艺术，这就是书法中的行草。行草艺术纯系一片神机，无法而有法，全在于下笔时点画自如，一点一拂皆有情趣。从头至尾，一气呵成，如天马行空，游行自在。又如庖丁之中肯綮，神行于虚。这种超妙的艺术，只有晋人萧散超脱的心灵，才能心手相应，登峰造极。魏晋书法的特色，是能尽各字的真态。“钟繇每点多异，羲之万字不同”。“晋人结字用理，用理则从心所欲不逾矩”。唐张怀瓘《书议》评王献之书云：

> 子敬之法，非草非行，流便于行草。又处于其中间，无藉因循，宁拘制则，挺然秀出，务于简易。情驰神纵，超逸优游，临事制宜，从意适便。有若风行雨散，润色开花，笔法体势之中，最为风流者也！逸少秉真行之要，子敬执行草之权，父之灵和，子之神俊，皆古今之独绝也。

他这一段话不但传出行草艺术的真精神，且将晋人这自由潇洒的艺术人格形容尽致。中国独有的美术书法——这书法也就是中国绘画艺术的灵魂——是从晋人的风韵中产生的。魏晋的玄学使晋人得到空前绝后的精神解放，晋人的书法是这自由的精神人格最具体最适当的艺术表现。这抽象的音乐似的艺术才能表达出晋人的空灵的玄学精神和个性主义的自我价值。欧阳修云：

> 余尝喜览魏晋以来笔墨遗迹，而想前人之高致也！所谓法帖者，其事率皆吊哀候病，叙暌离，通讯问，施于家人朋友之间，不过数行而已。盖其初非用意，而逸笔余兴，淋漓挥洒，或妍或丑，百态横生，披卷发函，烂然在目，使骤见惊绝，徐而视之，其意态如无穷尽，使后世得之，以为奇玩，而想见其为人也！

个性价值之发现，是“世说新语时代”的最大贡献，而晋人的书法是这个性主义的代表艺术。到了隋唐，晋人书艺中的“神理”凝成了“法”，于是“智永精熟过人，惜无奇态矣”。

三、晋人艺术境界造诣的高，不仅是基于他们的意趣超越、深入玄境、尊重个性、生机活泼，更主要的还是他们的“一往情深”！无论对于自然，对探求哲理，对于友谊，都有可述：

> 王子敬云：“从山阴道上行，山川自相映发，使人应接不暇。若秋冬之际，尤难为怀！”

好一个“秋冬之际，尤难为怀”！

> 卫玠总角时问乐令“梦”。乐云：“是想。”卫曰：“形神所不接而梦，岂是想邪？”乐云：“因也。未尝梦乘车入鼠穴，捣齑啖铁杵，皆无想无因故也。”卫思因，经日不得，遂成病。乐闻，故命驾为剖析之。卫即小差。乐叹曰：“此儿胸中，当必无膏肓之疾！”

卫玠姿容极美，风度翩翩，而因思索玄理不得，竟至成病。这不是柏拉图所说的富有“爱智的热情”么？

晋人虽超，未能忘情，所谓“情之所钟，正在我辈”（王戎语）！是哀乐过人，不同流俗。尤以对于朋友之爱，里面富有人格美的倾慕。《世说》中《伤逝》一篇记述颇为动人。庾亮死，何扬州临葬云：“埋玉树着土中，使人情何能已已！”伤逝中犹具悼惜美之幻灭的意思。

> 顾恺之拜桓宣武墓，作诗云：“山崩溟海竭，鱼鸟将何依？”人问之曰：“卿凭重桓乃尔，哭之状其可见乎？”顾曰：“鼻如广莫长风，眼如悬河决溜！”
>
> 顾彦先平生好琴，及丧，家人常以琴置灵床上，张季鹰往哭之，不胜其恸，遂径上床，鼓琴，作数曲竟，抚琴曰：“顾彦先颇复赏此否？”因又大恸，遂不执孝子手而出。
>
> 桓子野每闻清歌，辄唤奈何，谢公闻之，曰：“子野可谓一往有深情。”
>
> 王长史登茅山，大恸哭曰：“琅琊王伯舆，终当为情死！”
>
> 阮籍时率意独驾，不由路径，车迹所穷，辄痛哭而返。

深于情者，不仅对宇宙人生体会到至深的无名的哀感，扩而充之，可以成为耶稣、释迦的悲天悯人；就是快乐的体验也是深入肺腑，惊心动魄；浅俗薄情的人，不仅不能深哀，且不知所谓真乐：

> 王右军既去官，与东土人士营山水弋钓之乐。游名山，泛沧海，叹曰：“我卒当以乐死！”

晋人富于这种宇宙的深情，所以在艺术文学上有那样不可企及的成就。顾恺之有三绝：画绝、才绝、痴绝。其痴尤不可及！陶渊明的纯厚天真与侠情，也是后人不能到处。

晋人向外发现了自然，向内发现了自己的深情。山水虚灵化了，也情致化了。陶渊明、谢灵运这般人的山水诗那样的好，是由于他们对于自然有那一股新鲜发现时身入化境浓酣忘我的趣味。他们随手写来，都成妙谛，境与神会，真气扑人。谢灵运的“池塘生春草”，也只是新鲜自然而已。然而扩而大之,体而深之,就能构成一种泛神论宇宙观,作为艺术文学的基础。孙绰《天台山赋》云:"恣语乐以终日,等寂默于不言,浑万象以冥观,兀同体于自然。"又云:"游览既周,体静心闲,害马已去,世事都捐,投刃皆虚,目牛无全,凝想幽岩,朗咏长川。"在这种深厚的自然体验下,产生了王羲之的《兰亭序》,鲍照的《登大雷岸寄妹书》,陶宏景、吴均的《叙景短札》,郦道元的《水经注》,这些都是最优美的写景文学。

四、我说魏晋时代人的精神是最哲学的,因为是最解放的、最自由的。支道林好鹤,往郯东岇山,有人遗其双鹤。少时翅长欲飞。支意惜之,乃铩其翮。鹤轩翥不复能飞,乃反顾翅垂头,视之如有懊丧之意。林曰:"既有凌霄之姿,何肯为人作耳目近玩!"养令翮成,置使飞去。晋人酷爱自己精神的自由,才能推己及物,有这意义伟大的动作。这种精神上的真自由、真解放,才能把我们的胸襟像一朵花似的展开,接受宇宙和人生的全景,了解它的意义,体会它的深沉的境地。近代哲学上所谓"生命情调"、"宇宙意识",遂在晋人这超脱的胸襟里萌芽起来(使这时代容易接受和了解佛教大乘思想)。卫玠初欲过江,形神惨悴,语左右曰:"见此茫茫,不觉百端交集,苟未免有情,亦复谁能遣此?"后来初唐陈子昂《登幽州台歌》:"前不见古人,后不见来者。念天地之悠悠,独怆然而涕下!"不是从这里脱化出来?而卫玠的一往情深,更令人心恸神伤,寄慨无穷。(然而孔子在川上,曰:"逝者如斯夫,不舍昼夜!"则觉更哲学,更超然,气象更大。)

> 谢太傅与王右军曰:"中年伤于哀乐,与亲友别,辄作数日恶。"

人到中年才能深切地体会到人生的意义、责任和问题,反省到人生的究竟,所以哀乐之感得以深沉。但丁的《神曲》起始于中年的徘徊歧路,是具有深意的。

> 桓温北征,经金城,见前为琅琊时种柳皆已十围,慨然曰:

"木犹如此,人何以堪?"攀条执枝,泫然流泪。

桓温武人,情致如此!庾子山著《枯树赋》,末尾引桓大司马曰:"昔年种柳,依依汉南;今逢摇落,凄怆江潭,树犹如此,人何以堪?"他深感到桓温这话的凄美,把它敷演成一首四言的抒情小诗了。

然而王羲之的《兰亭》诗:"仰视碧天际,俯瞰渌水滨。寥阒无涯观,寓目理自陈。大哉造化工,万殊莫不均。群籁虽参差,适我无非新。"真能代表晋人这纯净的胸襟和深厚的感觉所启示的宇宙观。"群籁虽参差,适我无非新"两句尤能写出晋人以新鲜活泼自由自在的心灵领悟这世界,使触着的一切呈露新的灵魂、新的生命。于是"寓目理自陈",这理不是机械的陈腐的理,乃是活泼的宇宙生机中所含至深的理。王羲之另有两句诗云:"争先非吾事,静照在忘求。""静照"(contemplation)是一切艺术及审美生活的起点。这里哲学彻悟的生活和审美生活,源头上是一致的。晋人的文学艺术都浸润着这新鲜活泼的"静照在忘求"和"适我无非新"的哲学精神。大诗人陶渊明的"日暮天无云,春风扇微和","即事多所欣","良辰入奇怀",写出这丰厚的心灵"触着每秒光阴都成了黄金"。

五、晋人的"人格的唯美主义"和对友谊的重视,培养成为一种高级社交文化,如"竹林之游","兰亭禊集"等。玄理的辩论和人物的品藻是这社交的主要内容。因此谈吐措词的隽妙,空前绝后。晋人书札和小品文中隽句天成,俯拾即是。陶渊明的诗句和文句的隽妙,也是这"世说新语时代"的产物。陶渊明散文化的诗句又遥遥地影响着宋代散文化的诗派。苏、黄、米、蔡等人们的书法也力追晋人萧散的风致。但总嫌做作夸张,没有晋人的自然。

六、晋人之美,美在神韵(人称王羲之的字韵高千古)。神韵可说是"事外有远致",不沾滞于物的自由精神(目送归鸿,手挥五弦)。这是一种心灵的美,或哲学的美。这种事外有远致的力量,扩而大之可以使人超然于死生祸福之外,发挥出一种镇定的大无畏的精神来:

谢太傅盘桓东山时,与孙兴公诸人泛海戏。风起浪涌,孙

(绰)王(羲之)诸人色并遽,便唱使还。太傅神情方王,吟啸不言。舟人以公貌闲意说,犹去不止。既风转急,浪猛,诸人皆喧动不坐。公徐曰:"如此,将无归。"众人皆承响而回。于是审其量,足以镇安朝野。

美之极,即雄强之极。王羲之书法人称其字势雄逸,如龙跳天门,虎卧凤阙。淝水的大捷植根于谢安这美的人格和风度中。谢灵运泛海诗"溟涨无端倪,虚舟有超越",可以借来体会谢公此时的境界和胸襟。

枕戈待旦的刘琨,横江击楫的祖逖,雄武的桓温,勇于自新的周处、戴渊,都是千载下懔懔有生气的人物。桓温过王敦墓,叹曰:"可儿!可儿!"心焉向往那豪迈雄强的个性,不拘泥于世俗观念,而赞赏"力",力就是美。

庾道季说:"廉颇,蔺相如虽千载上死人,懔懔如有生气。曹蜍,李志虽见在,厌厌如九泉下人。人皆如此,便可结绳而治。但恐狐狸猯貉啖尽!"这话何其豪迈、沉痛。晋人崇尚活泼生气,蔑视世俗社会中的伪君子、乡愿,战国以后二千年来中国的"社会栋梁"。

七、晋人的美学是"人物的品藻",引例如下:

王武子、孙子荆各言其土地之美。王云:"其地坦而平,其水淡而清,其人廉且贞。"孙云:"其山崔巍以嵯峨,其水泙渫而扬波,其人磊砢而英多。"

桓大司马(温)病,谢公往省病,从东门入,桓公遥望叹曰:"吾门中久不见如此人!"

嵇康身长七尺八寸,风姿特秀,见者叹曰:"萧萧肃肃,爽朗清举。"或云:"萧萧如松下风,高而徐引。"山公云:"嵇叔夜之为人也,岩岩如孤松之独立,其醉也,傀俄若玉山之将崩!"

海西时,诸公每朝,朝堂犹暗,惟会稽王来,轩轩如朝霞举。

谢太傅问诸子侄:"子弟亦何预人事,而正欲其佳?"诸人莫有言者。车骑(谢玄)答曰:"譬如芝兰玉树,欲使其生于阶庭耳。”

人有叹王恭形茂者,曰:“濯濯如春月柳。”

刘尹云:“清风朗月,辄思玄度。”

拿自然界的美来形容人物品格的美,例子举不胜举。这两方面的美——自然美和人格美——同时被魏晋人发现。人格美的推重已滥觞于汉末,上溯至孔子及儒家的重视人格及其气象。“世说新语时代”尤沉醉于人物的容貌、器识、肉体与精神的美。所以“看杀卫玠”,而王羲之——他自己被时人目为“飘如游云,矫如惊龙”——杜弘治叹曰:“面如凝脂,眼如点漆,此神仙中人也!”

而女子谢道韫亦神情散朗,奕奕有林下风。根本《世说》里面的女性多能矫矫脱俗,无脂粉气。

总而言之,这是中国历史上最有生气,活泼爱美,美的成就极高的一个时代。美的力量是不可抵抗的,见下一段故事:

桓宣武平蜀,以李势妹为妾,甚有宠,尝著斋后。主(温尚明帝女南康长公主)始不知,既闻,与数十婢拔白刃袭之。正值李梳头,发委藉地,肤色玉曜,不为动容,徐徐结发,敛手向主,神色闲正,辞甚凄婉,曰:“国破家亡,无心至此,今日若能见杀,乃是本怀!”主于是掷刀前抱之:“阿子,我见汝亦怜,何况老奴!”遂善之。

话虽如此,晋人的美感和艺术观,就大体而言,是以老庄哲学的宇宙观为基础,富于简淡、玄远的意味,因而奠定了一千五百年来中国美感——尤以表现于山水画、山水诗的基本趋向。

中国山水画的独立,起源于晋末。晋宋山水画的创作,自始即具有“澄怀观道”的意趣。画家宗炳好山水,凡所游历,皆图之于壁,坐卧向之,曰:“老病俱至,名山恐难遍游,惟当澄怀观道,卧以游之。”他又说:“圣人含道应物,贤者澄怀味像;人以神法道而贤者通,山水以形媚道而仁者乐。”他这所谓“道”,就是这宇宙里最幽深最玄远却又弥纶万物的生命本体。东晋大画家顾恺之也说绘画的手段和目的是“迁想妙得”。这“妙得”的对象也即是那深远的生命,那“道”。

中国绘画艺术的重心——山水画,开端就富于这玄学意味(晋人的书法也是这玄学精神的艺术),它影响着一千五百年,使中国绘画在世界上成一独立的体系。

他们的艺术的理想和美的条件是一味绝俗。庾道季见戴安道所画行像,谓之曰:“神明太俗,由卿世情未尽!”以戴安道之高,还说是世情未尽,无怪他气得回答说:“惟务光当免卿此语耳!”

然而也足见当时美的标准树立得很严格,这标准也就一直是后来中国文艺批评的标准:“雅”、“绝俗”。这唯美的人生态度还表现于两点,一是把玩“现在”,在刹那的现量的生活里求极量的丰富和充实,不为着将来或过去而放弃现在价值的体味和创造:

> 王子猷尝暂寄人空宅住,便令种竹。或问:“暂住何烦尔?”王啸咏良久,直指竹曰:“何可一日无此君!”

二则美的价值是寄于过程的本身,不在于外在的目的,所谓“无所为而为”的态度。

> 王子猷居山阴,夜大雪,眠觉开室命酌酒,四望皎然,因起彷徨,咏左思《招隐》诗。忽忆戴安道;时戴在剡,即便乘小船就之。经宿方至,造门不前而返。人问其故,王曰:“吾本乘兴而来,兴尽而返,何必见戴?”

这截然地寄兴趣于生活过程的本身价值而不拘泥于目的,显示了晋人唯美生活的典型。

八、晋人的道德观与礼法观。孔子是中国二千年礼法社会和道德体系的建设者。创造一个道德体系的人,也就是真正能了解这道德的意义的人。孔子知道道德的精神在于诚,在于真性情,真血性,所谓赤子之心。扩而充之,就是所谓“仁”。一切的礼法,只是它寄托的外表。舍本执末,丧失了道德和礼法的真精神真意义,甚至于假借名义以便其私,那就是“乡愿”,那就是“小人之儒”。这是孔子所深恶痛绝的。孔子曰:“乡愿,德之贼也。”又曰:“女为君子儒,无为小人儒!”他更时常警告人们不要忘掉礼法的真精神真意义。他说:“人而不仁如礼何?人而不仁如乐何?”子于是日哭,则不歌。食于丧者之侧,未尝饱也。这伟大的真挚的同情心是他的道德的基础。他痛恶虚伪。他骂“巧言令色鲜矣仁”!他骂“礼云、礼云,玉帛云乎哉”!然而孔子死后,汉代以来,孔子所深恶痛绝的“乡愿”支配着中国社会,成为“社会栋梁”,把孔子至大至刚、极高明的中庸之道化成弥漫社会的庸俗主义、妥协主义、折衷主义、苟安主义,孔子好像预感到这一点,他所以极力赞美狂狷而排斥乡愿。他自己也能超然于礼法之表追寻活泼的真实的丰富的人生。他的生活不但“依于仁”,还要“游于艺”。他对于音乐有最深的了解并有过最美妙、最简洁而真切的形容。他说:

> 乐,其可知也!始作,翕如也。从之,纯如也。皦如也。绎如也。以成。

他欣赏自然的美,他说:“仁者乐山,智者乐水。”

他有一天问他几个弟子的志趣。子路、冉有、公西华都说过了,轮到曾点,他问道:

> “点,尔何如?”鼓瑟希,铿尔,舍瑟而作,对曰:“异乎三子者之撰!”子曰:“何伤乎?亦各言其志也。”曰:“莫春者,春服既成,冠者五六人,童子六七人,浴乎沂,风乎舞雩,咏而归!”
>
> 夫子喟然叹曰:“吾与点也!”

孔子这超然的、蔼然的、爱美爱自然的生活态度,我们在晋人王羲之的《兰亭序》和陶渊明的田园诗里见到遥遥嗣响的人,汉代的俗儒钻进利禄之途,乡愿满天下。魏晋人以狂狷来反抗这乡愿的社会,反抗这桎梏性灵的礼教和士大夫阶层的庸俗,向自己的真性情、真血性里掘发人生的真意义、真道德。他们不惜拿自己的生命、地位、名誉来冒犯统治阶级的奸雄假借礼教以维持权位的恶势力。曹操拿"败伦乱俗,讪谤惑众,大逆不道"的罪名杀孔融。司马昭拿"无益于今,有败于俗,乱群惑众"的罪名杀嵇康。阮籍佯狂了,刘伶纵酒了,他们内心的痛苦可想而知。这是真性情、真血性和这虚伪的礼法社会不肯妥协的悲壮剧。这是一班在文化衰堕时期替人类冒险争取真实人生真实道德的殉道者。他们殉道时何等的勇敢,从容而美丽:

> 嵇康临刑东市,神气不变,索琴弹之,奏广陵散,曲终曰:"袁孝尼尝请学此散,吾靳固不与,广陵散于今绝矣!"

以维护伦理自命的曹操枉杀孔融,屠杀到孔融七岁的小女、九岁的小儿,谁是真的"大逆不道"者?

道德的真精神在于"仁",在于"恕",在于人格美。《世说》载:

> 阮光禄(裕)在剡,曾有好车,借者无不皆给。有人葬亲,意欲借而不敢言。阮后闻之,叹曰:"吾有车而使人不敢借,何以车为?"遂焚之。

这是何等严肃的责己精神!然而不是由于畏人言,畏于礼法的责备,而是由于对自己人格美的重视和伟大同情心的流露。

> 谢奕作剡令,有一老翁犯法,谢以醇酒罚之,乃至过醉,而犹未已。太傅(谢安)时年七八岁,著青布绔,在兄膝边坐,谏曰:"阿兄,老翁可念,何可作此!"奕于是改容,曰:"阿奴欲放去耶?"遂遣之。

谢安是东晋风流的主脑人物,然而这天真仁爱的赤子之心实是他伟大人格的根基。这使他忠诚谨慎地支持东晋的危局至于数十年。淝水之役，苻坚发戎卒六十余万、骑二十七万，大举入寇，东晋危在旦夕。谢安指挥若定，遣谢玄等以八万兵一举破之。苻坚风声鹤唳，草木皆兵，仅以身免。这是军事史上空前的战绩，诸葛亮在蜀没有过这样的胜利！

一代枭雄，不怕遗臭万年的桓温也不缺乏这英雄的博大的同情心：

桓公入蜀，至三峡中，部伍中有得猿子者，其母缘岸哀号，行百余里不去，遂跳上船，至便即绝。破视其腹中，肠皆寸寸断。公闻之，怒，命黜其人。

晋人既从性情的真率和胸襟的宽仁建立他的新生命，摆脱礼法的空虚和顽固，他们的道德教育遂以人格的感化为主。我们看谢安这段动人的故事：

谢虎子尝上屋薰鼠。胡儿（虎子之子）既无由知父为此事，闻人道痴人有作此者，戏笑之。时道此非复一过。太傅既了己（指胡儿自己）之不知，因其言次语胡儿曰："世人以此谤中郎（虎子），亦言我共作此。"胡儿懊热，一月，日闭斋不出。太傅虚托引己之过，必相开悟，可谓德教。

我们现代有这样精神伟大的教育家吗？所以：

谢公夫人教儿，问太傅："那得初不见公教儿？"答曰："我常自教儿！"

这正是像谢公称赞褚季野的话："褚季野虽不言，而四时之气亦备！"

他确实在教，并不姑息，但他着重在体贴入微的潜移默化，不欲伤害小儿的羞耻心和自尊心：

谢玄少时好著紫罗香囊垂覆手。太傅患之，而不欲伤其意；乃谲与睹，得即烧之。

这态度多么慈祥，而用意又何其严格！谢玄为东晋立大功，救国家于垂危，足见这教育精神和方法的成绩。

当时文俗之士所最仇疾的阮籍，行动最为任诞，蔑视礼法也最为彻底。然而正在他身上我们看出这新道德运动的意义和目标。这目标就是要把道德灵魂重新建筑在热情和率真之上，摆脱陈腐礼法的外形。因为这礼法已经丧失了它的真精神，变成阻碍生机的桎梏，被奸雄利用作政权工具，借以锄杀异己。（曹操杀孔融）

阮籍当葬母，蒸一肥豚，饮酒二斗，然后临诀。直言“穷矣”！举声一号，吐血数升，废顿良久。

他拿鲜血来灌溉道德的新生命！他是一个壮伟的丈夫。容貌瓌杰，志气宏放，傲然独得，任性不羁，当其得意，忽忘形骸，“时人多谓之痴”。这样的人，无怪他的诗“旨趣遥深，反覆零乱，兴寄无端，和愉哀怨，杂集于中”。他的咏怀诗是古诗十九首以后第一流的杰作。他的人格坦淳至，虽见嫉于士大夫，却能见谅于酒保：

阮公邻家妇有美色，当垆沽酒。阮与王安丰常从妇饮酒。阮醉便眠其妇侧。夫始殊疑之，伺察，终无他意。

这样解放的自由的人格是洋溢着生命，神情超迈，举止历落，态度恢廓，胸襟潇洒：

王司州（修龄）在谢公坐，咏：“入不言兮出不辞，乘回风兮载云旗！”（九歌句）语人云：“‘当尔时’觉一坐无人！”

桓温读《高士传》,至于陵仲子,便掷去曰:"谁能作此溪刻自处!"这不是善恶之彼岸的超然的美和超然的道德吗?

"振衣千仞冈,濯足万里流!"晋人用这两句诗写下他的千古风流和不朽的豪情!

作者识:这篇小文曾发表于正月《星期评论》第十期。当时匆匆交稿,还有一些未尽的意思。现将原文各段重加增订,主要的是添了一节"晋人的道德和礼法观",篇幅较原稿增一倍以上,似较原稿能得一完整的印象。魏晋六朝的中国,史书上向来处于劣势地位。鄙人此论希望给予一新的评价。秦汉以来,一种广泛的"乡愿主义"支配着中国精神和文坛已两千年。这次抗战中表现的伟大热情和英雄主义,当能替灵魂一新面目。在精神生活上发扬人格的真解放,真道德,以启发民众创造的心灵,朴俭的感情,建立深厚高阔、强健自由的生活,是这篇小文的用意。环视全世界,只有抗战中的中国民族精神是自由而美的了!

(原刊1941年4月28日、5月5日
《时事新报·学灯》第126、127期)

清谈与析理

被后世诟病的魏晋人的清谈，本是产生于探求玄理的动机。王导称之为“共谈析理”。嵇康《琴赋》里说：“非至精者不能与之析理。”“析理”须有逻辑的头脑，理智的良心和探求真理的热忱。青年夭折的大思想家王弼就是这样一个人物。（何晏“以为圣人无喜怒哀乐，其论甚精，钟会等述之”。弼与不同，“以为圣人茂于人者神明也。同于人者五情也。神明茂，故能体冲和以通无；五情同，故不能无哀乐以应物。然则圣人之情，应物而无累于物者也。今以其无累便谓不复应物，失之多矣”。（《三国志·钟会传》裴松之注）按：王弼此言极精，他是老、庄学派中富有积极精神的人。一个积极的文化价值与人生价值的境界可以由此建立。——原注）何晏注老子始成，诣王辅嗣（弼），见王注精奇，乃神伏曰：“若斯人，可与论天人际矣。”“论天人之际”，当时魏晋人是“共谈析理”的最后目标。《世说》又载：

> 殷浩、谢安诸人共集，谢因问殷：“眼往万属形，万形来入眼否？”

是则由“论天人之际”的形而上学的探讨注意到知识论了。

当时一般哲学空气极为浓厚，热衷功名的钟会也急急地要把他的哲学著作求嵇康的鉴赏，情形可笑：

钟会撰《四本论》始毕，甚欲使嵇公一见。置怀中，既定，畏其难，怀不敢出。于户外遥掷，便回急走。

但是古代哲理探讨的进步，多由于座谈辩难。柏拉图的全部哲学思想用座谈对话的体裁写出来。苏格拉底把哲学带到街头，他的街头论道，是西洋哲学史中最有生气的一页。印度古哲学的辩争尤非常激烈。孔子的真正人格和思想也只表现在《论语》里。魏晋的思想家在清谈辩难中，显出他们活泼飞跃的析理的兴趣和思辨的精神。《世说》载：

何晏为吏部尚书，有威望。时谈客盈座。王弼未弱冠，往见之。晏闻弼名，因条向者胜理，语弼曰："此理仆以为极，可得复难不？"弼便作难，一座人便以为屈。于是弼自为客主数番，皆一座所不及。

当时人辩论名理，不仅是"理致甚微"，兼"辞条丰蔚，甚足以动心骇听"。可惜当时没有一位文学天才把重要的清谈辩难详细记录下来，否则中国哲学史里将会有可以媲美《柏拉图对话集》的精彩。

支道林、许（询）、谢（安）盛德，共集王（濛）家。谢顾谓诸人："今日可谓彦会。时既不可留，此集固亦难常，当共言咏，以写其怀！"许便问主人有《庄子》不？

正得《渔父》一篇。谢看题，便各使四座通。支道林先通，作七百许语。叙致精丽，才藻奇拔，众咸称善。于是，四座各言怀毕。谢问曰："卿等尽不？"皆曰："今日之言，少不自竭。"谢后粗难，因自叙其意，作万余语，才峰秀逸，既自难干，加意气拟托，萧然自得，四座莫不厌心。支谓谢曰："君一往奔诣，故复自佳耳！"

谢安在清谈上也表现出他领袖人群的气度。晋人的艺术气质，使"共谈析理"也成了一种艺术创作。

> 支道林、许询诸人共在会稽王斋头。支为法师，许为都讲。支通一义，四座莫不厌心，许送一难，众人莫不抃舞。但共嗟咏二家之美，不辩其理之所在。

但支道林并不忘这种辩论应该是“求理中之谈”。《世说》载：

> 许询年少时，人以比王苟子。许大不平。时诸人士及于法师，并在会稽西寺讲，王亦在焉。许意甚忿，便往西寺与王论理，共决优劣。苦相折挫，王遂大屈。许复执王理，王执许理，更相复疏，王复屈。许谓支法师曰：“弟子向语何似？”支从容曰：“君语佳则佳矣，何至相苦邪？岂是求理中之谈哉？”

可见“共谈析理”才是清谈真正目的，我们最后再欣赏这求真爱美的时代里一个“共谈析理”的艺术杰作：

> 客问乐令“旨不至”者，乐亦不复剖析文句，直以麈尾柄确几曰：“至不？”客曰：“至。”乐因又举麈尾曰：“若至者，那得去？”于是客乃悟，服乐辞约而旨达，皆此类。

大化流衍，一息不停，方以为“至”，倏焉已“去”，云“至”云“去”，都是名言所执。故飞鸟之影，莫见其移，而逝者如斯，不舍昼夜。孔子川上之叹，桓温摇落之悲，卫玠的“对此茫茫不觉百端交集”，王孝伯叹赏于古诗“所遇无故物，焉得不速老”。晋人这种宇宙意识和生命情调，已由乐广把它概括在辞约而旨达的“析理”中了。

（原刊1942年8月31日《时事新报·学灯》）

美从何处寻

啊，诗从何处寻？
从细雨下，点碎落花声，
从微风里，飘来流水音，
从蓝空天末，摇摇欲坠的孤星！

——《流云小诗》

尽日寻春不见春，
芒鞋踏遍陇头云，
归来笑拈梅花嗅，
春在枝头已十分。

——宋罗大经：《鹤林玉露》中载某尼悟道诗

诗和春都是美的化身，一是艺术的美，一是自然的美。我们都是从目观耳听的世界里寻得她的踪迹。某尼悟道诗大有禅意，好像是说“道不远人”，不应该“道在迩而求诸远”，好像是说：“如果你在自己的心中找不到美，那么，你就没有地方可以发现美的踪迹。”

然而梅花仍是一个外界事物呀，大自然的一部分呀！你的心不是“在”自己的心的过程里，感觉、情绪、思维里找到美。而只是“通过”感觉、情绪、思维找到美，发现梅花里的美。美对于你的心，你的

“美感”是客观的对象和存在。你如果要进一步认识她,你可以分析她的结构、形象、组成的各部分,得出“谐和”的规律、“节奏”的规律、表现的内容、丰富的启示,而不必顾到你自己的心的活动,你越能忘掉自我,忘掉你自己的情绪波动、思维起伏,你就越能够“漱涤万物,牢笼百态”(柳宗元语),你就会像一面镜子,像托尔斯泰那样,照见了一个世界,丰富了自己,也丰富了文化。人们会感谢你的。

那么,你在自己的心里就找不到美了吗?我说,我们的心灵起伏万变,情欲的波涛,思想的矛盾,当我们身在其中时,恐怕尝到的是苦闷,而未必是美。只有莎士比亚或巴尔扎克把它形象化了,表现在文艺里,或是你自己手之舞之,足之蹈之,把你的欢乐表现在舞蹈的形象里,或把你的忧郁歌咏在有节奏的诗歌里,甚至于在你的平日的行动里、语言里。一句话说来,就是你的心要具体地表现在形象里,那时旁人会看见你的心灵的美,你自己也才真正地切实地具体地发现你的心里的美。除此以外,恐怕不容易吧!你的心可以发现美的对象(人生的、社会的、自然的),这“美”对于你是客观的存在,不以你的意志为转移。(你的意志只能主使你的眼睛去看她,或不去看她,而不能改变她。你能训练你的眼睛深一层地去认识她,却不能动摇她。希腊伟大的艺术不因中古时代的晦暗而减少它的光辉。)

宋朝某尼虽然似乎悟道,然而她的觉悟不够深,不够高,她不能发现整个宇宙已经盎然有春意,假使梅花枝上已经春满十分了。她在踏遍陇头云时是苦闷的、失望的。她把自己关在狭窄的心的圈子里了。只在自己的心里去找寻美的踪迹是不够的,是大有问题的。王羲之在《兰亭序》里说:“仰观宇宙之大,俯察品类之盛,所以游目骋怀……极视听之娱,信可乐也。”这是东晋大书家在寻找美的踪迹。他的书法传达了自然的美和精神的美。不仅是大宇宙,小小的事物也不可忽视。诗人华滋沃斯曾经说过:“一朵微小的花对于我可以唤起不能用眼泪表出的那样深的思想。”

达到这样的、深入的美感,发现这样深度的美,是要在主观心理方面具有条件和准备的。我们的感情是要经过一番洗涤,克服了小己的私欲和利害计较。矿石商人仅只看到矿石的货币价值,而看不见矿石的美和特性。我们要把整个情绪和思想改造一下，移动了方向，才能面对美的形象，把美如实地和深入地反映到心里来。再把它放射出去，凭借物质创造形象给表达出来，才成为艺术。中国古代曾有人把这个过程唤做“移人之情”或“移我情”。琴曲《伯牙水仙操》的序上说：

> 伯牙学琴于成连，三年而成，至于精神寂寞，情之专一，未能得也。成连曰：“吾之学不能移人之情，吾师有方子春在东海中。”乃赍粮从之，至蓬莱山，留伯牙曰：“吾将迎吾师！”划船而去，旬日不返。伯牙心悲，延颈四望，但闻海水汩没，山林窅冥，群鸟悲号。仰天叹曰：“先生将移我情！”乃援操而作歌云：“繄洞庭兮流斯护，舟楫逝兮仙不还，移形素兮蓬莱山，歍钦伤宫仙不还。”

伯牙由于在孤寂中受到大自然强烈的震撼，生活上的异常遭遇，整个心境受了洗涤和改造，才达到艺术的最深体会，把握到音乐的创造性的旋律，完成他的美的感受和创造。这个“移情说”比起德国美学家栗卜斯的“情感移入论”似乎还更深刻些，因为它说出现实生活中的体验和改造是“移情”的基础呀！并且“移易”和“移入”是不同的。

这里所理解的“移情”应当是我们审美的心理方面的积极因素和条件，而美学家所说的“心理距离”、“静观”，也构成审美的消极条件。女子郭六芳有一首诗《舟还长沙》说得好：

> 侬家家住两湖东，十二珠帘夕照红。
> 今日忽从江上望，始知家在画图中。

自己住在现实生活里，没有能够把握到它的美的形象。等到自己对自己的日常生活有相当的距离，从远处来看，才发现家在画图中，溶在自然的一片美的形象里。

但是在这主观心理条件之外也还需要客观的物的方面的条件。在这里是那夕照的红和十二珠帘的具有节奏与和谐的形象。宋人陈简斋的海棠诗云："隔帘花叶有辉光"，帘子造成了距离，同时它的线文的节奏也更能把帘外的花叶纳进美的形象，增高了它的光辉闪灼，呈显出生命的华美，就像一段欢愉生活嵌在素朴而具有优美旋律的歌词里一样。

这节奏、这旋律、这和谐，等等，它们是离不开生命的表现，它们不是死的机械的空洞的形式，而是具有丰富内容，有表现，有深刻意义的具体形象。形象不是形式，而是形式和内容的统一，形式中每一个点、线、色、形、音、韵，都表现着内容的意义、情感、价值。所以诗人艾里略说："一个造出新节奏来的人，就是一个拓展了我们的感性并使它更为高明的人。"又说"创造一种形式并不是仅仅发明一种格式、一种韵律或节奏，而也是这种韵律或节奏的整个合式的内容的发觉。莎士比亚的十四行诗并不仅是如此这般的一种格式或图形，而是一种恰是如此思想感情的方式"，而具有着理想的形式的诗是"如此这般的诗，以致我们看不见所谓诗，而但注意着诗所指示的东西"(《诗的作用和批评的作用》)。这里就是"美"，就是美感所受的具体对象。它是通过美感来摄取的美，而不是美感的主观的心理活动自身。就像物质的内部结构和规律是抽象思维所摄取的，但自身却不是抽象思维而是具体事物。所以专在心内搜寻是达不到美的踪迹的。美的踪迹要到自然、人生、社会的具体形象里去找。

但是心的陶冶，心的修养和锻炼是替美的发见和体验作准备的。创造"美"也是如此。捷克诗人里尔克在他的《柏列格的随笔》里一段话精深微妙，梁宗岱曾把它译出，介绍如下：

> ……一个人早年作的诗是这般乏意义，我们应该毕生期待和采集，如果可能，还要悠长的一生；然后，到晚年，或者可以写出十行好诗。因为诗并不像大家所想象，徒是情感(这是我们很早就有了的)，而是经验。单要写一句诗，我们得要观察过许多城许多人许多物，得要认识走兽，得要感到鸟儿怎样飞翔和知道

小花清晨舒展的姿式。得要能够回忆许多远路和僻境,意外的邂逅,眼光望它接近的分离,神秘还未启明的童年,和容易生气的父母,当他给你一件礼物而你不明白的时候(因为那原是为别一人设的欢喜)和离奇变幻的小孩子的病,和在一间静穆而紧闭的房里度过的日子,海滨的清晨和海的自身,和那与星斗齐飞的高声呼号的夜间的旅行——而单是这些犹未足,还要享受过许多夜不同的狂欢,听过妇人产时的呻吟,和坠地便瞑目的婴儿轻微的哭声,还要曾经坐在临终人的床头和死者的身边,在那打开的、外边的声音一阵阵拥进来的房里。可是单有记忆犹未足,还要能够忘记它们,当它们太拥挤的时候,还要有很大忍耐去期待它们回来。因为回忆本身还不是这个,必要等到它们变成我们的血液、眼色和姿式了,等到它们没有了名字而且不能别于我们自己了,那么,然后可以希望在极难得的顷刻,在它们当中伸出一句诗的头一个字来。

这里是大诗人里尔克在许许多多的事物里、经验里,去踪迹诗,去发现美,多么艰辛的劳动呀!他说:诗不徒是感情,而是经验。现在我们也就转过方向,从客观条件来考察美的对象的构成。改造我们的感情,使它能够发现美,中国古人曾经把这唤做“移我情”;改变着客观世界的现象,使它能够成为美的对象,中国古人曾经把这唤做“移世界”。

“移我情”、“移世界”,是美的形象涌现出来的条件。

我们上面所引长沙女子郭六芳诗中说过“今日忽从江上望,始知家在画图中”,这是心理距离构成审美的条件。但是“十二珠帘夕照红”却构成这幅美的形象的客观的积极的因素。夕照、月明、灯光、帘幕、薄纱、轻雾,人人知道是助成美的出现的有力的因素,现代的照相术和舞台布景知道这个而尽量利用着。中国古人曾经唤做“移世界”。

明朝文人张大复在他的《梅花草堂笔谈》里记述着:

邵茂齐有言，天上月色能移世界，果然！故夫山石泉涧，梵刹园亭，屋庐竹树，种种常见之物，月照之则深，蒙之则净，金碧之彩，披之则醇，惨悴之容，承之则奇，浅深浓淡之色，按之望之，则屡易而不可了。以至河山大地，邈若皇古，犬吠松涛，远于岩谷，草生木长，闲如坐卧，人在月下，亦尝忘我之为我也。今夜严叔向，置酒破山僧舍，起步庭中，幽华可爱，旦视之，酱盎纷然，瓦石布地而已，戏书此以信茂齐之话，时十月十六日，万历丙午三十四年也。

月亮真是一个大艺术家，转瞬之间替我们移易了世界，美的形象，涌现在眼前。但是第二天早晨起来看，瓦石布地而已。于是有人得出结论说:美是不存在的。我却要更进一步推论说，瓦石也只是无色无形的原子或电磁波，而这个也只是思想的假设，我们能抓住的只是一堆抽象数学方程式而已。什么究竟是真实的存在？所以我们要回转头来说，我们现实生活里直接经验到、不以我们的意志为转移的、丰富多彩的、有声有色有形有相的世界就是真实存在的世界，这是我们生活和创造的园地。所以马克思很欣赏近代唯物论的第一个创始者培根的著作里所说的物质以其感觉的诗意的光辉向着整个的人微笑(见《神圣家族》)，而不满意霍布士的唯物论里“感觉失去了它的光辉而变为几何学家的抽象感觉，唯物论变成了厌世论”。在这里物的感性的质、光、色、声、热等不是物质所固有的了，光、色、声中的美更成了主观的东西，于是世界成了灰白色的骸骨，机械的死的过程。恩格斯也主张我们的思想要像一面镜子，如实地反映这多彩的世界。美是存在着的！世界是美的，生活是美的。它和真和善是人类社会努力的目标，是哲学探索和建立的对象。

美不但是不以我们的意志为转移的客观存在，反过来，它影响着我们，它教育着我们，提高生活的境界和意趣。它的力量大极了，它也可以倾国倾城。希腊大诗人荷马的著名史诗《伊利亚特》歌咏希腊联军围攻特罗亚九年，为的是夺回美人海伦，而海伦的美叫他们感到九年的辛劳和牺牲不是白费的。现在引述这一段名句:

特罗亚长老们也一样的高踞城雉，
当他们看见了海伦在城垣上出现，
老人们便轻轻低语，彼此交谈机密：
“怪不得特罗亚人和坚胫甲阿开人，
为了这个女人这么久忍受苦难呢，
她看来活像一个青春长驻的女神。
可是，尽管她多美，也让她乘船去吧，
别留这里给我们子子孙孙作祸根。”

——缪朗山译《伊利亚特》

荷马不用浓丽的词藻来描绘海伦的容貌，而从她的巨大的惨酷的影响和力量轻轻地点出她的倾国倾城的美。这是他的艺术高超处，也是后人所赞叹不已的。

我们寻到美了吗？我说，我们或许接触到美的力量，肯定了她的存在，而她的无限的丰富内涵却是不断地待我们去发现。千百年来的诗人艺术家已经发现了不少，保藏在他们的作品里，千百年后的世界仍会有新的表现。每一个造出新节奏来的人，就是一个拓展了我们的感性并使它更为高明的人！

（原刊《新建设》1957 年第 6 期）

美学与艺术略谈

近来我国新思潮中有种很可喜的现象，就是对于艺术的兴趣渐渐浓了。研究美学的人也有了。绍虞君介绍了“近世美学”，美学的书也到了中国了。不过我觉得一般普通人对于美学艺术两个概念还有没有完全明白的，所以略微谈谈，藉此引起多数人的了解与兴趣。

我曾遇着几位初听见美学这个名词的人，很不了解美学和艺术的分别，就问着我，我简单地答道：“美学是研究‘美’的学问，艺术是创造‘美’的技能。当然是两件事。不过艺术也正是美学所研究的对象，美学同艺术的关系，譬如生物同生物学罢了。”这个答语实在过于笼统，我现在把美学和艺术的内容分开来说说。

一　美学的定义和内容

“美学”的英文 Aesthetics，德文 Ästhetik，源出于希腊的 Oncotrnos，是关于感觉性的学问的意思。但是现代学者却差不多共定它是个“研究那由‘美’或‘非美’发生的感觉情绪的学科”。这个定义还嫌不概括，因为美学研究的内容还不止此。我记得德国 Meumann 的经验美学中说，美学所研究的事物可分以下几门：

1. 美感的客观的条件　从实验上研究那引起我们发生美感的客观物件的性质与法则。

2. 美感的主观的条件　从实验心理学上研究那引起美感的主观心界的联想作用(Association),空想作用,同感作用,静观作用(Contemplation)等等。

3. 自然美与艺术创作美的研究　从这里研究真美的性质和法则。

4. 人类史中艺术品创造的起源和进化　从这里研究人类艺术创造的性质和法则。

5. 艺术天才的特性及其创造艺术的过程　研究古来大艺术家的生平,从他生活史或自传中考察他创造艺术时的心理作用及技艺的运用手段。

6. 美育的问题　研究怎样使美术的感觉普遍到平民的社会生活和个人生活间。

这以上诸问题,都是美学所研究的对象。美学的内容已可窥见一斑了。总括言之,美学的主要内容就是:以研究我们人类美感的客观条件和主观分子为起点,以探索"自然"和"艺术品"的真美为中心,以建立美的原理为目的,以设定创造艺术的法则为应用。现代的经验美学就是走的这个道路。但是以前的美学却不然。以前的美学大都是附属于一个哲学家的哲学系统内,他里面"美"的概念是个形而上学的概念,是从那个哲学家的宇宙观里面分析演绎出来的。绍虞君的"近世美学"中已说及了,我可以不必再说。

二　艺术的定义和内容

艺术就是"人类的一种创造的技能,创造出一种具体的客观的感觉中的对象,这个对象能引起我们精神界的快乐,并且有悠久的价值"。这是就客观方面言,若就主观方面——艺术家的方面说,艺术就是艺术家的理想情感的具体化,客观化,所谓自己表现(Selfexpression)。所以艺术的目的并不是在实用,乃是在纯洁的精神的快乐,艺术的起源并不是理性知识的构造,乃是一个民族精神或一个天才的自然冲动的创作。他处处表现民族性或个性。艺术创造的能力乃是根于天成,虽能受理性学识的指导与扩充,但不是专由学术所能造成或完满的。艺术的源泉是一种极强烈深浓的,不可遏止的情绪,挟着超越寻常的想象能力。这种由人性最深处发生的情感,刺激着那想象能力到不可思议的强度,引导着他直觉到普通理性所不能概括的境界,在这一刹那顷间产生的许多复杂的感想情绪的联络组织,便成了一个艺术创作的基础。

艺术的性质,古来说者不一,亚里士多德说"艺术是模仿自然",这话现在已不能完全成立。因艺术虽是需用自然的材料,借以表现,或且取自然的现象做象征,取自然的形体做描写的对象,但他决不是一味地模仿自然,他自体是一种自由的创造。他从那艺术家的理想情感里发展进化到一个完满的艺术品,也就同一个生物细胞发展进化到一个完全的生物一样。所以我向来的观察,以为艺术并不是模仿自然,因他自己就是一段自然的实现。艺术家创造一个艺术品的过程,就是一段自然创造的过程。并且是一种最高级的,最完满的,自然创造的过程。因为艺术是选择自然间最适宜的材料,加以理想化,精神化,使他成了人类最高精神的自然的表现。其实各种艺术与自然的关系也很不同。譬如建筑艺术在他建筑一方面就纯粹不是取象于自然,乃是随顺着几何学比例(Geometrical propression)的法则。音乐也不是取象于自然。抒情诗更不是模仿自然,他纯粹是抒写主观的情绪。

各种艺术中所需用的自然的材料的量也很不齐。譬如,音乐所凭借的物质材料就远不及建筑。诗歌的词句与音节更是完全精神化了(言语不是思想的内容,乃是思想的符号)。总之,愈进化愈高级的艺术,所凭借的物质材料愈减少。到了诗歌造其极。所以诗歌是艺术中之女王,艺术是自然中最高级创造,最精神化的创造。就实际讲来,艺术本就是人类……艺术家……精神生命的向外的发展,贯注到自然的物质中,使他精神化,理想化。

以上我把我所知道的,所理想的艺术的内容粗略说了。现在再将艺术的门类说一下,做我这篇短论的结束。我们可以按照各种艺术所凭借以表现的感觉中分别艺术的门类如下：

1. 目所见的空间中表现的造型艺术：建筑，雕刻，图画。

2. 耳所闻的时间中表现的音调艺术：音乐、诗歌。

3. 同时在空间时间中表现的拟态艺术：跳舞、戏剧。

（原刊 1920 年 3 月 10 日《时事新报·学灯》）

美学的散步

小　言

散步是自由自在、无拘无束的行动，它的弱点是没有计划，没有系统。看重逻辑统一性的人会轻视它，讨厌它，但是西方建立逻辑学的大师亚里士多德的学派却唤做“散步学派”，可见散步和逻辑并不是绝对不相容的。中国古代一位影响不小的哲学家——庄子，他好像整天是在山野里散步，观看着鹏鸟、小虫、蝴蝶、游鱼，又在人间世里凝视一些奇形怪状的人：驼背、跛脚、四肢不全、心灵不正常的人，很像意大利文艺复兴时大天才达·芬奇在米兰街头散步时速写下来的一些“戏画”，现在竟成为“画院的奇葩”。庄子文章里所写的那些奇特人物大概就是后来唐、宋画家画罗汉时心目中的范本。

散步的时候可以偶尔在路旁折到一枝鲜花，也可以在路上拾起别人弃之不顾而自己感到兴趣的燕石。

无论鲜花或燕石，不必珍视，也不必丢掉，放在桌上可以做散步后的回念。

诗(文学)和画的分界

苏东坡论唐朝大诗人兼画家王维(摩诘)的《蓝田烟雨图》说:“味摩诘之诗,诗中有画;观摩诘之画,画中有诗。诗曰:‘蓝溪白石出,玉山红叶稀,山路元无雨,空翠湿人衣。’此摩诘之诗也。或曰:‘非也,好事者以补摩诘之遗’”。

以上是东坡的话,所引的那首诗,不论它是不是好事者所补,把它放到王维和裴迪所唱和的辋川绝句里去是可以乱真的。这确是一首“诗中有画”的诗。“蓝溪白石出,玉山红叶稀”,可以画出来成为一幅清奇冷艳的画,但是“山路元无雨,空翠湿人衣”二句,却是不能在画面上直接画出来的。假使刻舟求剑似的画出一个人穿了一件湿衣服,即使不难看,也不能把这种意味和感觉像这两句诗那样完全传达出来。好画家可以设法暗示这种意味和感觉,却不能直接画出来,这位补诗的人也正是从王维这幅画里体会到这种意味和感觉,所以用“山路元无雨,空翠湿人衣”这两句诗来补足它。这幅画上可能并不曾画有人物,那会更好地暗示这感觉和意味。而另一位诗人可能体会不同而写出别的诗句来。画和诗毕竟是两回事。诗中可以有画,像头两句里所写的,但诗不全是画。而那不能直接画出来的后两句恰正是“诗中之诗”,正是构成这首诗是诗而不是画的精要部分。

然而那幅画里若不能暗示或启发人写出这诗句来,它可能是一张很好的写实照片,却又不能成为真正的艺术品——画,更不是大诗画家王维的画了。这“诗”和“画”的微妙的辩证关系不是值得我们深思探索的吗?

宋朝文人晁以道有诗云:“画写物外形,要物形不改,诗传画外意,贵有画中态。”这也是论诗画的离合异同。画外意,待诗来传,才能圆满,诗里具有画所写的形态,才能形象化、具体化,不至于太抽象。

但是王安石《明妃曲》诗云:“意态由来画不成,当时枉杀毛延寿。”他是个喜欢做翻案文章的人，然而他的话是有道理的，美人的意态确是难画出的，东施以活人来效颦西施尚且失败，何况是画家调脂弄粉。那画不出的“巧笑倩兮，美目盼兮”，古代诗人随手拈来的这两句诗，却使孔子以前的中国美人如同在我们眼面前。达·芬奇用了四年工夫画出蒙娜丽莎的美目巧笑，在该画初完成时，当也能给予我们同样新鲜生动的感受。现在我却觉得我们古人这两句诗仍是千古如新，而油画受了时间的侵蚀，后人的补修，已只能令人在想象里追寻旧影了。我曾经坐在原画前默默领略了一小时，口里念着我们古人的诗句，觉得诗启发了画中意态，画给予诗以具体形象，诗画交辉，意境丰满，各不相下，各有千秋。

达·芬奇在这画像里突破了画和诗的界限，使画成了诗。谜样的微笑，勾引起后来无数诗人心魂震荡，感觉这双妙目巧笑，深远如海，味之不尽，天才真是无所不可。但是画和诗的分界仍是不能泯灭的，也是不应该泯灭的，各有各的特殊表现力和表现领域。探索这微妙的分界，正是近代美学开创时为自己提出了的任务。

十八世纪德国思想家莱辛开始提出这个问题，发表他的美学名著《拉奥孔》（或称《论画和诗的分界》）。但《拉奥孔》却是主要地分析着希腊晚期一座雕像群，拿它代替了对画的分析，雕像同画同是空间里的造型艺术，本可相通。而莱辛所说的诗也是指的戏剧和史诗，这是我们要记住的。因为我们谈到诗往往是偏重抒情诗。固然这也是相通的，同是属于在时间里表现其境界与行动的文学。

拉奥孔（Laokoon）是希腊古代传说里特罗亚城一个祭师，他对他的人民警告了希腊军用木马偷运兵士进城的诡计，因而触怒了祖护希腊人的阿波罗神。当他在海滨祭祀时，他和他的两个儿子被两条从海边游来的大蛇捆绕着他们三人的身躯，拉奥孔被蛇咬着，环视两子正在垂死挣扎，他的精神和肉体都陷入莫大的悲愤痛苦之中。拉丁诗人维琪尔曾在史诗中咏述此景，说拉奥孔痛极狂吼，声震数里，但是发掘出来的希腊晚期雕像群著名的拉奥孔（现存罗马梵蒂冈博物院），却表现着拉奥孔的嘴仅微微启开呻吟着，并不是狂吼，全部雕像给人的印象是在极大的悲剧的苦痛里保持着镇定、静穆。德国的古代艺术史学者温克尔曼对这雕像群写了一段影响深远的描述，影响着歌德及德国许多古典作家和美学家，掀起了纷纷的讨论。现在我先将他这段描写介绍出来，然后再谈莱辛由此所发挥的画和诗的分界。

温克尔曼(Winckelmann，1717—1768)在他的早期著作《关于在绘画和雕刻艺术里模仿希腊作品的一些意见》里曾有下列一段论希腊雕刻的名句：

> 希腊杰作的一般主要的特征是一种高贵的单纯和一种静穆的伟大，既在姿态上，也在表情里。
>
> 就像海的深处永远停留在静寂里，不管它的表面多么狂涛汹涌，在希腊人的造像里那表情展示一个伟大的沉静的灵魂，尽管是处在一切激情里面。
>
> 在极端强烈的痛苦里，这种心灵描绘在拉奥孔的脸上，并且不单是在脸上。在一切肌肉和筋络所展现的痛苦，不用向脸上和其他部分去看，仅仅看到那因痛苦而向内里收缩着的下半身，我们几乎会在自己身上感觉着。然而这痛苦，我说，并不曾在脸上和姿态上用愤激表示出来。他没有像维琪尔在他拉奥孔(诗)里所歌咏的那样喊出可怕的悲吼，因嘴的孔穴不允许这样做(白华按：这是指雕像的脸上张开了大嘴，显示一个黑洞，很难看，破坏了美)，这里只是一声畏怯的敛住气的叹息，像沙多勒所描写的。
>
> 身体的痛苦和心灵的伟大是经由形体全部结构用同等的强度分布着，并且平衡着。拉奥孔忍受着，像索福克勒斯(Sophokles)的菲诺克太特(Philoctet)：他的困苦感动到我们的深心里，但是我们愿望也能够像这个伟大人格那样忍耐困苦。一个这样伟大心灵的表情远远超越了美丽自然的构造物。艺术家必须先在自己内心里感觉到他要印入他的大理石里的那精神的强度。希腊具有集合艺术家与圣哲于一身的人物，并且不止一个梅特罗多。智慧伸手给艺术而将超俗的心灵吹进艺术的形象。

莱辛认为温克尔曼所指出的拉奥孔脸上并没有表示人所期待的那强烈苦痛的疯狂表情,是正确的。但是温克尔曼把理由放在希腊人的智慧克制着内心感情的过分表现上,这是他所不能同意的。

肉体遭受剧烈痛苦时大声喊叫以减轻痛苦,是合乎人情的,也是很自然的现象。希腊人的史诗里毫不讳言神们的这种人情味。维纳斯(美丽的爱神)玉体被刺痛时,不禁狂叫,没有时间照顾到脸相的难看了。荷马史诗里战士受伤倒地时常常大声叫痛。照他们的事业和行动来看,他们是超凡的英雄;照他们的感觉情绪来看,他们仍是真实的人。所以拉奥孔在希腊雕像上那样微呻不是由于希腊人的品德如此,而应当到各种艺术的材料的不同,表现可能性的不同和它们的限制里去找它的理由。莱辛在他的《拉奥孔》里说:

> 有一些激情和某种程度的激情,它们经由极丑的变形表现出来,以至于将整个身体陷入那样勉强的姿态里,使他的在静息状态里具有的一切美丽线条都丧失掉了。因此古代艺术家完全避免这个,或是把它的程度降低下来,使它能够保持某种程度的美。
>
> 把这思想运用到拉奥孔上,我所追寻的原因就显露出来了。那位巨匠是在所假定的肉体的巨大痛苦情况下企图实现最高的美。在那丑化着一切的强烈情感里,这痛苦是不能和美相结合的。巨匠必须把痛苦降低些;他必须把狂吼软化为叹息;并不是因为狂吼暗示着一个不高贵的灵魂,而是因为它把脸相在一难堪的样式里丑化了。人们只要设想拉奥孔的嘴大大张开着而评判一下。人们让他狂吼着再看看……

莱辛的意思是:并不是道德上的考虑使拉奥孔雕像不像在史诗里那样痛极大吼,而是雕刻的物质的表现条件在直接观照里显得不美(在史诗里无此情况),因而雕刻家(画家也一样)须将表现的内容改动一下,以配合造型艺术由于物质表现方式所规定的条件。这是各种艺术的特殊的内在规律,艺术家若不注意它,遵守它,就不能实现美,而美是艺术的特殊目的。若放弃了美,艺术可以供给知识,宣扬道德,服务于实际的某一目的,但不是艺术了。艺术须能表现人生的有价值的内容,这是无疑的。但艺术作为艺术而不是文化的其他部门,它就必须同时表现美,把生活内容提高、集中、精粹化,这是它的任务。根据这个任务各种艺术因物质条件不同就具有了各种不同的内在规律。拉奥孔在史诗里可以痛极大吼,声闻数里,而在雕像里却变成小口微呻了。

莱辛这个创造性的分析启发了以后艺术研究的深入,奠定了艺术科学的方向,虽然他自己的研究仍是有局限性的。造型艺术和文学的界限并不如他所说的那样窄狭、严格,艺术天才往往突破规律而有所成就,开辟新领域、新境界。罗丹就曾创造了疯狂大吼、躯体扭曲,失了一切美的线纹的人物,而仍不失为艺术杰作,创造了一种新的美。但莱辛提出问题是好的,是需要进一步作科学的探讨的,这是构成美学的一个重要部分。所以近代美学家颇有用《新拉奥孔》标名他的著作的。

我现在翻译他的《拉奥孔》里一段具有代表性的文字,论诗里和造型艺术里的身体美,这段文字可以献给朋友在美学散步中做思考资料。莱辛说:

> 身体美是产生于一眼能够全面看到的各部分协调的结果。因此要求这些部分相互并列着,而这各部分相互并列着的事物正是绘画的对象。所以绘画能够、也只有它能够摹绘身体的美。
>
> 诗人只能将美的各要素相继地指说出来,所以他完全避免对身体的美作为美来描绘。他感觉到把这些要素相继地列数出来,不可能获得像它并列时那种效果,我们若想根据这相继地一一指说出来的要素而向它们立刻凝视,是不能给予我们一个统一的协调的图画的。要想构想这张嘴和这个鼻子和这双眼睛集在一起时会有怎样一个效果是超越了人的想象力的,除非人们能从自然里或艺术里回忆到这些部分组成的一个类似的结构

(白华按:读“巧笑倩兮”……时不用做此笨事,不用设想是中国或西方美人而情态如见,诗意具足,画意也具足)。

在这里,荷马常常是模范中的模范。他只说,尼惹斯是美的,阿奚里更美,海伦具有神仙似的美。但他从不陷落到这些美的周密的啰嗦的描述。他的全诗可以说是建筑在海伦的美上面的,一个近代的诗人将要怎样冗长地来叙说这美呀!

但是如果人们从诗里面把一切身体美的画面去掉,诗不会损失过多少?谁要把这个从诗里去掉?当人们不愿意它追随一个姊妹艺术的脚步来达到这些画面时,难道就关闭了一切别的道路了吗?正是这位荷马,他这样故意避免一切片断地描绘身体美的,以至于我们在翻阅时很不容易地有一次获悉海伦具有雪白的臂膀和金色的头发(《伊利亚特》Ⅳ,第319行),正是这位诗人他仍然懂得使我们对她的美获得一个概念,而这一美的概念是远远超过了艺术在这企图中所能达到的。人们试回忆诗中那一段,当海伦到特罗亚人民的长老集会面前,那些尊贵的长老们瞥见她时,一个对一个耳边说:

“怪不得特罗亚人和坚胫甲阿开人,为了这个女人这么久忍受苦难呢,她看来活像一个青春常驻的女神。”

还有什么能给我们一个比这更生动的美的概念,当这些冷静的长老们也承认她的美是值得这一场流了这许多血,洒了那么多泪的战争的呢?

凡是荷马不能按照着各部分来描绘的,他让我们在它的影响里来认识。诗人呀,画出那“美”所激起的满意、倾倒、爱、喜悦,你就把美自身画出来了。谁能构想莎茀所爱的那个对方是丑陋的,当莎茀承认她瞥见他时丧魂失魄,谁不相信是看到了美的完满的形体,当他对于这个形体所激起的情感产生了同情。

文学追赶艺术描绘身体美的另一条路,就是这样:它把“美”转化做魅惑力。魅惑力就是美在“流动”之中。因此它对于画家不像对于诗人那么便当。画家只能叫人猜到“动”,事实上他的形象是不动的。因此在它那里魅惑力会变成了做鬼脸。但是在文学里魅惑力是魅惑力，它是流动的美，它来来去去，我们盼望能再度地看到它。又因为我们一般地能够较为容易地生动地回忆“动作”，超过单纯的形式或色彩，所以魅惑力较之“美”在同等的比例中对我们的作用要更强烈些。

甚至于安拉克耐翁（希腊抒情诗人），宁愿无礼貌地请画家无所作为，假使他不拿魅惑力来赋予他的女郎的画像，使她生动。“在她的香腮上一个酒窝，绕着她的玉颈一切的爱娇浮荡着”（《颂歌》第二十八）。他命令艺术家让无限的爱娇环绕着她的温柔的腮，云石般的颈项！照这话的严格的字义，这怎样办呢？这是绘画所不能做到的。画家能够给予腮巴最艳丽的肉色；但此外他就不能再有所作为了。这美丽颈项的转折，肌肉的波动，那俊俏酒窝因之时隐时现，这类真正的魅惑力是超出了画家能力的范围了。诗人（指安拉克耐翁）是说出了他的艺术是怎样才能够把“美”对我们来形象化感性化的最高点，以便让画家能在他的艺术里寻找这个最高的表现。

这是对我以前所阐述的话一个新的例证，这就是说，诗人即使在谈论到艺术作品时，仍然是不受束缚于把他的描写保守在艺术的限制以内的（白华按：这话是指诗人要求画家能打破画的艺术的限制，表出诗的境界来。但照莱辛的看法，这界限仍是存在的）。

莱辛对诗（文学）和画（造型艺术）的深入的分析，指出它们的各自的局限性，各自的特殊的表现规律，开创了对于艺术形式的研究。

诗中有画，而不全是画，画中有诗，而不全是诗。诗画各有表现的可能性范围，一般地说来，这是正确的。

但中国古代抒情诗里有不少是纯粹的写景，描绘一个客观境界，不写出主体的行动，甚至于不直接说出主观的情感，像王国维在《人间词话》里所说的“无我之境”，但却充满了诗的气氛和情调。我随便拈一个例证并稍加分析。

唐朝诗人王昌龄一首题为《初日》的诗云：

初日净金闺，
先照床前暖；
斜光入罗幕，
稍稍亲丝管；
云发不能梳，
杨花更吹满。

这诗里的境界很像一幅近代印象派大师的画，画里现出一座晨光射入的香闺，日光在这幅画里是活跃的主角，它从窗门跳进来，跑到闺女的床前，散发着一股温暖，接着穿进了罗帐，轻轻抚摩一下榻上的乐器——闺女所吹弄的琴瑟箫笙——枕上的如云的美发还散开着，杨花随着晨风春日偷进了闺房，亲昵地躲上那枕边的美发上。诗里并没有直接描绘这金闺少女（除非云发二字暗示着），然而一切的美是归于这看不见的少女的。这是多么艳丽的一幅油画呀！

王昌龄这首诗，使我想起德国近代大画家门采尔的一幅油画（门采尔的素描一九五六年曾在北京展览过），那画上也是灿烂的晨光从窗门撞进了一间卧室，乳白的光辉浸漫在长垂的纱幕上，随着落上地板，又返跳进入穿衣镜，又从镜里跳出来，抚摸着椅背，我们感到晨风清凉，朝日温煦。室里的主人是在画面上看不见的，她可能是在屋角的床上坐着。（这晨风沁人，怎能还睡？）

太阳的光
洗着她早起的灵魂，
天边的月
犹似她昨夜的残梦。

（《流云小诗》）

门采尔这幅画全是诗，也全是画；王昌龄那首诗全是画，也全是诗。诗和画里都是演着光的独幕剧，歌唱着光的抒情曲。这诗和画的统一不是和莱辛所辛苦分析的诗画分界相抵触吗?

我觉得不是抵触而是补充了它,扩张了它们相互的蕴涵。画里本可以有诗(苏东坡语),但是若把画里每一根线条,每一块色彩,每一条光,每一个形都饱吸着浓情蜜意,它就成为画家的抒情作品,像伦勃朗的油画,中国元人的山水。

诗也可以完全写景,写"无我之境",而每句每字却反映出自己对物的抚摩,和物的对话,表出对物的热爱,像王昌龄的《初日》那样,那纯粹的景就成了纯粹的情,就是诗。

但画和诗仍是有区别的,诗里所咏的光的先后活跃,不能在画面上同时表出来,画家只能捉住意义最丰满的一刹那,暗示那活动的前因后果,在画面的空间里引进时间感觉。而诗像《初日》里虽然境界华美,却赶不上门采尔油画上那样光彩耀目,直射眼帘。然而由于诗叙写了光的活跃的先后曲折的历程,更能丰富着和加深着情绪的感受。

诗和画各有它的具体的物质条件,局限着它的表现力和表现范围,不能相代,也不必相代。但各自又可以把对方尽量吸进自己的艺术形式里来。诗和画的圆满结合(诗不压倒画,画也不压倒诗,而是相互交流交浸),就是情和景的圆满结合,也就是所谓"艺术意境"。我在十几年前曾写了一篇《中国艺术意境之诞生》,对中国诗和画的意境做了初步的探索,可以供散步的朋友们参考,现在不再细说了。

(原刊《新建设》1959 年第 7 期)

读《论美》后一些疑问

《新建设》1957年2月号发表了高尔太的《论美》一文,我读过以后,觉得有一些疑问,特提出来供作者参考。

作者说:"有没有客观的美呢?我的回答是否定的:客观的美并不存在。"我说,当我们欣赏一个美的对象的时候,譬如我们说:"这朵花是美的",这话的涵义是肯定了这朵花具有美的特性和价值,和它具有红的颜色一样。这是对于一个客观事物的判断,并不是对于我的主观感觉或主观感情的判断。这判断表白了一个客观存在的事实。当我听说某一个歌舞场面很美时,我会不惜辛苦去排队几小时,花了钱买票,目的是要去亲眼看见那客观存在的美的对象,这个客观存在的美的对象丰富了我的心灵,充实了我的生活,我把这个新获得的,原来我没有的东西——这次的美的认识——带回家来,可以夸耀于那些没有看到这歌舞的朋友,这美的对象对于我这鉴赏美的主观心灵是百分之百的客观事实,不以我的意志为转移,我要忘了自己才能充分占有它,否则我也不会费力费钱去获得它了(这个美可以让无数的人同时占有,不像一块面包,这是它的特点)。

歌德在他中年时候,摆脱了他的一切事务,悄悄地"逃往"意大利去认识和研究古典的美,对于歌德,古典的美的型范是在意大利客观地存在着,他不去是无法亲自接受、占有它的。他占有了以后,写出他的名剧《伊菲吉利》,是德国文学中最具有古典美的杰作。你若对歌德说,古典美只是你的心理过程,歌德一定瞠目不解。他一定对我们把手指向罗马。

米开朗琪罗和贝多芬一生吃的苦，费的力是大极了，是惊人的。为的是什么？为的是美！为的是那对他们自己和对我们都客观地存在着的美，永恒不朽的美。

科学家(心理学家)先肯定了美的对象客观存在的事实，然后研究这美的对象被人们接受吸收时客观的和主观的条件，分析这“美的对象”的内容和结构(如和谐等等)，然后“美学”才建立了起来。如果没有客观存在着美，人们做梦也不想研究美学，国家也不能提倡美育，设立美术馆。提倡美育就是培养人民对客观存在着的美的对象能够接受和正确地认识，像科学那样培养我们对自然和社会的真理有正确的认识。

至于人们欣赏美的事物时须具备着主观方面的心理条件，如感性认识、理性认识、想象力的活动和情绪活动，甚至于在看戏时还要带望远镜，这就同人们对物理现象做科学研究时也要具备着主观方面的心理条件，如感性认识、理性认识、想象力，情绪活动须收敛些，而求知意志须坚强些，有时也用显微镜望远镜等器械，但人们不能因此就说“物理现象”就是“感觉的复合”、“心理的过程”(马赫曾有此谬论，已被列宁据理驳斥掉了)。

作者否定了美的客观存在，但他在下面几句话似乎又肯定了美的客观存在。

作者在第54页里说：

> 我们爱大自然，就因为大自然的美。我们爱某人，如果不是因为那人的外貌是美的，便是因为那人的灵魂是美的。反过来，如果我们觉得某人的外貌或者灵魂是美的时候，我们便会爱某人。

这几句话我是可以同意的，但是它是和作者前面开宗明义的话自相矛盾了。这里作者显然承认大自然自身是美的，或具有美的性质的，客观地存在着美。否则这个可贵的“爱”岂不落空了吗。

作者这篇文章里逻辑性是不够强的。

但是作者忽然又把爱“美”转化作“爱”“善”，并且坚决地主张“爱”“善”正是“美”。他说：“美如果离开了善与爱，便无法获得自己的意义。”又说：“善与爱的原则，是唯一正确的原则，因为只有它适用于一切场合。”

美的“自己的意义”就是“爱”“善”。那么，美学应该划归到伦理学的范围了。

如果说，“爱”“善”就是美，就是“美的基本法则”，那么伦理学就该划归到美学范围里去了。

怎么办？

关于艺术和美的关系，作者有下面几句话：

> 事实上，艺术在创造着美，这美不是在艺术家的劳动过程中，而是在读者受到感动的时候产生出来的。（重点号是我加的。白华）

上半句说“艺术在创造着美”，下半句说“美是在读者受到感动的时候产生出来的”。“创造”、“劳动过程”和“产生”分别在哪里？

（原刊《新建设》1957 年第 3 期）

关于美学研究的几点意见

(一)要从比较中见出中国美学的特点

中国美学有悠久的历史,材料丰富,成就很高,要很好地进行研究。同时也要了解西方的美学。要在比较中见出中国美学的特点。

就拿园林来说,中国的园林就很有自己的特点。颐和园、苏州园林以及《红楼梦》中的大观园,都和西方的园林不同。像法国的凡尔赛等地的园林,一进去,就是笔直的通道,横平竖直,都是几何形的。中国园林,进门是一个大影壁,绕过去,里面遮遮掩掩,曲曲折折,变化多端,走几步就是一番风景,韵味无穷。把中国园林跟法国园林作些比较,就可以看出两者的艺术观、美学观是不同的。

可否这样说,在美学思想发展的最初阶段,中国重形象,西方重理性。先秦诸子有多少美学思想?应该如何估价?要综合起来研究,看看他们有什么特点。比如庄子,他的文章做得很好,善于利用寓言故事,利用艺术形象来表达他的思想,生动活泼。有些故事,我们可以看成是他的艺术理论,但在他自己来说,是为了表达一定的哲学思想的。庄子的思想对后世的文学、绘画等的影响很大。它影响到后来的诗人如陶渊明、苏东坡,还有间接一点的谢灵运,对于山水风景等自然界的兴趣。对后人影响大的,还有老子、墨子、孔子、孟子等人的思想。儒家的思想影响最大,时间最长。而西洋美学是从古希腊传下来的,基本上是一个理性主义的传统,注重规则、规律。方方正正的几何体园林布局也正是这种传统美学思想的体现。

世界上有两部书对后世的艺术影响很大。一部是中国的《诗经》,一部是荷马的叙事诗。《诗经》重情感,重对自然景物的欣赏,重道德;在抒情诗中,写的是情感,而大多表现的是一定的伦理思想。与此相异的是,希腊叙事诗重人,侧重于描写广阔的背景、人物、故事。荷马史诗也影响了雕刻,希腊雕刻就是以人体为主的。

中国的艺术,如人体画方面,受到希腊艺术间接的影响,那是通过丝绸之路从印度、波斯等国传进来的。中国的石刻,也受到印度的影响。但中国有自己的特点。中国重线条,古代画就用线条来勾画人物。在石刻中也如此,汉石刻,注意线条传神,不像希腊那样立体化。西洋的透视学在明代就传入中国,但在中国并不受重视,甚至受抵制。中国的画同书法、诗结合得尤为密切。中国的毛笔灵巧得很。这个工具,对于中国艺术与美学思想的发展来说,其作用是不可忽视的。这是中国所特有的。研究中国美学就不能不注意它和外国美学的区别。中外美学思想的比较,我们做了一些工作,取得了一定的成果。这方面的研究还要深入做下去。

(二)要重视中国人美感发展史的研究

中国古代文物很多。解放后地下发掘的文物增加了不少。北京条件很好,故宫博物院收藏的东西很丰富。西安、郑州等一带是我国考古工作的中心地区,最近还挖掘了一个东周的古城。在湖北发现了编钟、编磬。编钟的声音好极了,连今天的乐曲都能演奏。这是世界美学史上难得的东西。可以看出中国两千多年前对音律掌握的水平。那时我国的音乐就已很发达了。难怪孔子那么重视音乐。那么丰富的文物被发掘了出来,考古学家光忙于考古,还来不及对这些文物从美学等方面加以深入的研究,我们专门搞美学的同志要好好利用这些无价之宝。

对于文物的收集、保护和研究，是我们一个很重要的任务。中国的雕塑，如敦煌的雕塑，好得很。靠近内地一点，云冈石窟和龙门石窟，规模很大，很有水平。尤其是龙门石像，艺术价值更高。那么大的雕像，那么逼真的神态、衣服等，很了不起。西洋人一看，惊叹不已。那些古代艺术家连个名字也不留。当然也有例外。南京栖霞山有不少的山洞，洞里有石刻。我看到有尊佛像，在后面的一个角落里，雕了一个拿着斧头的石匠的像。这就是艺术家特别的签名法，很有意思。这说明艺术家发现了自我，看到了自己的力量："我有我的创造，我有我的地位!"像这些地方的雕塑，应注意保护并加以研究。西洋人对中国的文物很感兴趣，但毕竟研究起来不方便，文字就是一个大难关。还有他们搞不如我们搞那么亲切。敦煌的东西在巴黎不少，他们看不懂，至今也没有介绍出来。我希望，为了发展美学事业，可以合作研究，作为世界艺术的成果公之于世。

多少年来，有一种偏见，认为像中国象牙雕刻等装饰性的东西是雕虫小技。这也是受文人的影响，瞧不起这些工艺美术。现在应该打破这种偏见。古老的陶器是中国最早的艺术品之一，也应重视。研究中国美学思想和艺术史，有一个不足，就是夏朝的东西找不到。那时有没有青铜器？现在不能断定。商代的铜器就很多，工艺水平已经很高了。从美学观点来看，最早的、值得研究的首先是陶器上的花纹。这些花纹不尽是模仿自然的形象，多是人的创造。这些花纹主要是图案，千变万化，丰富得很，研究中国古代的美感应该研究这些东西。仰韶文化时就有了彩陶了。最近出了一本《甘肃彩陶》，颜色、图案、花纹都值得研究。那彩陶是中国最早的艺术材料。我们不仅应研究山水、人物画，也要研究图案。要研究各种文化遗产，如龙凤艺术。龙和凤都不是现实的东西，龙凤图案不是现实东西的模仿，但却对中国现实影响很大。古代装饰上尽是这些东西。研究这些东西，可以理解中国人的美感形态。现代西方的一些画派画家，譬如毕加索等，就是从一些小岛上发现最古老的花纹、原始图案，加以改造进行创新的。把图案几何化，于是就形成表现主义、立体主义、几何主义等新学派。他们都是从古代的东西中汲取营养,创立新画派,成为大画家的。我并不是主张我们今天应该像他们那样走,但是,中国古代的东西,我们自己应该研究。我们要从这些材料出发,研究中国美感的特点和发展规律,找出中国美学的特点,找出中国美学发展史的规律来。

(三)路是走出来的,不是想出来的

中国有个传统说法,叫“诗中有画,画中有诗”。外国有人批评说,中国把画归入诗,变成文学作品了。其实我觉得,把诗、书、画结合起来,没有什么不好。艺术应该自由一些。艺术家应该自由创造,走自己的路。规定得太死了,对艺术没有什么好处。

在艺术方面,现在国外有各种动向。中国的路怎么走法?路是走出来的,不是想出来的。我们要研究中国的美学材料,研究中国美学史,找出规律性的东西,对今后的发展提出个意见,供人们参考,而不是要规定什么。

搞美学的人应打开眼界,多看看,对各种流派不要轻易地下结论。历史上这样的事例很多:一种新的派别出来,往往被人骂,但是到后来,影响都是很大的。毕加索的影响就很大,研究他的人不少。马蒂斯,把他的名字译成“马踢死”。但是马蒂斯也有他的价值,他别出心裁。现在他的画比古画还值钱。像毕加索、马蒂斯等人,他们的画究竟怎么样,还要靠历史来检验。我主张在艺术上采取宽容的政策。现在有些外国画,我们看不懂,不知究竟它是不是艺术,画的是什么,美在什么地方,那就多看看,多研究研究吧。不好的,看过了就算了,丢掉就是了,对我们也没有什么妨碍。

对于搞创作的,我主张鼓励他们多创作。我有一些画画的朋友,过去画西洋画,画模特儿很认真,后来到晚年又转画中国画,取得很好的成就。因为他有过去画西洋画的基础,所以放开笔来画中国画,就形成了自己的特点。齐白石、徐悲鸿、刘海粟等人,到晚年画都有很大的进步。要鼓励创新,对有些新东西,不要轻易说这个是不美的、那个是不好的,要多了解,多研究。对绘画如此,对文学作品也是如此。一部小说,一篇散文,能有些新意那是不容易的。应该鼓励大家创造。失败了也不要紧,可以重来。搞艺术批评的人要尽量宽容些。搞美学研究,也需要从发展的观点来看问题。要让作品在社会上多经一些人看看。这对中国美学和艺术的发展是会有好处的。

中国艺术有自己的悠久的传统。历史上,我们也吸收外来的东西,吸收之后就很快地发展了自己的东西。拿雕塑来说,虽然受到了印度的影响,也间接地受到希腊的影响,人物多是佛像,但是中国人的面貌,中国人的神态,很快就强烈地表现出来了;线条、衣服等,也都中国化了。越是靠近中国内地,中国化得越厉害。所以,我看吸收外国艺术表现手法这问题不用过于担心。他画西洋画,画得好了,也很好嘛。反过来再画中国画,创造自己的特点,也很好。"百花齐放,百家争鸣",这确实是发展文化艺术的规律。至于艺术家创作的作品是不是花,先让它长出来,历史自会作结论。中国美学的发展,也只有"百家争鸣",大家用认真的科学的态度对待问题,联系实际,好好讨论、研究,才可望取得更大的成果。中国人民是富有艺术才能的。随着社会的安定和进步,经过大家的努力,艺术必然会繁荣起来,美学也会大有发展。总之,对于艺术与美学的前景,我是很乐观的。

(原刊《文艺研究》1981 年第 2 期)

美学与趣味性

美学的研究与论述可以采取各种不同的形态:柏拉图以对话的形式谈论美与艺术;康德以严肃的哲学分析的方式研究美的判断力;西方近代的一些美学家从心理分析的角度探寻美的意识的特点;中国魏晋六期时代的文人则注重从人物的风度、言语的隽妙、行动的别致来欣赏美,并把“气韵生动”列为美术的终极目标,等等。

所以,美学的内容,不一定在于哲学的分析、逻辑的考察,也可以在于人物的趣谈、风度和行动,可以在于艺术家的实践所启示的美的体会与体验。就后面这种方式来说,六朝的《世说新语》正是先驱,后来续出的不少,颇为人们所喜爱。现在这本《艺苑趣谈录》扩大范围,从古今中外的艺术史中广泛撷取富有启发性的趣事趣谈,就更显得丰富多彩了。它并不是一本系统论述文艺美学的理论著作,它也并不直接解决文艺美学的某个理论问题。但是它所选取的古今中外著名艺术家的这些趣事趣谈,却可以启发我们去思考和研究文艺美学的很多理论问题。这也许就是它的特色与价值之所在。照我想,一本书的学术性和趣味性并不是互相排斥的。真正理想的美学著作,所应追求的恰恰应该是学术性和趣味性的统一。不知读者以为如何?

(一九八二年十月)

(本文系为龙协涛编著、北京大学出版社出版《艺苑趣谈录》一书写的序)

艺术形式美二题

（一）

每个艺术家都要创造形式来表现他的思想。有些人以为形式最好不谈，歌德说过，文艺作品的题材是人人可以看见的，内容意义经过一番努力才能把握，至于形式对大多数人是一个秘密。我认为每一个艺术家必须创造自己独特的形式，而事实也是如此，十个艺术家去表现同一个题材，每个人表现的形式一定不同。要使内容更加集中、深化、提高，需要创造形式。所谓形式主义，变成形式的游戏，歪曲了形式的本质。没有创造性的形式，很可能不美，不能打动人心。艺术品能够感动人，不但依靠新内容，也要依靠新形式，假若观众无动于衷，那才是形式主义。真正的艺术家是想通过完美的形式感动人，自然要有内容，要有饱满的情感，还要有思想。艺术的魅力是无穷无尽的，然而艺术家不是赤裸裸地表达，而是让人探索无穷，几百年以后还有影响。讲来讲去，一句话：在艺术创作中要有形式的创造，所谓形象就是内容和形式。

（二）

形式美没有固定的格式，这是一种创造。同一题材可以出现不同的作品，以形式给题材新的意义，又表现了作者人格个性。哪怕是旧题材。例如歌德的《浮士德》，故事本身不仅流传久远，英国作家马洛也早就写过，但歌德写起来就面貌一新；莎士比亚的许多作品也是这样。《浮士德》、《红楼梦》的思想境界可以有不同的体会和解释。陶渊明的诗，历代诗人对他的评价和领会就不同。同一作品，年轻时和年老时体会就不同，我年轻时看王羲之的字，觉得很漂亮，但理解很肤浅，现在看来就不同，觉得很有骨力，幽深无际，而且体会到他表现了魏晋时代文人潇洒的风度。这些"秘密"都是依靠形式美来表达的。云冈、龙门石窟艺术的境界很深，我们的认识和古人不一样，但是我们尽可以有新的体会。这一切都是内容和形式完美结合所创造的形象的魅力。形象可以造成无穷的艺术魅力，可以给人以无穷的体会，探索不尽，又不是神秘莫测不可理解。音乐也是这样。音乐的语言如果可以翻译成为逻辑语言的话，音乐就没有存在的必要了。这就是形式美的"秘密"和奥妙所在。

（原刊《光明日报》1962 年 1 月 8 日、9 日）

略谈艺术的“价值结构”

近代美学的开始是笼罩在实验心理学的方法与观点下面,成为心理学的局部。美感过程的描述,艺术创造与艺术欣赏之心理的分析,成为美学的中心事务。而艺术品本身的价值的评判,艺术意义的探讨与发阐,艺术理想的设立,艺术对于人生与文化的地位与影响,这些问题向来是哲学家与批评家所注意的。现在仍是交给哲学家与批评家去发表意见。

但这一些问题可以集中于一个主体问题:这就是“艺术”这个“价值结构体”的分析与研究。艺术是人类文化创造生活之一部,是与学术道德工艺政治同为实现一种“人生价值”和“文化价值”。普通人说艺术之价值在“美”,就同学术道德之价值在“真”与“善”一样。然自然界现象也表现美,人格个性也表现美。艺术固然美,却不止于美。且有时正在所谓“丑”中表现深厚的意趣,在哀感沉痛中表现缠绵的顽艳。艺术不只是具有美的价值,且富有对人生的意义,深入心灵的影响。艺术至少是三种主要“价值”的结合体:

(一)形式的价值。就主观的感受言即“美的价值”。

(二)描象的价值。就客观言为“真的价值”,就主观感受言,为“生命的价值”(生命意趣之丰富与扩大)。

(三)启示的价值。启示宇宙人生之意义之最深的意义与境界,就主观感受言,为“心灵的价值”,心灵深度的感动,有异于生命的刺激。

“形”“景”“情”是艺术的三层结构，现在略略谈述如下：

形式的价值，关于艺术中所谓“形式”之意义与价值，我最近在另一篇文字里(《论中西画法之渊源与基础》，载中央大学《文艺丛刊》第二期)曾有以下的说明，兹引述于此，不再费词：

> 美术中所谓形式，如数量的比例，形线的排列(建筑)，色彩的和谐(绘画)，音律的节奏，都是抽象之点线面体或音色等的交织结构，以网罩万物形相及心情诸感，有如细纱面幂，垂佳人之面，使人在摇曳荡漾，似真似幻中窥探真理，引人无穷之思。

但形式的作用尚不止此，可以别为三项：

(一)美的形式的组织使一片自然或人生的景象自成一独立的有机体，自构一世界，从吾人实际生活之种种实用关系中超脱自在：“间隔花”是“形式”的重要的消极的功用。

美的对象之第一步需要间隔。图画的框，雕像的石座，堂宇的栏杆台阶，剧台的帘幕(新式的配光法及观众坐黑暗中)，从窗眼窥青山一角，登高俯瞰黑夜幕罩的灯火街市。这些幻美的境界都是由各种间隔作用造成。

(二)美的形式之积极的作用是组织，集合，配置。一言蔽之，是构图。使片景孤境自织成一内在自足的境界，无求于外而自成一意义丰满的小宇宙。要能不待框框已能遗世独立，一顾倾城。

希腊大建筑家以极简单朴质的形体线条构造雅典庙堂，使人千载之下瞻赏之，尤有无穷高远圣美的意境，令人不能忘怀。

(三)形式之最后与深深的作用，就是它不只是化实相为空灵，引人精神飞越，超入幻美，而尤在它能进一步引人“由幻即真”深入生命节奏的核心。世界上唯有最抽象的艺术形式，如建筑，音乐，舞蹈姿态，中国书法，中国戏面谱，钟鼎彝器的形态花纹……乃最能象征人类不可言不可状之心灵姿式与生命的律动。

每一个伟大的时代，伟大的文化，都欲在实用生活之余裕，或在宗教典礼、庙堂祭祀时，以庄严的建筑，崇高的音乐，闳丽的舞蹈，表达这生命的高潮、一代精神的最深节奏。建筑形体的抽象结构，音乐的节律和谐，舞蹈的线纹姿式，最能表现吾人深心的情调与律动。吾人藉及返于“失去了的和谐，埋没了的节奏，重新获得生命的核心，乃得真自由，真解脱，真生命”。

“形式”为美术之所以成为美术的基本条件，独立于科学哲学道德宗教等文化事业外，自成一文化的结构，生命的表现。它不只是实现了“美”的价值，且深深地表达了生命的情调与意味。

然人生仪态万方，宇宙也奇丽诡秘，生命的境界无穷尽，形象的姿式也无穷尽，于是描摹物象以达造化之情，也是艺术的主要事业。

描象的价值。文学绘画雕刻都是描写人物情态形象以寄托遥深的意境。希腊的雕刻保存着希腊的人生姿态，莎士比亚的剧本表现着文艺复兴时的人心悲剧。艺术的描摹不是机械的摄影，乃系以象征方式提示人生情景的普遍性。“一朵花中窥见天国，一粒沙中表象世界”，艺术家描写人生万物都是这种象征式的。我们在艺术的描象中可以体验着“人生的意义”，“人心的定律”，“自然物象最后最深的结构”，就同科学家发现物理的构造与力的定理一样。艺术的里面不只是美，且包含着“真”。

这种“真”的呈露，使我们鉴赏者周历多层的人生境界，扩大心襟，以至于与人类的心灵为一体，没有一丝的人生意味不反射自己心里。在此已经触到艺术的启示价值。清代大画家恽南田曾对于一幅画景有如是的描写：

> 谛视斯境，一草，一树，一丘，一壑，皆灵想所独辟，总非人间所有。其意象在六合之表，荣落在四时之外。

这几句话真说尽艺术所启示的最深境界。艺术的境相本是幻的，所谓“灵想所独辟，总非人间所有”。但它同时却启示了高一级的真实，所谓“意象在六合之表”。古人说：“超以象外，得其环中。”借幻境以表现最深的真境，由幻以入真，这种“真”不是普遍的语言文字，也不是科学公式所能表达的真，这只是艺术的“象征力”所能启示的真实。

真实是超时间的,所以"荣落在四时之外"。艺术同哲学科学宗教一样,也启示着宇宙人生最深的真实,但却是借助于幻想的象征力以诉之于人类的直观的心灵与情绪意境。而"美"是它的附带的"赠品"。

（原刊1934年7月《创作与批评》第1卷第2期）

略论文艺与象征

诗人艺术家在这人世间,可具两种态度:醉和醒。醒者张目人间,寄情世外,拿极客观的胸襟"漱涤万物,牢笼百态"(柳宗元语),他的心像一面清莹的镜子,照射到街市沟渠里面的污秽,却同时也映着天光云影,丽日和风!世间的光明与黑暗,人心里的罪恶与圣洁,一体显露,并无差等。所谓"赋家之心,包括宇宙",人情物理,体会无遗。英国的莎士比亚,中国的司马迁,都会留下"一个世界"给我们,使我们体味不尽。他们的"世界"虽是匠心的创造,却都是具有真情实理,生香活色,与自然造化一般无二。

然而他们究竟是大诗人,诗人具有别材别趣,尤贵具有别眼。包括宇宙的赋家之心反射出的仍是一个"诗心"所照临的世界。这个世界尽管十分客观,十分真实,十分清醒,终究蒙上了一层诗心的温情和智慧的光辉,使我们读者走进一个较现实更清朗更生动更深厚的富于启发性的世界。

所以诗人善醒,他能透澈人情物理,把握世界人生真境实相,散布着智慧,那由深心体验所获得的晶莹的智慧。

但诗人更要能醉,能梦。由梦由醉,诗人方能暂脱世俗,起俗凡近,深深地深深地坠入这世界人生的一层变化迷离、奥妙惝恍的境地。古诗十九首,空乱道,归趣难穷,读之者回顾踌躇,百端交集,茫茫宇宙,渺渺人生,念天地之悠悠,独怆然而涕下;一种无可奈何的情绪,无可表达的沉思,无可解答的疑问,令人愈体愈深,文艺的境界邻近到宗教的境界(欲解脱而不得解脱,情深思苦的境界)。

这样一个因体会之深而难以言传的境地,已不是明白清醒的逻辑文体所能完全表达。醉中语有醒时道不出的。诗人艺术家往往用象征的(比兴的)手法才能传神写照。诗人于此凭虚构象,象乃生生不穷;声调,色彩,景物,奔走笔端,推陈出新,迥异常境。戴叔伦说:"诗家之境,如蓝田日暖,良玉生烟,可望而不可置于眉睫之间。"就是说艺术的艺境要和吾人具相当距离,迷离惝恍,构成独立自足,刊落凡近的美的意象,才能象征那难以言传的深心里的情和境。

所以最高的文艺表现,宁空毋实,宁醉毋醒。西洋最清醒的古典艺境,希腊雕刻,也要在圆浑的肉体上留有清癯而不十分充满的境地,让人们心中手中波动一痕相思和期待。阿波罗神像在他极端清朗秀美的面庞上仍流动着沉沉的梦意在额眉眼角之间。

杜甫诗云:"篇终接混茫",有尽的艺术形象,须映在"无尽"的和"永恒"的光辉之中,"言在耳目之内,情寄八荒之表"。一切生灭相,都是"永恒"的和"无尽"的象征。屈原,阮籍,左太冲,李白,杜甫,都曾登高远望,情寄八荒。陶渊明诗云:"愿言蹑清风,高举寻吾契",也未尝没有这"登高远望所思"(阮籍诗句)的浪漫情调。但是他又说:"即事如已高,何必升华嵩?"这却是儒家的古典精神。这和他的"结庐在人境,而无车马喧",同样表现出他那"即平凡即圣境"的深厚的人生情趣。无怪他"即事多所欣",而深深地了解孔颜的乐处。

中国的诗人画家善于体会造化自然的微妙的生机动态。徐迪功所谓"朦胧萌坼,浑沌贞粹"的境界。画家发明水墨法,是想追蹑这朦胧萌坼的神化的妙境。米友仁(宋画家)自题蒲湘图:"夜雨欲霁,晓烟既泮,则其状类若此。"韦苏州(唐诗人)诗云:"微雨夜来过,不知春草生",都能深入造化之"几",而以诗画表露出来。这种境界是深静的,是哲理的,是偏于清醒的,和古诗十九首的苍茫踌躇,百端交集,大不相同。然而同是人生的深境,同需要象征手法才能表达出来。

清初叶燮在《原诗》里说得好:"要之,作诗者实写理,事,情。可以言言,可以解解,即为俗儒之作。唯不可名言之理,不可施见之事,不可经达之情，则幽眇以为理，想象以为事，惝恍以为情，方为理至，事至，情至之语。”又说：“可言之理，人人能言之，安在诗人之言之。可征之事，人人能述之，又安在诗人之述之，必有不可言之理，不可述之事，遇之于默会意象之表，而理与事无不灿然于前者也。”

他这话已经很透彻地说出文艺上象征境界的必要，以及它的技术，即“幽眇以为理，想象以为事，惝恍以为情”，然后动用声调，词藻，色彩，巧妙地烘染出来，使人默会于意象之表，寄托深而境界美。

（原刊 1947 年 9 月《观察》第 3 卷第 2 期）

论文艺的空灵与充实

周济(止庵)《宋四家词选》里论作词云:“初学词求空,空则灵气往来!既成格调,求实,实则精力弥满。”

孟子曰:“充实之谓美。”

从这两段话里可以建立一个文艺理论,试一述之:先看文艺是什么?画下面一个图来说明:

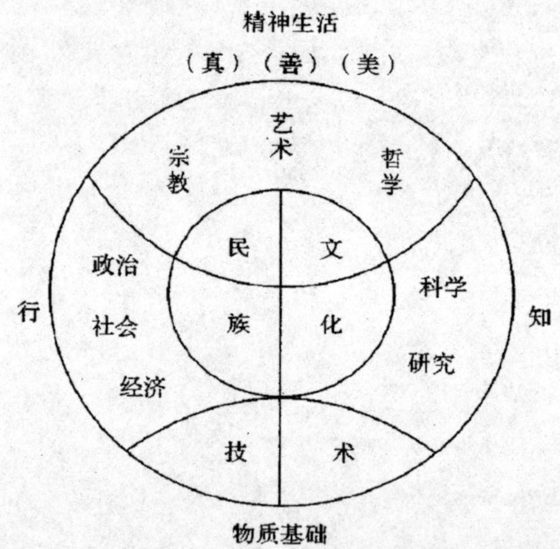

一切生活部门都有技术方面,想脱离苦海求出世间法的宗教家,当他修行正果的时候,也要有程序、步骤、技术,何况物质生活方面的事件?技术直接处理和活动的范围是物质界。它的成绩是物质文

明,经济建筑在生产技术的上面,社会和政治又建筑在经济上面。然经济生产有待于社会的合作和组织,社会的推动和指导有待于政治力量。政治支配着社会,调整着经济,能主动,不必尽为被动的。这因果作用是相互的。政与教又是并肩而行,领导着全体的物质生活和精神生活。古代政教合一,政治的领袖往往同时是大教主、大祭师。现代政治必须有主义做基础,主义是现代人的宇宙观和信仰。然而信仰已经是精神方面的事,从物质界、事务界伸进精神界了。

人之异于禽兽者,有理性、有智慧,他是知行并重的动物。知识研究的系统化,成科学。综合科学知识和人生智慧建立宇宙观、人生观,就是哲学。

哲学求真,道德或宗教求善,介乎二者之间表达我们情绪中的深境和实现人格的谐和的是"美"。

文学艺术是实现"美"的。文艺从它左邻"宗教"获得深厚热情的灌溉,文学艺术和宗教携手了数千年,世界最伟大的建筑雕塑和音乐多是宗教的。第一流的文学作品也基于伟大的宗教热情。《神曲》代表着中古的基督教。《浮士德》代表着近代人生的信仰。

文艺从它的右邻"哲学"获得深隽的人生智慧、宇宙观念,使它能执行"人生批评"和"人生启示"的任务。

艺术是一种技术,古代艺术家本就是技术家(手工艺的大匠)。现代及将来的艺术也应该特重技术。然而他们的技术不只是服役于人生(像工艺),而是表现着人生,流露着情感个性和人格的。

生命的境界广大,包括着经济、政治、社会、宗教、科学、哲学。这一切都能反映在文艺里。然而文艺不只是一面镜子,映现着世界,且是一个独立的自足的形相创造。它凭着韵律、节奏、形式的和谐、彩色的配合,成立一个自己的有情有相的小宇宙;这宇宙是圆满的、自足的,而内部一切都是必然性的,因此是美的。

文艺站在道德和哲学旁边能并立而无愧。它的根基却深深地植在时代的技术阶段和社会政治的意识上面,它要有土腥气,要有时代的血肉,纵然它的头须伸进精神的光明的高超的天空,指示着生命的真谛,宇宙的奥境。

文艺境界的广大，和人生同其广大；它的深邃，和人生同其深邃，这是多么丰富、充实！孟子曰："充实之谓美。"这话当作如是观。

然而它又需超凡入圣，独立于万象之表，凭它独创的形相，范铸一个世界，冰清玉洁，脱尽尘滓，这又是何等的空灵？

空灵和充实是艺术精神的两元，先谈空灵！

一　空灵

艺术心灵的诞生，在人生忘我的一刹那，即美学上所谓"静照"。静照的起点在于空诸一切，心无挂碍，和世务暂时绝缘。这时一点觉心，静观万象，万象如在镜中，光明莹洁，而各得其所，呈现着它们各自的充实的、内在的、自由的生命，所谓万物静观皆自得。这自得的、自由的各个生命在静默里吐露光辉。苏东坡诗云：

> 静故了群动，空故纳万境。

王羲之云：

> 在山阴道上行，如在镜中游。

空明的觉心，容纳着万境，万境浸入人的生命，染上了人的性灵。所以周济说："初学词求空，空则灵气往来。"灵气往来是物象呈现着灵魂生命的时候，是美感诞生的时候。

所以美感的养成在于能空，对物象造成距离，使自己不沾不滞，物象得以孤立绝缘，自成境界：舞台的帘幕，图画的框廓，雕像的石座，建筑的台阶、栏杆，诗的节奏、韵脚，从窗户看山水、黑夜笼罩下的灯火街市、明月下的幽淡小景，都是在距离化、间隔化条件下诞生的美景。

李方叔词《虞美人·过拍》云："好风如扇雨如帘，时见岸花汀草涨痕添。”

李商隐词：“画檐簪柳碧如城，一帘风雨里，过清明。”

风风雨雨也是造成间隔化的好条件，一片烟水迷离的景象是诗境，是画意。

中国画堂的帘幕是造成深静的词境的重要因素，所以词中常爱提到。韩持国的词句：

燕子渐归春悄，帘幕垂清晓。

况周颐评之曰：“境至静矣，而此中有人，如隔蓬山，思之思之，遂由静而见深。”

董其昌曾说：“摊烛下作画，正如隔帘看月，隔水看花！”他们懂得“隔”字在美感上的重要。

然而这还是依靠外界物质条件造成的“隔”。更重要的还是心灵内部方面的“空”。司空图《诗品》里形容艺术的心灵当如“空潭泻春，古镜照神”，形容艺术人格为“落花无言，人淡如菊”，“神出古异，淡不可收”。艺术的造诣当“遇之匪深，即之愈稀”，“遇之自天，泠然希音”。

精神的淡泊，是艺术空灵化的基本条件。欧阳修说得最好：“萧条淡泊，此难画之意，画家得之，览者未必识也。故飞动迟速，意浅之物易见，而闲和严静，趣远之心难形。”萧条淡泊，闲和严静，是艺术人格的心襟气象。这心襟、这气象能令人“事外有远致”，艺术上的神韵油然而生。陶渊明所爱的“素心人”，指的是这境界。他的一首《饮酒》诗更能表出诗人这方面的精神状态：

结庐在人境，而无车马喧。
问君何能尔，心远地自偏。
采菊东篱下，悠然见南山。
山气日夕佳，飞鸟相与还。
此中有真意，欲辨已忘言。

陶渊明爱酒，晋人王蕴说："酒正使人人自远。""自远"是心灵内部的距离化。

然而"心远地自偏"的陶渊明才能悠然见南山，并且体会到"此中有真意，欲辨已忘言"。可见艺术境界中的空并不是真正的空，乃是由此获得"充实"，由"心远"接近到"真意"。

晋人王荟说得好："酒正引人著胜地。"这使人人自远的酒正能引人著胜地。这胜地是什么？不正是人生的广大、深邃和充实？于是谈"充实"！

二 充实

尼采说艺术世界的构成由于两种精神：一是"梦"，梦的境界是无数的形象（如雕刻）；一是"醉"，醉的境界是无比的豪情（如音乐）。这豪情使我们体验到生命里最深的矛盾、广大的复杂的纠纷；"悲剧"是这壮阔而深邃的生活的具体表现。所以西洋文艺顶推重悲剧。悲剧是生命充实的艺术。西洋文艺爱气象宏大、内容丰满的作品。荷马、但丁、莎士比亚、塞万提斯、歌德，直到近代的雨果、巴尔扎克、斯丹达尔、托尔斯泰等，莫不启示一个悲壮而丰实的宇宙。

歌德的生活经历着人生各种境界，充实无比。杜甫的诗歌最为沉着深厚而有力，也是由于生活经验的充实和情感的丰富。

周济论词空灵以后主张："求实，实则精力弥满。精力弥满则能赋情独深，冥发妄中，虽铺叙平淡，摹绘浅近，而万感横集，五中无主，读其篇者，临渊窥鱼，意为鲂鲤，中宵惊电，罔识东西，赤子随母啼笑，乡人缘剧喜怒。"这话真能形容一个内容充实的创作给我们的感动。

司空图形容这壮硕的艺术精神说："天风浪浪，海山苍苍。真力弥满，万象在旁。""返虚入浑，积健为雄。""生气远出，不著死灰。妙造自然，伊谁与裁。""是有真宰，与之浮沉。""吞吐大荒，由道反气。""与道适往，著手成春。""行神如空，行气如虹！"艺术家精力充实，气象万千，艺术的创造追随真宰的创造。

> 黄子久（元代大画家）终日只在荒山乱石、丛木深篠中坐，意态忽忽，人不测其为何。又每往泖中通海处看急流轰浪，虽风雨骤至，水怪悲诧而不顾。

他这样沉酣于自然中的生活，所以他的画能“沉郁变化，与造化争神奇”。六朝时宗炳曾论作画云：“万趣融其神思”，不是画家这丰富心灵的写照吗？

中国山水画趋向简淡，然而简淡中包具无穷境界。倪云林画一树一石，千岩万壑不能过之。恽南田论元人画境中所含丰富幽深的生命说得最好：

> 元人幽秀之笔，如燕舞飞花，揣摹不得；如美人横波微盼，光彩四射，观者神惊意丧，不知其何以然也。
>
> 元人幽亭秀木自在化工之外一种灵气。惟其品若天际冥鸿，故出笔便如哀弦急管，声情并集，非大地欢乐场中可得而拟议者也。

哀弦急管，声情并集，这是何等繁富热闹的音乐，不料能在元人一树一石、一山一水中体会出来，真是不可思议。元人造诣之高和南田体会之深，都显出中国艺术境界的最高成就！然而元人幽淡的境界背后仍潜隐着一种宇宙豪情。南田说：“群必求同，求同必相叶，相叶必于荒天古木，此画中所谓意也。”

相叶必于荒天古木，这是何等沉痛超迈深邃热烈的人生情调与宇宙情调？这是中国艺术心灵里最幽深、悲壮的表现了罢？

叶燮在《原诗》里说：“可言之理，人人能言之，安在诗人之言之；可征之事，人人能述之，又安在诗人之述之，必有不可言之理，不可述之事，遇之于默会意象之表，而理与事无不灿然于前者也。”

这是艺术心灵所能达到的最高境界！由能空、能舍，而后能深、能实,然后宇宙生命中一切理一切事无不把它的最深意义灿然呈露于前。“真力弥满”,则“万象在旁”,“群籁虽参差,适我无非新”(王羲之诗)。

总上所述,可见中国文艺在空灵与充实两方都曾尽力,达到极高的成就。所以中国诗人尤爱把森然万象映射在太空的背景上,境界丰实空灵,像一座灿烂的星天!

王维诗云:“徒然万象多,澹尔太虚缅。”

韦应物诗云:“万物自生听,大空恒寂寥。”

(原刊《文艺月刊》1943 年 5 月号)

艺术生活

——艺术生活与同情

你想要了解“光”么？
你可曾同那疏林透射的斜阳共舞？
你可曾同那黄昏初现的冷月齐颤？
你可曾同那蓝天闪闪的星光合奏？

你想了解“春”么？
你的心琴可有那蝴蝶翅的翩翩情致？
你的歌曲可有那黄莺儿的千啭不穷？
你的呼吸可有那玫瑰粉的一缕温馨？

诸君！艺术的生活就是同情的生活呀！无限的同情对于自然，无限的同情对于人生，无限的同情对于星天云月、鸟语泉鸣，无限的同情对于死生离合、喜笑悲啼。这就是艺术感觉的发生，这也是艺术创造的目的！

诸君！我们这个世界，本是一个物质的世界，本是一个冷酷的世界。你看，大宇长宙的中间何等黑暗呀！何等森寒呀！但是，它能进化、能活动、能创造，这是什么缘故呢？因为它有“光”，因为它有“热”！

诸君！我们这个人生，本是一个机械的人生，本是一个自利的人生。你看,社会民族中间何等黑暗呀!何等森寒呀!但是,它也能进化、能活动、能创造,这是什么缘故呢?因为它有"情",因为它有"同情"!

同情是社会结合的原始,同情是社会进化的轨道,同情是小己解放的第一步,同情是社会协作的原动力。我们为人生向上发展计,为社会幸福进化计,不可不谋人类"同情心"的涵养与发展。哲学家和科学家,兢兢然求人类思想见解的一致,宗教家与伦理学家,兢兢然求人类意志行为的一致,而真能结合人类情绪感觉的一致者,厥唯艺术而已。一曲悲歌,千人泣下;一幅画境,行者驻足,世界上能融化人感觉情绪于一炉者,能有过于美术的么?美感的动机,起于同感。我们读一首诗,如不能设身处地,直感那诗中的境界,则不能了解那首诗的美。我们看一幅画,如不能神游其中,如历其境,则不能了解这幅画的美。我们在朝阳中看见了一枝带露的花,感觉着它生命的新鲜,生意的无尽,自由发展,无所挂碍,便觉得有无穷的不可言说的美。

譬如两张琴,弹了一琴的一弦,别张琴上,同音的弦,方能共鸣。自然中间美的谐和,艺术中间美的音乐,也唯有同此弦音,方能合奏。所以,有无穷的美,深藏若虚,唯有心人,乃能得之。

但是,我们心琴上的弦音,本来色彩无穷,一个艺术家果能深透心理,扣着心弦,聊歌一曲,即得共鸣。所以,艺术的作用,即是能使社会上大多数的心琴,同入于一曲音乐而已。

这话怎讲?我们知道,一个学术思想,还很不难得全社会的赞同。因为思想,可以根据事实,解决是非。我们又知道,一件事业举动,也还不难得全社会的同情。因为事业,可以根据利害,决定从违。这两种都有客观的标准,不难强令社会于一致。但是,说到情绪感觉上的事,却是极为主观,很难一致的了。我以为美的,你或者以为丑。你以为甘的,我或者以为苦。并且,各有其实际,决不能强以为同。所以,情绪感觉,不是争辩的问题,乃是直觉自决的问题。但是,一个社会中感情完全不一致,却又是社会的缺憾与危机。因为"同情"本是维系社会最重要的工具。同情消灭,则社会解体。

艺术的目的是融社会的感觉情绪于一致，譬如一段人生，一幅自然，各人遇之，因地位关系之差别，感觉情绪，毫不相同。但是，这一段人生，若是描写于小说之中，弹奏于音乐之里，这一幅自然，若是绘画于图册之上，歌咏于情词之中，则必引起全社会的注意与同感，而最能使全社会情感荡漾于一波之上者，尤莫如音乐。所以，中国古代圣哲极注重“乐教”。他们知道，唯有音乐，能调和社会的情感，坚固社会的组织。

不单是艺术的目的，是谋社会同情心的发展与巩固。本来，艺术的起源，就是由人类社会“同情心”的向外扩张到大宇宙自然里去。法国哲学家居友（Guyau）在他的名著《艺术为社会现象》中，论之甚详。我们人群社会中，所以能结合与维持者，是因为有一种社会的同情。我们根据这种同情，觉着全社会人类都是同等，都是一样的情感嗜好，爱恶悲乐。同我之所以为“我”，没有什么大分别。于是，人我之界不严，有时以他人之喜为喜，以他人之悲为悲。看见他人的痛苦，如同身受。这时候，小我的范围解放，人于社会大我之圈，和全人类的情况感觉一致颤动，古来的宗教家如释迦、耶稣，一生都在这个境界中。

但是，我们这种对于人类社会的同情，还可以扩充张大到普遍的自然中去。因为自然中也有生命，有精神，有情绪感觉意志，和我们的心理一样。你看一个歌咏自然的诗人，走到自然中间，看见了一枝花，觉得花能解语，遇着了一只鸟，觉得鸟亦知情，听见了泉声，以为是情调，会着了一丛小草，一片蝴蝶，觉得也能互相了解，悄悄地诉说他们的情，他们的梦，他们的想望。无论山水云树，月色星光，都是我们有知觉、有感情的姊妹同胞。这时候，我们拿社会同情的眼光，运用到全宇宙里，觉得全宇宙就是一个大同情的社会组织，什么星呀，月呀，云呀，水呀，禽兽呀，草木呀，都是一个同情社会中间的眷属。这时候，不发生极高的美感么？这个大同情的自然，不就是一个纯洁的高尚的美术世界么？诗人、艺术家，在这个境界中，无有不发生艺术的冲动，或舞歌或绘画，或雕刻创造，皆由于对于自然，对丁人生，起了极深厚的同情，深心中的冲动，想将这个宝爱的自然，宝爱的人生，由自己的能力再实现一遍。

艺术世界的中心是同情，同情的发生由于空想，同情的结局入于创造。于是，所谓艺术生活者，就是现实生活以外一个空想的同情的创造的生活而已。

（原刊 1921 年 1 月 15 日《少年中国》第 2 卷第 7 期）

悲剧幽默与人生

人类社会的法律、习惯、礼教,使人们在和平秩序的保障之下,过一种平凡安逸的生活;使人们忘记了宇宙的神秘,生命的奇迹,心灵内部的诡幻与矛盾。

近代的自然科学更是帮助近代人走向这条平淡幻灭的路。科学欲将这矛盾创新的宇宙也化作有秩序、有法律、有礼教的大结构,像我们理想的人类社会一样,然后我们更觉安然!

然而人类史上向来就有一些不安分的诗人、艺术家、先知、哲学家等,偏要化腐朽为神奇、在平凡中惊异,在人生的喜剧里发现悲剧,在和谐的秩序里指出矛盾,或者以超脱的态度守着一种"幽默"。

但生活严肃的人,怀抱着理想,不愿自欺欺人,在人生里面体验到不可解救的矛盾,理想与事实的永久冲突。然而愈矛盾则体验愈深,生命的境界愈丰满浓郁,在生活悲壮的冲突里显露出人生与世界的"深度"。

所以悲剧式的人生与人类的悲剧文学使我们从平凡安逸的生活形式中重新识察到生活内部的深沉冲突,人生的真实内容是永远的奋斗,是为了超个人生命的价值而挣扎,毁灭了生命以殉这种超生命的价值,觉得是痛快,觉得是超脱解放。

大悲剧作家席勒(Schiller)说:"生活不是人生最高的价值。"这是"悲剧"给我们最深的启示。悲剧中的主角是宁愿毁灭生命以求"真",求"美",求"权利",求"神圣",求"自由",求人类的上升,求最高的善。在悲剧中,我们发现了超越生命的价值的真实性,因为人类曾愿牺牲生命、血肉及幸福,以证明它们的真实存在。果然,在这种牺牲中人类自己的价值升高了,在这种悲剧的毁灭中人生显露出“意义”了。

肯定矛盾,殉于矛盾,以战胜矛盾,在虚空毁灭中寻求生命的意义,获得生命的价值,这是悲剧的人生态度!

另一种人生态度则是以广博的智慧照瞩宇宙间的复杂关系,以深挚的同情了解人生内部的矛盾冲突。在伟大处发现它的狭小,在渺小里却也看出它的深厚,在圆满里发现它的缺憾,但在缺憾里也找出它的意义。于是以一种拈花微笑的态度同情一切;以一种超脱的笑,了解的笑,含泪的笑,惘然的笑,包容一切以超脱一切,使灰色黯淡的人生也罩上一层柔和的金光。觉得人生可爱。可爱处就在它的渺小处,矛盾处,就同我们欣赏小孩儿们的天真烂漫的自私,使人心花开放,不以为忤。

这是一种所谓幽默(Humour)的态度。真正的幽默是平凡渺小里发掘价值。以高的角度测量那“煊赫伟大”的,则认识它不过如此。以深的角度窥探“平凡渺小”的,则发现它里面未尝没有宝藏。一种愉悦,满意,含笑,超脱,支配了幽默的心襟。

“幽默”不是谩骂,也不是讥刺。幽默是冷隽,然而在冷隽背后与里面有“热”。(林琴南译迭更司的《块肉余生》里富有真的幽默。)

悲剧和幽默都是“重新估定人生价值”的,一个是肯定超越平凡人生的价值,一个是在平凡人生里肯定深一层的价值,两者都是给人生以“深度”的。

莎士比亚以最客观的慧眼笼罩人类,同情一切,他是最伟大的悲剧家,然而他的作品里充满着何等丰富深沉的“黄金的幽默”。

以悲剧情绪透入人生
以幽默情绪超脱人生
是两种意义的人生态度。

(原刊《中国文学》创刊号,流露出版社 1934 年 1 月出版。收入《艺境》未刊本时,改题为《悲剧的与幽默的人生态度》)

艺术与中国社会

依于仁,游于艺。

——孔子

孔子说"兴于诗,立于礼,成于乐",这三句话挺简括地说出孔子的文化理想、社会政策和教育程序。王弼解释得好:"言为政之次序也:夫喜惧哀乐,民之自然,感应而动,而发乎诗歌。所以陈诗采谣,以知民志风。既见其风,则损益基焉。故因俗立志,以达其礼也。矫俗检刑,民心未化,故感以乐声,以和其神也。"中国古代的社会文化与教育是拿诗书礼乐做根基。《礼记·王制》:"乐正崇四术,立四教……春秋教以礼乐,冬夏教以诗书。"教育的主要工具、门径和方法是艺术文学。艺术的作用是能以感情动人,潜移默化培养社会民众的性格品德于不知不觉之中,深刻而普遍。尤以诗和乐能直接打动人心,陶冶人的性灵人格。而"礼"却在群体生活的和谐与节律中,养成文质彬彬的动作,步调的整齐,意志的集中。中国人在天地的动静,四时的节律,昼夜的来复,生长老死的绵延,感到宇宙是生生而具条理的。这"生生而条理",就是天地运行的大道,就是一切现象的体和用。孔子在川上曰:"逝者如斯夫,不舍昼夜!"最能表现出中国人这种"观吾生,观其生"(易观卜辞)的风度和境界。这种最高度的把握生命,和最深度的体验生命的精神境界,具体地贯汗到社会实际生活里,使生活端庄流丽,成就了诗书礼乐的文化。但这境界,这"形而上的道”，也同时要能贯彻到形而下的器。器是人类生活的日用工具。人类能仰观俯察，构成宇宙观，会通形象物理，才能创作器皿，以为人生之用，器是离不开人生的，而人也成了离不开器皿工具的生物。而人类社会生活的高峰，礼和乐的生活，乃寄托和表现于礼器乐器。

礼和乐是中国社会的两大柱石。“礼”构成社会生活里的秩序条理。礼好像画上的线文勾出事物的形象轮廓，使万象昭然有序。孔子曰：“绘事后素。”“乐”滋润着群体内心的和谐与团结力。然而礼乐的最后根据，在于形而上的天地境界。《礼记》上说：

> 礼者，天地之序也；乐者，天地之和也。

人生里面的礼乐负荷着形而上的光辉，使现实的人生启示着深一层的意义和美。礼乐使生活上最实用的、最物质的，衣食住行及日用品，升华进端庄流丽的艺术领域。三代的各种玉器，是从石器时代的石斧石磬等，升华到圭璧等等的礼器乐器。三代的铜器，也是从铜器时代的烹调器及饮器等，升华到国家的至宝。而它们艺术上的形体之美，式样之美，花纹之美，色泽之美，铭文之美，集合了画家书家雕塑家的设计与模型，由冶铸家的技巧，而终于在圆满的器形上，表出民族的宇宙意识（天地境界），生命情调，以至政治的权威，社会的亲和力。在中国文化里，从最低层的物质器皿，穿过礼乐生活，直达天地境界，是一片混然无间，灵肉不二的大和谐，大节奏。

因为中国人由农业进于文化，对于大自然是“不隔”的，是父子亲和的关系，没有奴役自然的态度。中国人对他的用具（石器铜器），不只是用来控制自然，以图生存，他更希望能在每件用品里面，表出对自然的敬爱，把大自然里启示着的和谐、秩序，它内部的音乐、诗，表显在具体而微的器皿中。一个鼎要能表象天地人。《诗律》里说：

> 诗者，天地之心。

《乐记》里说：

> 大乐与天地同和……

《孟子》曰：

> 君子……上下与天地同流。

中国人的个人人格、社会组织以及日用器皿，都希望能在美的形式中，作为形而上的宇宙秩序，与宇宙生命的表征。这是中国人的文化意识，也是中国艺术境界的最后根据。

孔子是替中国社会奠定了“礼”的生活的。礼器里的三代彝鼎，是中国古典文学与艺术的观摩对象。铜器的端庄流丽，是中国建筑风格。汉赋唐律，四六文体，以至于八股文的理想型范，它们都倾向于对称、比例、整齐、谐和之美。然而，玉质的坚贞而温润，它们的色泽的空灵幻美，却领导着中国的玄思，趋向精神人格之美的表现。它的影响，显示于中国伟大的文人画里。文人画的最高境界，是玉的境界，倪云林画可以代表。不但古之君子比德于玉，中国的画、瓷器、书法、诗、七弦琴，都以精光内敛、温润如玉的美为意象。

然而，孔子更进一步求“礼之本”。礼之本在仁，在于音乐的精神。理想的人格，应该是一个“音乐的灵魂”。刘向《说苑》里有这么一段记载：

> 孔子至齐郭门外，遇婴儿，其视精，其心正，其行端。孔子曰：“趣驱之，趣驱之，韶乐将作！”

他在一个婴儿的灵魂里，听到他素所倾慕的韶乐将作。（子在齐闻韶，三月不知肉味。）《说苑》上这段记载，虽未必可靠，却是极有意义。可以想见孔子酷爱音乐的事迹已经谣传成为神话了。

社会生活的真精神在于亲爱精诚的团结，最能发扬和激励团结精神的是音乐！音乐使我们步调整齐，意志集中，团结的行动有力而美。中国人感到宇宙全体是大生命的流行,其本身就是节奏与和谐。人类社会生活里的礼和乐,是反射着天地的节奏与和谐。一切艺术境界都根基于此。

但西洋文艺自希腊以来所富有的"悲剧精神",在中国艺术里,却得不到充分的发挥,且往往被拒绝和闪躲。人性由剧烈的内心矛盾才能掘发出的深度,往往被浓挚的和谐愿望所淹没。固然,中国人心灵里并不缺乏他雍穆和平大海似的幽深,然而,由心灵的冒险,不怕悲剧,以窥探宇宙人生的危岩雪岭,发而为莎士比亚的悲剧,贝多芬的乐曲,这却是西洋人生波澜壮阔的造诣!

(原刊 1947 年 10 月《学识》
半月刊第 1 卷第 12 期)

技术与艺术

——在复旦大学文史地学会上的演讲

近代的技术，是人类根据科学的知识，应用到实际生活，满足生活的目的和需求的种种发明和机械。艺术则是表现人类对于宇宙人生的情感反应和个性的流露。一方面是实用，一方面是表现；一是偏于物质，一是偏重心灵；一是需要客观的冷静的知识，一是表达主观的热烈的情绪。两者似乎是绝不相谋，有“雅俗之分”。然而我们从历史上和本质上观察它们二者在人类文化整体的地位和关系，可以说：它们二者实可连系成一个文化生活的中轴，而构成文化生活的中心地位，虽非最高最主要的地位（见下图）。

一切有生物在它的生存斗争中，都运用种种技术以达到它的生存目的。如猫之爪，蜂之虿，狮之捕鹿，鹰之啄鱼都有它的技术（见我的另一篇文字《近代技术的精神价值》，刊《新民族》第1卷第20期）。大抵禽兽的技术利用本身上的武器，人类则创造身外的器械来满足生存的需要。故人的技术高于一切动物。这种人类技术的产生，其原因是因为人是直立的动物，能用两手攫取和运用一切身外之物（人的能直立，其进化的历史，是属于人类学的研究，我现在不用谈它）。若就哲学观察来说，因为人是直立的动物，所以能对视整个的世界，能见地上的山川草木，天上的星辰日月，因之人对于世界，能构成一个整个的宇宙观。人类对于世界遂感觉为有条理的有因果的结构。人对于宇宙能有一贯的认识，产生了控制自然和利用物力的手段。

人类的世界是客观的、整个的,禽兽的世界是主观的、片面的。人类既知用智力控制宇宙,把握世界,知道用适当的方法,达生活的目的,发明工具,创出人的技术。而思索宇宙全体究竟的哲学思想与欣赏自然整个图画的艺术心灵也就同时产生。

自一七六五年瓦特发明蒸汽机以来,人类技术上显明地表示一种划时代的进步。这种大的进步,影响于人类社会上、政治上、经济上,都有很大的变化,于是发生工业革命,造成现代资本主义的社会。因之掀起世界上、国际间、民族间的一切纷争。最初的,原始的世界,仅有无生物同下等的生物。那时候还没有人类,后来不知经过了多少万年的进化,人类产生。自有人类以来,世界遂呈一种巨大的变化。因为人类用工具,以高等的技术,消灭一切其他动物的势力。于是使从前禽兽的世界,变而为人所控制的世界。然自瓦特发明蒸汽机以后,这短短的百余年中,因为机器的发明,技术的猛进,遂使人类文化上、精神上,全受到机器的支配,影响于一切的思想、文学、社会、政治,都发生一种巨大的变动和改革。中国近百年来国际地位的低落,也是受了西洋技术之威胁。就现时的抗战来论,因我们的技术的落后,吃了无数的苦痛。明白这一点,我们应该急起直追,迎头赶上去,努力创造我们的技术。

人类的文化生活,可以分为二方面:一、知的方面,二、行的方面。见图。分述如次:

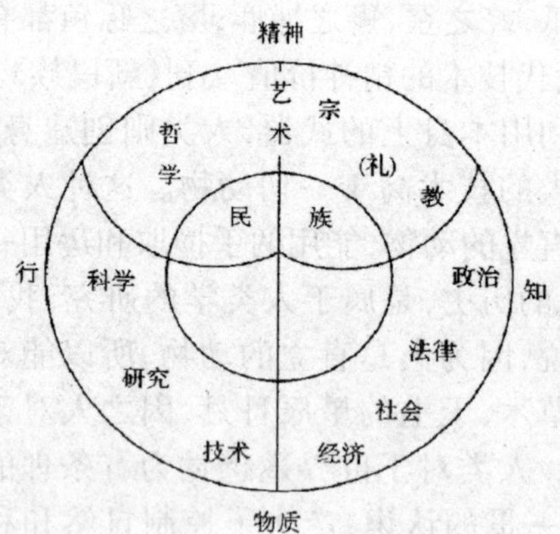

一、知的方面:我们人类在生活过程中,对于自然有种种的研究,研究的结果,我们得到一种整个系统的知识,于是产生科学及哲学。

二、行的方面:我们因为应用技术来达到生活之目的,不绝地向自然进攻,遂产生物质文明的进步,及合作的有组织的社会。要使人在社会上遵守一定的秩序,乃有法律的创制。我们要求法律的执行,遂有政治生活。这种秩序的根据和来源,中西古代的说法各异。中国说是顺天地之则,西洋则以为系上帝所创。我们用形而上的想象及假设来解释形而下的生活原理,宗教问题遂因而产生。中国的礼教谓礼是天地之序,人能顺天地之序即是尽人的责职,故知礼即是中国的宗教。技术是介于科学知识与经济生活之间的东西,是根据科学的知识来满足人类经济及社会需要的。艺术也可说是一种技术,但是它的地位是介乎哲学(人生智慧,宇宙观)与宗教(人生目的,理想,信仰)之间的东西。它不仅对于宇宙有一种了解——在理智的方面。同时另一方面,它还对于宇宙发生信仰——在情感方面。有人说艺术的成分,是以音乐成分的多少来决定其内容及价值(派脱之说)。所以我们不妨拿音乐来代表艺术。艺术与技术(工艺)原是不可分的。我们考察古代遗留的器皿,如石器、石斧、玉器、铜器上均雕有工细的花纹,形式亦非常优美。这些玉器、铜器又同时多半是宗教上用的礼器。在这里,技术、艺术、宗教、政治和经济实用都是不可分的。

艺术通常可分为二大类:①雕刻,图画,建筑。②音乐,文学,戏剧,舞蹈。形的艺术与音的艺术。而建筑是人应用形象线条构造的美。音乐是用声音节奏构造的美。音乐与建筑,均为不自然的,人造的。所以不自然的艺术和不自然的技术又相通。大自然中的天地山川,均为自然力的表现,这是神所创造的世界。自机器发明以后,整个的地球,都为技术所支配,这是人所造的宇宙,一个非自然的世界。艺术的美与工艺技术通常看来似乎矛盾冲突,有"雅俗之分",因为通常以为艺术是有灵魂的,美的,自然的。工艺机器是人为的,粗俗的。但艺术的美也是人为的,非自然的。不过一则偏重实际应用,一则表现自我人格,其为非自然,则是一样。

然而一切优美的艺术又都令人有“自然”之感。就建筑来说,在山明水秀的地方,我们若于适当地点着一亭翼然,我们会感到它融合于自然,以它的线条姿式表出山水的线条姿式来。此亭确为人工造的,而非自然的表现,然而吾人偏能感觉其为自然,这种矛盾的心理的确是很神秘,很微妙的。何以吾人感觉它为自然,而非人工的呢?这不能不归功于古代的人,能了解自然。他们深知每一种不同的山水,均各有其不同的特有之色,线条,结构,灵魂,造成它特殊的风格。恰如每一曲音乐,各有其特殊的调子一样。我们当然不能改变山水,创造山水,但能体验到山水的风格,伟大的建筑家能因山就水,度其形势,创造适合的建筑物,表达出山水的风格,以人为的建筑结构显示出山水的精神灵魂,有画龙点睛之妙。

这种微妙直觉的理论化与迷信化就成为“风水”之说。艺术家以一建筑结构控制自然于一秩序和谐条理之中,犹如科学家的控制自然于一逻辑体系之下。建筑能表现出山水的灵魂,音乐却能以同样抽象的节奏韵律表达出人的灵魂。所以“非自然”的技术、艺术、音乐,均可以再造出自然。技术在人类文化体系中为下层的建筑,艺术则为上层的建筑。由控制物质生活的技术到表现精神生活的艺术,一则是介于科学与经济之间,一则是介于人生智慧——哲学与人生理想——宗教之间,上下层联系构成了人类文化整体的中轴。我们要给与技术以精神的意义,这就是给与美感,如我们古代的工艺——玉器和铜器。

沈业超笔记

(原刊 1938 年 7 月 24 日《时事新报·学灯》)

常人欣赏文艺的形式

人类第一流作家的文学或艺术，多半是所谓“雅俗共赏”的。像荷马、莎士比亚及歌德的文艺，拉飞尔的绘画，莫扎特（Mozart）的音乐，李白、杜甫的诗歌，施耐庵、曹雪芹的小说，不但是在文艺价值方面是属于第一流，就在读者及鉴赏者的数量方面也是数一数二的，为其他文艺作品所莫能及。这也就是说，它们具有相当的“通俗性”。不过它们的通俗性并不妨碍它们本身价值的伟大和风格的高尚，境界的深邃和思想的精微。所奇特的就是它们并不拒绝通俗，它们的普遍性、人间性造成它们作为人类的“典型的文艺”（Classical Art）。

一切所谓典型的文艺都下意识地有几分适合于一般人，所谓“俗人”或“常人”的文艺欣赏的形式和要求。我们研究常人欣赏文艺的心理形态绝不含有看轻它的意味。反过来说，我们还正想从这里去了解世界第一流典型文艺的特点和构造。

但这人间第一流的文艺纵然是同时通俗，构成它们的普遍性和人间性，然而光是这个绝不能使它们成为第一流；它们必同时含藏着一层最深的意义与境界，以待千古的真正的知己。“前不见古人，后不见来者，念天地之悠悠，独怆然而涕下。”每个伟大文人和艺术都不免这孤寂的感觉。

德国现代艺术学者刘兹纳尔氏（Lützler）近著《艺术认识之形式》一书，内容描述“常人欣赏艺术的形式”，“艺术考古学对艺术的态度”，“形式主义的艺术观”及“形而上学的艺术观”等。分析精深，富有新思想。"常人欣赏艺术的形式"一部分尤为重要。这本是一个很有趣味的问题,我现在抽暇把他的主要思想介绍一下。

所谓"常人",是指那天真朴素,没有受过艺术教育与理论,却也没有文艺上任何主义及学说的成见的普通人。他们是古今一切文艺的最广大的读者和观众。文艺创作家往往虽看不起他们,但他自己的作品之能传布与保存还靠这无名的大众。

常人的朴素的宇宙观是一切宇宙观的基础,常人的艺术观也是一切艺术观的基本形式。常人的艺术观并不就等于儿童的艺术观。因为儿童中有所谓"神童",他的艺术禀赋却在一般常人之上,像莫扎特(Mozart)之于音乐。而常人则不限于任何年龄。常人的艺术观也并不就等于所谓"平民的"。因为在社会的及教育的各阶级中都有艺术鉴赏上的"常人"。但常人的立场又不就等于"外行",它只是一种天真的,自然的,朴质的,健康的,并不一定浅薄的对于文艺鉴赏的口味与态度。

常人在艺术欣赏的"形式"和"对象"方面都表示一种特殊的立场与范围,这是值得注意而且是很有兴趣的。

在艺术欣赏的过程中,常人在形式方面是"不反省的""无批评的",这就是说他在欣赏时不了解不注意一件艺术品之为艺术的特殊性。他偏向于艺术所表现的内容,境界与故事,生命的事迹,而不甚了解那创造的表现的"形式"。歌德说过:

> 内容人人看得见,
> 涵义只有有心人得之,
> 形式对于大多数人是一秘密。

至于常人所欣赏的对象的范围,则爱好那文艺中表现他们切身体验的生活范围以内的事物,或是他生活所迫切感到的缺陷与希求追想的幻境。对于常人,"艺术真是人生的表现和人生的憧憬"。

所以常人真能了解及爱好的艺术,是那接触到他生活体验范围以内的生命表现,倒不在乎时代的今和古。古人的小说只要它所描写的生活情调与我们相近，就不嫌其古。今人的小说如果所描写的太新太奇而没有抓住我们生活的体验内容，就会不为一般人所了解与欢迎。至于艺术“形式”方面、技术方面的艺术价值则根本不为常人所注意与了解。他们的兴趣与感动都在活泼强烈的生命表现，尤其是切近自己生命内容的。常人对于他的现实世界以及他的艺术世界的关系表现以下三特点：

（一）常人眼中的一切都是具有生命的，一切是动，是变化，是同我们一样的生命。

（二）常人相信艺术中所表现的物象也是具有同样的生命。不惟宗教信徒相信神像是代表神灵，一般人也相信大艺术家能创造生命。各国古代都有关于画家、雕塑家的神话，相信他们的作品能代表真生命。（顾恺之尝悦邻女，挑之弗从，图其形于壁，以针钉其心，女遂患心痛，告恺之拔去钉即愈。）小说中虚构的人物往往成为民众信仰中真实的人格。

（三）常人尤爱以“人性”附与万物。诗人，小孩，初民，这些十足的常人（人称歌德为人中的至人，也就是十足的常人），都相信“花能解语”，“西风是在树林间叹息”。

一言以蔽之，对于常人，艺术是“真实的摹写”，是“生命的表现”。而着重点尤在“真实”，在“生命”，并不在摹写与表现。技术在他是门外汉，“形式”在他更是微妙不可把握的神秘，至多也是心知其美而口不能言。他所能把握、所能感受刺激引起兴奋的是那活泼的真实的丰富的生命的表现。他们虚心地期待着接受着这“感动”，以安慰自己的生命，充实自己的生命。至于这“生命的表现”是如何地经过艺术家的匠心而完成的，借着如何微妙的形式而表现出来，这不是他所注意，也不是他所能了解的。他是笔直地穿过那艺术的形式——艺术家的匠心——而虚怀地接受那里面的生命表现。这生命的表现动摇他，刺激他，使他悲，使他喜，使他共鸣，使他陶醉。这是对于他的生命有关，这是他的真实，他的真理。能满足这要求的艺术是好的艺术。不符合他这真理的艺术，就引起他的惊异而认为不满。常人在艺术的理想上是天生的“自然主义者”，“写实主义者”。但是人生是矛盾的,常人的艺术心理也是矛盾的。他要求现实,但同时也要求“奇迹”,憧憬于幻景。他不仅是要求一幅山水,可以供他的卧游。他更幻想着诡奇的神话的境界。中国通俗文学如《水浒传》、《红楼梦》、《三国演义》都在写实的故事中掺杂些神话与奇迹在里面。这正符合常人的文艺欣赏的形式。歌德也曾说过:“平凡的要和那不可能的很美丽地交织着。”

说到这里的是述常人对于艺术的内容方面的天然的倾向。现在再谈一谈常人对于艺术的形式方面潜伏的要求。(在此可了解古典的艺术形式是很迎合这心理形式的)

(一)常人要求一件艺术品,无论是绘画、雕刻、建筑,在形式结构上要条理清楚,章法井然,俾人一目了然,易于接受,符合心理经济的原则。

(二)然而艺术的内容——那生命的表现——却须在这“形式”里面渲染得鲜艳动人,热闹紧张,富有刺激性,为悲剧,为喜剧,引人入胜。

所以通俗的文艺作品都喜欢描述情节丰富,动作紧张,渲染刺激的内容。荷马的史诗,日耳曼的尼伯龙根歌(Nibelungen Lied),中国最好的小说《水浒传》、《红楼梦》等都是未能免俗,其内容都是最丰富的最热闹最紧张的人生描写。

根本上通俗文艺的主体是神话故事、英雄史诗与小说。在绘画雕刻方面也趋向历史的宗教的社会的人生描写。山水画与抒情诗是知识阶级的创造与享受。

总而言之,常人要求的文学艺术是写实的,是反映生活的体验与憧憬的。然而这个“现实”却须笼罩在一幻想的诡奇的神光中。

(1942 年作,编入《艺境》未刊本。)

哲学与艺术

——希腊大哲学家的艺术理论

一 形式与心灵表现

艺术有“形式”的结构,如数量的比例(建筑)、色彩的和谐(绘画)、音律的节奏(音乐),使平凡的现实超入美境。但这“形式”里面也同时深深地启示了精神的意义、生命的境界、心灵的幽韵。

艺术家往往倾向以“形式”为艺术的基本,因为他们的使命是将生命表现于形式之中。而哲学家则往往静观领略艺术品里心灵的启示,以精神与生命的表现为艺术的价值。

希腊艺术理论的开始就分这两派不同的倾向。色诺芬(Xenophon)在他的回忆录中记述苏格拉底(Socrates)曾经一次与大雕刻家克莱东(Kleiton)的谈话,后人推测就是指波里克勒(Polycretesr)。当这位大艺术家说出“美”是基于数与量的比例时,这位哲学家就很怀疑地问道:“艺术的任务恐怕还是在表现出心灵的内容罢?”苏格拉底又希望从画家拔哈希和斯(Parrhasios)知道艺术家用何手段能将这有趣的、窈窕的、温柔的、可爱的心灵神韵表现出来。苏格拉底所重视的是艺术的精神内涵。

但希腊的哲学家未尝没有以艺术家的观点来看这宇宙的。宇宙

(Cosmos)这个名词在希腊就包含着"和谐、数量、秩序"等意义。毕达哥拉斯(Pythagoras 希腊大哲)以"数"为宇宙的原理。当他发现音之高度与弦之长度成为整齐的比例时,他将何等的惊奇感动,觉着宇宙的秘密已在他面前呈露:一面是"数"的永久定律,一面即是至美和谐的音乐。弦上的节奏即是那横贯全部宇宙之和谐的象征!美即是数,数即是宇宙的中心结构,艺术家是探手于宇宙的秘密的!

但音乐不只是数的形式的构造,也同时深深地表现了人类心灵最深最秘处的情调与律动。音乐对于人心的和谐、行为的节奏,极有影响。苏格拉底是个人生哲学者,在他是人生伦理的问题比宇宙本体问题还更重要。所以他看艺术的内容比形式尤为要紧。而西洋美学中形式主义与内容主义的争执,人生艺术与唯美艺术的分歧,已经从此开始。但我们看来,音乐是形式的和谐,也是心灵的律动,一镜的两面是不能分开的。心灵必须表现于形式之中,而形式必须是心灵的节奏,就同大宇宙的秩序定律与生命之流动演进不相违背,而同为一体一样。

二 原始美与艺术创造

艺术不只是和谐的形式与心灵的表现,还有自然景物的描摹。"景"、"情"、"形"是艺术的三层结构。毕达哥拉斯以宇宙的本体为纯粹数的秩序,而艺术如音乐是同样以"数的比例"为基础,因此艺术的地位很高。苏格拉底以艺术有心灵的影响而承认它的人生价值。而大哲柏拉图则因艺术是描摹自然影像而贬斥之。他以为纯粹的美或"原始的美"是居住于纯粹形式的世界,就是万象之永久型范,所谓观念世界。美是属于宇宙本体的(这一点上与毕达哥拉斯同)。真、善、美是居住在一处,但它们的处所是超越的、抽象的、纯精神性的。只有从感官世界解脱了的纯洁心灵才能接触它。我们感官所经验的自然现象,是这真实世界的影像。艺术是描摹这些偶然的变幻的影子,它的材料是感官界的物质,它的作用是感官的刺激。所以艺术不仅不能引着我们达到真理,止于至善,且是一种极大的障碍与蒙蔽。它是真理的"走形",真实的"曲影"。柏拉图根据他这种形而上学的观点贬斥艺术的价值,推崇"原始美"。我们设若要挽救艺术的价值与地位,也只有证明艺术不是专造幻象以娱人耳目。它反而是宇宙万物真相的阐明,人生意义的启示。证明它所表现的正是世界的真实的形象,然后艺术才有它的庄严,有它的伟大使命。不是市场上贸易肉感的货物,如柏拉图所轻视所排斥的(柏氏以后的艺术理论是走的这条路)。

三　艺术家在社会上的地位

柏拉图这样的看轻艺术,贱视艺术家,甚至要把他们排斥于他的理想共和国之外,而柏拉图自己在他的语录文章里却表示了他是一位大诗人,他对于大宇宙的美是极其了解,极热烈地崇拜的。另一方面我们看见希腊的伟大雕刻与建筑确是表现了最崇高、最华贵、最静穆的美与和谐。真是宇宙和谐的象征,并不仅是感官的刺激,如近代的颓废的艺术。而希腊艺术家会遭这位哲学家如此的轻视,恐怕总有深一层的理由罢!第一点,希腊的哲学是世界上最理性的哲学,它是扫开一切传统的神话——希腊的神话是何等的优美与伟大——以寻求纯粹论理的客观真理。它发现了物质原子与数量关系是宇宙构造最合理的解释。(数理的自然科学不产生于中国、印度,而产生于欧洲,除社会条件外,实基于希腊的唯理主义,它的逻辑与几何。)于是那些以神话传说为题材,替迷信作宣传的艺术与艺术家,自然要被那努力寻求精明智慧的哲学家如柏拉图所厌恶了。真理与迷信是不相容的。第二点,希腊的艺术家在社会上的地位,是被上层阶级所看不起的手工艺者、卖艺糊口的劳动者、丑角、说笑者。他们的艺术虽然被人赞美尊重,而他们自己的人格与生活是被人视为丑恶缺憾的(戏子在社会上的地位至今还被人轻视)。希腊文豪留奇安(Lucian)描写雕刻家的命运说:"你纵然是个飞达亚斯(Phidias)或波里克勒

(希腊两位最大的艺术家),创造许多艺术上的奇迹,但欣赏家如果心地明白,必定只赞美你的作品而不羡慕做你的同类,因你终是一个贱人、手工艺者、职业的劳动者。”原来希腊统治阶级的人生理想是一种和谐、雍容、不事生产的人格,一切职业的劳动者为专门职业所拘束,不能让人格有各方面圆满和谐的成就。何况艺术家在礼教社会里面很有认为是一班无正业的堕落者、颓废者,纵酒好色、佯狂玩世的人。(天才与疯狂也是近代心理学感到兴味的问题。)希腊最大诗人荷马(Homer)在他的伟大史诗里描绘了一个光彩灿烂的人生与世界。而他的后世却想象他是盲了目的。赫发斯陀(Hephaestus)是希腊神们中间的艺术家,他是艺术家的祖宗,但却是最丑的神!

艺术与艺术家在社会上为人重视,须经过三种变化:①柏拉图的大弟子亚里士多德(Aristoteles)的哲学给予艺术以较高的地位。他以为艺术的创造是模仿自然的创造。他认为宇宙的演化是由物质走向形式,就像希腊的雕刻家在一块云石里幻现成人体的形式。所以他的宇宙观已经类似艺术家的。②人类轻视职业的观念逐渐改变,尤其将艺术家从匠工的地位提高。希腊末期哲学家普罗提诺(Plotinos)发现神灵的势力于艺术之中,艺术家的创造若有神助。③但直到文艺复兴的时代,艺术家才被人尊重为上等人物。而艺术家也须研究希腊学问,解剖学与透视学。学院的艺术家开始产生,艺术家进大学有如一个学者。

但学院里的艺术家离开了他的自然与社会的环境,忽视了原来的手工艺,却不一定是艺术创作上的幸福。何况学院主义(Academism)往往是没有真生命、真气魄的,往往是形式主义的。真正的艺术生活是要与大自然的造化默契,又要与造化争强的生活。文艺复兴的大艺术家也参加政治的斗争。现实生活的体验才是艺术灵感的源泉。

四　中庸与净化

宇宙是无尽的生命，丰富的动力，但它同时也是严整的秩序，圆满的和谐。在这宁静和雅的天地中生活着的人们却在他们的心胸里汹涌着情感的风浪，意欲的波涛。但是人生若欲完成自己，止于至善，实现他的人格，则当以宇宙为模范，求生活中的秩序与和谐。和谐与秩序是宇宙的美，也是人生美的基础。达到这种"美"的道路，在亚里士多德看来就是"执中"、"中庸"。但是中庸之道并不是庸俗一流，并不是依违两可、苟且的折中，乃是一种不偏不倚的毅力，综合的意志，力求取法乎上、圆满地实现个性中的一切而得和谐。所以中庸是"善的极峰"，而不是善与恶的中间物。大勇是怯弱与狂暴的执中，但它宁愿近于狂暴，不愿近于怯弱。青年人血气方刚，偏于粗暴。老年人过分考虑，偏于退缩。中年力盛时的刚健而温雅方是中庸。它的以前是生命的前奏，它的以后是生命的尾声，此时才是生命丰满的音乐。这个时期的人生才是美的人生，是生命美的所在。希腊人看人生不似近代人看做演进的、发展的、向前追求的，一个戏本中的主角滚在生活的漩涡里，奔赴他的命运。希腊戏本中的主角是个发达在最强盛时期的、轮廓清楚的人格，处在一种生平唯一一次的伟大动作中。他像一座希腊的雕刻。他是一切都了解，一切都不怕，他已经奋斗过许多死的危险。现在他是态度安详不矜不惧地应付一切。这种刚健清明的美是亚里士多德的美的理想。美是丰富的生命在和谐的形式中。美的人生是极强烈的情操在更强毅的善的意志统率之下。在和谐的秩序里面是极度的紧张，回旋着力量，满而不溢。希腊的雕像、希腊的建筑、希腊的诗歌以至希腊的人生与哲学不都是这样？这才是真正的有力的"古典的美"！

美是调解矛盾以超入和谐，所以美术对于人类的情感冲动有"净化"（Katharsis）的作用。一幕悲剧能引着我们走进强烈矛盾的情绪里，使我们在幻境的同情中深深体验日常生活所不易经历到的情境，而剧中英雄因殉情而宁愿趋于毁灭，使我们从情感的通俗化中感到超脱解放，重尝人生深刻的意味。全剧的结果——即英雄在挣扎中殉情的毁灭——有如阴霾沉郁后的暴雨淋漓，反使我们痛快地重睹青天朗日。空气干净了，大地新鲜了，我们的心胸从沉重压迫的冲突中恢复了光明愉快的超脱。

亚里士多德的悲剧论从心理经验的立场研究艺术的影响，不能不说是美学理论上的一大进步，虽然他所根据的心理经验是日常的。他能注意到艺术在人生上净化人格的效用，将艺术的地位从柏拉图的轻视中提高，使艺术从此成为美学的主要对象。

五　艺术与模仿自然

一个艺术品里形式的结构，如点、线之神秘的组织，色彩或音韵之奇妙的谐和，与生命情绪的表现交融组合成一个"境界"。每一座巍峨崇高的建筑里是表现一个"境界"，每一曲悠扬清妙的音乐里也启示一个"境界"。虽然建筑与音乐是抽象的形或音的组合，不含有自然真景的描绘，但图画、雕刻、诗歌、小说、戏剧里的"境界"则往往寄托在景物的幻现里面。模范人体的雕刻，写景如画的荷马史诗是希腊最伟大最中心的艺术创造，所以柏拉图与亚里士多德两位希腊哲学家都说模仿自然是艺术的本质。

但两位对"自然模仿"的解释并不全同，因此对艺术的价值与地位的意见也两样。柏拉图认为人类感官所接触的自然乃是"观念世界"的幻影。艺术又是描摹这幻影世界的幻影。所以在求真理的哲学立场上看来是毫无价值，徒乱人意，刺激肉感。亚里士多德的意见则不同。他看这自然界现象不是幻影，而是一个个生命的形体。所以模仿它，表现它，是种有价值的事，可以增进知识而表示技能。亚里士多德的模仿论确是有他当时经验的基础。希腊的雕刻、绘画，如中国古代的艺术，原本是写实的作品。它们生动如真的表现，流传下许多神话传说。米龙（Myron）雕刻的牛，引动了一个活狮子向它跃搏，一只小牛要向它吸乳，一个牛群要随着它走，一位牧童遥望掷石击之，想叫它走开，一个偷儿想顺手牵去。啊，米龙自己也几乎误认它是自己牛群里的一头！

希腊的艺术传说中赞美一件作品大半是这样的口吻。（中国何尝不是这样？）艺术以写物生动如真为贵。再述一个关于画家的传说。有两位大画家竞赛。一位画了一枝葡萄，这样的真实，引起飞鸟来啄它。但另一位走来在画上加绘了一层纱幕盖上，以致前画家回来看见时伸手欲将它揭去。（中国传说中东吴画家曹不兴尝为孙权画屏风，误发笔点素，因就以作蝇，既而进呈御览，孙权以为生蝇，举手弹之。）这种写幻如真的技术是当时艺术所推重。亚里士多德根据这种事实说艺术是模仿自然，也不足怪了。何况人类本有模仿冲动，而难能可贵的写实技术也是使人惊奇爱慕的呢。

但亚里士多德的学说不以此篇为满足。他不仅是研究“怎样的模仿”，他还要研究模仿的对象。艺术可就三方面来观察：①艺术品制作的材料，如木、石、音、字等；②艺术表现的方式，即如何描写模仿；③艺术描写的对象。但艺术的理想当然是用最适当的材料，在最适当的方式中，描摹最美的对象。所以艺术的过程终归是形式化，是一种造型。就是大自然的万物也是由物质材料创造千形万态的生命形体。艺术的创造是“模仿自然创造的过程”（即物质的形式化）。艺术家是个小造物主，艺术品是个小宇宙。它的内部是真理，就同宇宙的内部是真理一样。所以亚里士多德有一句很奇异的话：“诗是比历史更哲学的。”这就是说诗歌比历史学的记载更近于真理。因为诗是表现人生普遍的情绪与意义，史是记述个别的事实；诗所描述的是人生情理中的必然性，历史是叙述时空中事态的偶然性。文艺的事是要能在一件人生个别的姿态行动中，深深地表露出人心的普遍定律。（比心理学更深一层更为真实的启示。莎士比亚是最大的人心认识者。）艺术的模仿不是徘徊于自然的外表，乃是深深透入真实的必然性。所以艺术最邻近于哲学，它是达到真理表现真理的另一道路，它使真理披了一件美丽的外衣。

艺术家对于人生对于宇宙因有着最虔诚的“爱”与“敬”，从情感的体验发现真理与价值，如古代大宗教家、大哲学家一样。而与近代由于应付自然，利用自然，而研究分析自然之科学知识根本不同。一则以庄严敬爱为基础，一则以权力意志为基础。柏拉图虽阐明真知由"爱"而获证人！但未注意伟大的艺术是在感官直觉的现量境中领悟人生与宇宙的真境，再借感觉界的对象表现这种真实，但感觉的境界欲作真理的启示须经过"形式"的组织，否则是一堆零乱无系统的印象（科学知识亦复如是）。艺术的境界是感官的，也是形式的。形式的初步是"复杂中的统一"。所以亚里士多德已经谈到这个问题。艺术是感官对象。但普通的日常实际生活中感觉的对象是一个个与人发生交涉的物体，是刺激人欲望心的物体。然而艺术是要人静观领略，不生欲心的。所以艺术品须能超脱实用关系之上，自成一形式的境界，自织成一个超然自在的有机体。如一曲音乐飘渺于空际，不落尘网。这个艺术的有机体对外是一独立的"统一形式"，在内是"力的回旋"，丰富复杂的生命表现。于是艺术在人生中自成一世界，自有其组织与启示，与科学、哲学等并立而无愧。

六　艺术与艺术家

艺术与艺术家在人生与宇宙的地位因亚里士多德的学说而提高了。飞达亚斯（Phidias）雕刻宙斯（Zeus）神像，是由心灵里创造思想的神境，不是模仿刻画一个自然的现象。艺术之创造是艺术家由情绪的全人格中发现超越的真理真境，然后在艺术的神奇的形式中表现这种真实。不是追逐幻影，娱人耳目。这个思想是自圣奥古斯丁（Aurelius Augustinus）、斐奇路斯（Marsilio Ficinus）、卜罗洛（Giordano Bruno）、歇福斯卜莱（Anthony Ashley Cooper Shaftesbury）、温克尔曼（Jann Winckelman）等以来认为近代美学上共同的见解了。但柏拉图轻视艺术的理论，在希腊的思想界确有权威。希腊末期的哲学家普罗提诺（Plotinos）就是徘徊在这两种不同的见解中间。他也像柏拉图以为真、美是绝对的、超越的，存在于无迹的真界中，艺术家必须能超拔自己观照到这超越形相的真、美，然后才能在个别的具体的艺术作品中表现得真、美的幻影。艺术与这真、美境界是隔离得很远的。真、美，譬如光线；艺术，譬如物体，距光愈远得光愈少。所以大艺术家最高的境界是他直接在宇宙中观照得超形相的美。这时他才是真正的艺术家，尽管他不创造艺术品。他所创造的艺术不过是这真、美境界的余辉映影而已。所以我们欣赏艺术的目的也就是从这艺术品的兴感渡入真、美的观照。艺术品仅是一座桥梁，而大艺术家自己固无需乎此。宇宙"真、美"的音乐直接趋赴他的心灵。因为他的心灵是美的。普罗提诺说："没有眼睛能看见日光，假使它不是日光性的。没有心灵能看见美，假使他自己不是美的。你若想观照神与美，先要你自己似神而美。"

（原刊 1933 年 11 月 10 日《新中华》半月刊创刊号）

康德美学思想评述

康德(1724—1804),德国资产阶级的学者,德国古典唯心主义哲学的第一个著名代表。当时的德国和西欧其他国家比起来是一个落后的国家,德国资产阶级是一个眼光短浅、怯懦怕事的阶级。它的革命虽然是不彻底的,但毕竟在观念上进行了反封建的斗争,马克思曾说康德哲学是"法国革命的德国理论"。康德承认客观存在着"自在之物",但又说这"自在之物"是我们的认识能力所不能把握到的。康德哲学中有着明显的两重性,他在一定程度上表明他企图调和唯物主义和唯心主义。但是这种调和归根到底是想在唯心主义即他所称的先验的唯心主义的基础上来进行的。在美学里表现得尤其显著。康德是十八世纪末十九世纪初的德国唯心主义哲学的奠基人,也是德国唯心主义美学体系的奠基人。

康德的美学又是他在和以前的唯理主义美学(继承着莱布尼茨、沃尔夫哲学系统的鲍姆加登)和英国经验主义的美学(以布尔克为代表)的争论中发展和建立起来的,所以是一个极其复杂矛盾的体系。

我们先要简略地叙述一下康德和这两方面的关系,才能理解这个复杂的美学体系。

(一)

康德在他的美学著述里,对于他以前的美学家只提到过德国的鲍姆加登(Baumgarten)和英国的布尔克(E. Burke),一个是德国唯理主义的继承者,一个是英国经验主义的心理分析的思想家。我们先谈谈德国唯理主义的美学从莱布尼茨到鲍姆加登的发展。鲍氏是沃尔夫(Wolff)的弟子,但沃尔夫对美学未有发挥,而他所继承的莱布尼茨却颇有些重要的美学上的见解,构成德国唯理主义美学的根基。

莱布尼茨继承着和发展着十七世纪笛卡尔、斯宾诺莎等人唯理主义的世界观,企图用严整的数学体系来统一关于世界的认识,达到对于物理世界清楚明朗的完满的理解。但是感官直接所面对的感性的形象世界是我们一切认识活动的出发点。这形象世界和清楚明朗、论证严明的数理世界比较起来似乎是朦胧、暧昧,不够清晰的,莱布尼茨把它列入模糊的表象世界,这是"低级的"感性认识。但是这直观的暧昧的感性认识里仍然反映着世界的和谐与秩序,这种认识达到完满的境界时,即完满地映射出世界的和谐秩序时,这就不但是一种真,也是一种美了。于是关于"感性认识"的科学同时就成了美学。Ästhetik 一字,现在所谓的美学,原来就是关于感性认识的科学。莱氏的继承者鲍姆加登不但是把当时一切关于这方面的探究聚拢起来,第一次系统化成为一门新科学,并且给它命名为 Ästhetik,后来人们就沿用这个名字发展了这门新科学——美学。这是鲍姆加登在美学史上的重要贡献。虽然他自己的美学著作还是很粗浅的,规模初具,内容贫乏,他自己对于造型艺术及音乐艺术并无所知,只根据演说学和诗学来谈美。他在这里是从唯理主义的哲学走到美学,因而建立了美学的科学。美即是真,尽管只是一种模糊的真,因而美学被收入科学系统的大门,并且填补了唯理主义哲学体系的一个漏洞,一个缺陷,那就是感性世界里的逻辑。

同时也配合了当时文艺界古典主义重视各门文艺里的法则、规律的方向，也反映了当时上升的资产阶级反封建、反传统、重视理性、重视自然法则（即理性法则）的新兴阶级的意识。而在各门文学艺术里找规律，这至今也正是我们美学的主要任务。

现在略略介绍一下鲍姆加登（1714—1762）美学的大意，因为它直接影响着康德。

鲍氏在莱氏哲学原理的基础上，结合着当时英国经验主义美学"情感论"的影响，创造了一个美学体系，带着折衷主义的印痕。鲍氏认为感性认识的完满，感性圆满地把握了的对象就是美。他认为：

（1）感觉里本是暧昧、朦胧的观念，所以感觉是低级的认识形式。

（2）完满（或圆满）不外乎多样性中的统一，部分与整体的调和完善。单个感觉不能构成和谐，所以美的本质是在它的形式里，即多样性中的统一里，但它有客观基础，即它反映着客观宇宙的完满性。

（3）美既是仅恃感觉上不明了的观念成立的，那么，明了的理论的认识产生时，就可取美而消灭之。

（4）美是和欲求相伴着的，美的本身既是完满，它也就是善，善是人们欲求的对象。

单纯的印象，如颜色，不是美，美成立于一个多样统一的协调里。多样性才能刺激心灵，产生愉快。多样性与统一性（统一性令人易于把握）是感性的直观认识所必需的，而这里面存在着美的因素。美就是这个形式上的完满，多样中的统一。

再者，这个中心概念"完满"（Vollkommenheit）可以从另一个角度来看。这就是低级的、感性的、直观的认识和高级的、概念的知识之间的关系和分歧点。在感性的、直观的认识里，我们直接面对事物的形象，而在清晰的概念的思维中，亦即象征性质（通过文字）的思维中，我们直接的对象是字，概念，更多过于具体的事物形象。审美的直观的思想是直接面对事物而少和符号交涉的，因此，它就和情绪较为接近。因人的情绪是直接系着于具体事物的，较少系着于抽象的东西。另一方面，概念的认识渗透进事物的内容，而直接观照的、和情绪相接的对象则更多在物的形式方面，即外表的形象。鉴赏判断不像理性判断以真和善为对象，而是以美，亦即形式。艺术家创造这种形式，把多样性整理、统一起来，使人一目了然，容易把握，引起人的情绪上的愉快，这就是审美的愉快。艺术作品的直观性和易把握性或"思想的活泼性"，照鲍姆加登的后继者 G. E. Meyer 所说：是"审美的光亮"。假使感性的清晰达到最高峰时，就诞生"审美的灿烂"。

鲍氏美学总结地说来，就是：①因一切美是感性里表现的完满，而这完满即是多样中的统一，所以美存在于形式；②一切的美作为多样的东西是组成的东西（交错为文）；③在组成物之中间是统制着规定的关系，即多样的协调而为一致性的；④一切的美仅是对感觉而存在，而一个清晰的逻辑的分析会取消了（扬弃了）它；⑤没有美不同时和我对它的占有欲结合着，因完满是一好事，不完满是坏事；⑥美的真正目的在于刺激起要求，或者因我所要求的只是快适，故美产生着快乐。

鲍氏是沃尔夫的最著名的弟子，康德在他的前批判哲学的时期受沃尔夫影响甚大。他把鲍氏看做当时最重要的形而上学者，而且把鲍氏的教课书（逻辑）作为他的课堂讲演的底本，就在他的批判哲学时期也曾如此，虽然他在讲课里已批判了鲍氏，反对着鲍氏。

鲍氏区分着美学 Ästhetik 作为感性认识的理论，逻辑作为理性认识的理论。这名词也为康德在他的《纯粹理性批判》里所运用，康德区分为"先验的逻辑"和"先验的美学"即"先验的感性理论"。在这章里康德说明着感觉直观里的空间时间的先验本质。我们可以说，康德哲学以为整个世界是现象，本体不可知。这直观的现象世界也正是审美的境界，我们可以说，康德是完全拿审美的观点，即现象地来把握世界的。他是第一个建立了一个完备的资产阶级的美学体系的，而他却把他的美学著作不命名为美学。他把美学这一名词用在他的认识论的著作里，即关于感性认识的阐述的部分，这是很有趣的，也可以见到鲍姆加登的影响。康德也继承了鲍氏把美基于情感的说法，而反对他的完满的感性认识即是美的理论。康德把认识活动和审美活动划分为意识的两个不同的领域，因而阉割了艺术的认识功用和艺术的思想性，而替现代反动美学奠下了基础。他继承了鲍氏的形式主义和情感论扩张而为他的美学体系。

二

美学思想从意大利文艺复兴传播到法国,在那里建立了唯理主义的美学体系,然后在德国得到了完成。在十八世纪的上半期,艺术创造和审美思想的条件有了变动,于是英国首先领导了新的美学的方向。这里也是首先有了社会秩序的变革为前提的。1688 年英国资产阶级革命的成功改变了人们的生活情调,也就影响到艺术和美学的思想。在这个工业、商业兴盛和资产阶级在政治上获得自由的英国,独立了的受教育的资产阶级开始自觉它的地位,封建的王侯不再具有绝对的支配人们精神思想的势力。文学里开始表现资产阶级的理想人物和贵族并驾齐驱。在欧洲资产阶级的自由发源地荷兰的十七世纪的绘画里,尤其在大画家伦伯朗的油画里直率地表现着现实界的、生活力旺盛的各色人物,不再顾到贵族的仪表风度。荷兰的风俗画描绘着单纯的素朴的社会生活情状。在英国的文学里,这种新的精神倾向也占了上风,和当时的美学观念、文艺批评联系着。英国的新上升的资产阶级需要一种文学艺术,帮助它培养和教育资产阶级新式的人物、新思想和新道德。美学家阿狄生有一次在伦敦街头看着熙熙攘攘、匆匆忙忙的人们感动地说道:“这些人大半是过着一种虚假的生活。”他要使他们成为真正的人,这就是不再是通过宗教,而是通过审美和文化教养出来的人。这时在文艺复兴以来壮丽的气派、华贵的建筑和绘画以外,也为新兴的中产阶级产生了合乎幽静家庭生活的、对人们亲切的风景和人物的油画。对于自然的爱好成为普遍的风气。就像在哲学家斯宾诺莎、莱布尼茨、歇夫斯伯尼的哲学里,自然界从宗教思想的束缚里解放出来,成为独立研究的对象一样,绘画里也使大自然成为独立表现的主题,不再是人物的陪衬。在克劳德·洛伦(法)、鲁夷斯代尔、荷伯玛(荷兰)等人的风景画里,人对自然的感觉愈益亲切,注意到细节,和当时的大科学家毕封、林耐等人一致。十八世纪这种趣味的转变是和许多热烈的美学辩论相伴着。英国流行着报刊里的讨论，法国狄德洛写文章报道着绘画展览。德国莱辛和席勒的戏剧是和无数的争辩讨论的文章交织着，歌德和席勒的通信多半讨论着文艺创作问题。这时一些学院哲学以外的思想家注重各种艺术的感性材料和表现特点的研究，如莱辛的拉奥孔区别文学与绘画的界限，想从这里获得各种艺术的发展规律。所以从心理分析来把握审美现象在此时是一条比较踏实的科学地研究美学问题的道路，而这一方面主要是先由英国的哲学家发展着的。

何姆（Home），生于1696年，是苏格兰思想界最兴盛时代的学者。1726年开始发表他的《批评的原则》（Elements of criticism），是心理学的美学奠基的著作。一百年后，1876年德国的费希勒尔搜集他自己的论文发表，名为《美学初阶》。在这二书里见到一百年间心理分析的美学的发展。何姆的主要美学著作即是《批评的原则》（1763年译成德文，1864年铿里士堡《学术与政治报》上刊出一书评，可能出自康德之手。见Schlapp：《康德鉴赏力批判的开始》），是分析美与艺术的著作。由于他在分析里和美学概念的规定里的完备，这书在当时极被人重视。这是十八世纪里最成熟和完备的一部对于美的分析的研究。莱辛、赫尔德、康德、席勒都曾利用过它。他对席勒启发了审美教育的问题。

何姆的分析是以美的事物给予我们的深刻的丰富印象为对象。他首先见到美的印象所引起的心灵活动是单纯依据自然界审美对象或过程的某一规定的性质。审美地把握对象的中心是情感，于是分析情感是首要的任务。当时一般思想趋势是注意区分人的情绪与意志，审美的愉快和道德的批判。布尔克已经强调出审美的静观态度和意志动作的区别。何姆从心理学的理解来把审美的愉快归引到最单纯的元素即无利益感的情绪，亦即从这里不产生出欲求来的情绪。他因此逐渐发展出关于情绪作为心灵生活的一个独立区域的学说，后来康德继承了他而把这个学说系统化。康德严格地把情绪作为与认识和意志欲望区分开来的领域，这在何姆还并没有陷入这种错误观点。不过他也以为一个美丽的建筑或风景唤起我们心中一种无欲求心的静观的欣赏，但他认为我们若想完全理解审美印象的性质，就须把一个实际存在的事物所激起的情绪和一个对象仅在“意境”里所激起的情绪（如在绘画或音乐里）区别开来。意境对于现实的关系就像回忆对于所回忆的东西的关系。它（这意境）在绘画里较在文学里强烈些，在舞台的演出里又较绘画里强烈些。何姆所发现的这“意境”概念是后来一切关于“美学的假相”学说的根源。不过在何姆这“意境”概念的意义是较为积极的，不像后来的是较为消极性的（即过于重视艺术境界和现实的不同点）。

但这种对美感的心理分析或心理描述引起了一个问题，即审美印象的普遍有效性问题，审美的判断是在怎样的范围内能获得普遍的同意？休谟曾在他的论文里发挥了鉴赏（趣味）标准的概念。这个重要的概念，何姆在他的著作里继续发展了。康德更是从这里建立他的先验的唯心主义的美学，而完全转到主观主义方面来。何姆还有一些重要的分析都影响着后来康德美学及其他人的美学研究，我们不多谈了。

现在谈谈布尔克。康德在他的《判断力批判》里直接提到他的前辈美学家的地方极少，但却提到了英国的思想家布尔克（1729—1797）。布尔克著有《关于我们壮美及优美观念来源的哲学研究》（1756 年），在他以前 1725 年已有赫切森（Hutscheson）的《关于我们的美的及品德的观念来源的研究》。

英国的美学家和法国不同，他们对于美，不爱固定的规则而爱令人惊奇的东西，在新奇的刺激以外又注意“伟大”的力量，认为“伟大”的力量是不能用理智来把握的。因此艺术的创造和欣赏没有整体的心灵活动和想象力的活动是不行的。

康德在《判断力批判》里简单地叙述了布尔克的见解，并且赞许着说：“作为心理学的注释，这些对于我们心意现象的分析极其优美，并且是对于经验的人类学的最可爱的研究提供了丰富的资料。”

康德从他以前的德国唯理主义美学和英国心理分析的美学中吸取了他的美学理论的源泉。他的美学像他的批判哲学一样，是一个极复杂的难懂的结构，再加上文字句法的冗长晦涩，令人望而生畏。读他的书并不是美的享受，翻译它更是麻烦。

（三）

1790 年康德在完成了他的《纯粹理性批判》（对知识的分析）和《实践理性批判》（对道德，即善的意志的研究）以后，为了补足他的哲学体系的空隙，发表了他的《判断力批判》（包含着对审美判断的分析）。

但早在 1764 年他已写了《关于优美感与壮美感的考察》，内容是一系列的在美学、道德学、心理学区域内的极细微的考察，用了通俗易懂的、吸引人的、有时具有风趣的文字泛论到民族性、人的性格、倾向、两性等等方面。

康德尚无意在这篇文章里提供一个关于优美及壮美的科学的理论，只是把优美感和壮美感在心理学上区分开来。"壮美感动着人，优美摄引着人。"他从壮美里又分别了不同的种类，如恐怖性的壮美、高贵、灿烂等。可注意的特点是他对道德的美学论证建立在"对人性的美和尊严的感觉上"。这里又见到英国思想家歇夫斯伯尼的影响。

《判断力批判》（1790 年第 1 版，1793 年第 2 版），这书是把两系列各别的独立的思考，由于一个共同观点（即"合目的性"的看法）结合在一起来研究的。即一方面是有机体生命界的问题，另一方面是美和艺术的问题。但是在《纯粹理性批判》里，康德尚认为"把对美的批判提升到理性原理之下和把美的法则提升到科学是一个不可能实现的愿望"。但是他在他所做的哲学的系统的研究进展中，使他在 1787 年认为在"趣味（鉴赏）"领域里也可以发现先验的原理，这是他在先认为是不可能的事。

这种把"鉴赏的批判"和"目的论的自然观的批判"结合在一起的企图到 1789 年才完全实现。工作加快地进行，1790 年就出版了《判断力批判》，完成康德的批判哲学的体系（康德所谓批判（Kritik），就是分析、检查、考察。批判的对象在康德首先就是人对于对象所下的判断。分析、检查、考察这些判断的意义、内容、效力范围，就是康德批判哲学的任务）。康德的《判断力批判》第一部分是“审美判断力批判”。此中第一章第一节，美的分析；第二节，壮美（或崇高）的分析；第二章，审美判断力的辩证法。现在我主要地是介绍一下“美的分析”里的大意，然后也略介绍一下他的论壮美（崇高）。

我们先在总的方面略为概括地谈一谈康德论审美的原理，这是相当抽象，不太好懂的。

康德的先验哲学方法从事于阐发先验的可能性的知识（即具有普遍性和必然性的知识）。美学问题是他的批判哲学里普遍原理的特殊地运用于艺术领域。和科学的理论里的先验原理（即认识的诸条件）及道德实践里的先验原理相并，产生着第三种的先验方法在艺术领域里。艺术和道德一样古老，比科学更早。康德美学的基本问题不是美学的个别的特殊的问题，而是审美的态度。照他的说法，即那“鉴赏（或译趣味）判断”是怎样构成的，它和知识判断及道德的判断的区分在哪里？它在我们的意识界里哪一方向和哪一方面中获得它的根基和支持？

康德美学的突出处和新颖点即是他第一次在哲学历史里严格地系统地为“审美”划出一独自的领域，即人类心意里的一个特殊的状态，即情绪。这情绪表现为认识与意志之间的中介体，就像判断力在悟性和理性之间。他在审美领域里强调了“主观能动性”。康德一般地在情绪后附加上“快乐及不快”的词语，亦即愉快及不愉快的情绪，但这个附加词并不能算做真正的特征。特征是在于这情绪的纯主观性质，它和那作为客观知觉的感觉区别着。在这意义里，康德说：“鉴赏没有一客观的原则。”此外这个情绪是和对于快适的单纯享受的感觉以及另一方对于善的道德的情绪有根本的差别。

美学是研究“鉴赏里的愉快”，是研究一种无利益兴趣和无概念（思考）却仍然具有普遍性和直接性的愉快。审美的情绪须放弃那通过悟性的概念的固定化，因它产生于自由的活动，不是诸单个的表象的，而是“心意诸能力”全体的活动。在“美”里是想象力和悟性，在“壮美”里是想象力和理性。审美的真正的辨别不是愉快，愉快是随着审美评判之后来的，而是那适才所描述的心意状态的“普遍传达性”。这是它和快适感区别的地方。

因这个心意状态绝不应听从纯粹个人趣味的爱好，那样，美学不能成为科学。鉴赏判断也要纳入法则里，因它要求着“普遍有效性”，尽管只是主观的普遍有效性。它要求着别人的同意，认为别人也会有同样的愉快（美的领略）。如果他（指别人）目前尚不能，在美学教育之后会启发了他的审美的共通感，而承认他以前是审美修养不够，并不是像“快适”那样各人有私自的感觉，不强人同，不与人争辩。所以人类是具有审美的“共通感”（Gemeinsein）的。这共通感表示：每个人应该对我的审美判断同意，假使它正确的话（尽管事实上并不一定如此）。因而我的审美判断具有“代表性”（样本性）的有效性。当然按照它的有效价值也只具有一个调节性的，而非构造性的“理想的”准则。一言以蔽之，是一理念（Idee）。对康德，理念（或译观念）是总括性的理性概念，最高级的统一的思想，对行为和思想的指导观念，在经验世界里没有一对象能完全符合它。审美的诸理念是有别于科学理论上的诸理念的，它们不像这些理念那样是表明（立证）的“理性理念”，而是不能曝示的，即不能归纳进概念里去的想象力的直观，没有语言文字能说出，能达到。它是“无限”的表现，它内里包含着“不能指名的思想富饶”。它是建基于超感性界的地盘上的那个仅能被思索的实体，我们的一切精神机能把它作为它们的最后根源而汇流其中，以便实现我们的精神界的本性所赋予我们最后的目的，这就是理性“使自己和自身协合”。超过了这一点，审美原理就不能再使人理解的了（康德再三这样说着）。

创造这些审美理念的机能，康德名之为天才，我们内部的超感性的天性通过天才赋予艺术以规律，这是康德对审美原理的唯心主义的论证。

（四）

一个判断的宾词若是“美”，这就是表示我们在一个表象上感到某一种愉快,因而称该物是美。所以每一个把对象评定为美的判断,即是基于我们的某一种愉快感。这愉快作为愉快来说,不是表象的一个属性,而只是存在于它对我们的关系中,因此不能从这一表象的内容里分析出来,而是由主体加到客体上面的,必须把这主观的东西和那客观的表象相结合。因此这判断在康德的术语里,即是所谓综合判断,而不是分析判断。

但不是每一令人愉快的表象都是美。因此审美判断所表达的愉快必须具有特性。

问题是:什么是美?即审美判断的基础在哪里?这一宾词所加于那表象的是什么?这些归结于下列问题:审美的愉快和一切其他种类的愉快的区分在哪里?对这一问题的回答就说出了"美或鉴赏判断的性质",这是"美的分析"的第一个主题。

美以外如快适,如善,如有益,都是令人愉快的表象。康德进一步把它们分辨开来,说它们对于我们的关系是和美对于我们的关系不同的。康德哲学注重"批评"(Kritik)亦即分析,他偏重分别的工作,结果把原来联系着的对象割裂开来,而又不能辩证地把握到矛盾的统一。这造成他的哲学里和美学里的许多矛盾和混乱,这造成他的思想的形而上学性。

快适表现于多种的丰富的感受,如可爱的、柔美曼妙的、令人开心的、快乐的等等,是一种感性的愉快的表现,而善和有益是实践生活里的表现。快适的感觉不是系于被感觉的对象,而是系于我自己的感觉状况,它们仅是主观的。如果我们下一判断说:"这园地是绿色的。"这宾词"绿"是隶属于那被我们觉知的客体"园地"的。如果我们判断"这园地是舒适的",这就是说出我看见这园地时我的感觉被激动的样式和状态。"快适是给诸感官在感觉里愉快的",它给予愉快而不通过概念(思维)。对于善和有益的愉快是另一种类的。有益即是某物对某一事一物好。善却与此相反,它是在本身上好,这就是只是为了自身的原因、自身的目的而实现,进行的。有益的是工具,善是目的,并且是最后目的。二者都是我们感到愉快的对象,却是在实践里的满足,它们联系着我们的意志、欲望,通过目的的概念,它们服务于这个目的。有益的作为手段、工具，善作为终极目的，前者是间接的，后者是直接的。康德说："善是那由于理性的媒介通过单纯的概念令人满意的。我们称呼某一些东西为了什么事好(有益的)，它只是作为手段令人愉快的，另一种是在自身好，这是自身令人愉快满意的。"善不仅是实践方面的，且进一步是道德的愉快。

但二者的令人愉快是以客体的实际存在为前提，人当饥渴时，绘画上的糕饼、鱼肉、水果是不能令人愉快的，它们徒然是一种刺激。除非吃饱了，不渴了，画上的食品是令人愉快的，像十七世纪荷兰画家常爱画的一些佳作。一个人的善行如果是伪装的，不但不引起道德上的满意，反而令人厌恶。除非我们被欺骗，信以为真(即认为是客观存在着)的时候。这就是说我们对于它们的客观存在是感兴趣的，有着利害关系的。

但在对于美的现象的关系中却不关注那实物的存在，对画上的果品并不要求它的实际存在，而只是玩味它的形象，它的色彩的调和，线条的优美，就是说，它的形式方面，它的形象。康德说："人须丝毫不要坚持事物的存在，而是要在这方面淡漠，以便在鉴赏的事物里表现为裁判者。"总结起来，康德认为美是具有一种纯粹直观的性质，首先要和生活的实践分开来。他说："一个关于美的判断，即使渗入极微小的利害关系，都具有强烈的党派性，它就决不是纯鉴赏判断。因此，要在鉴赏中做个评判者，就不应从利害的角度关心事物的存在，在这方面应抱淡漠的态度。"

照康德的意见，在纯粹美感里，不应渗进任何愿望、任何需要、任何意志活动。审美感是无私心的，纯是静观的，他静观的对象不是那对象里的会引起人们的欲求心或意志活动的内容，而只是它的形象，它的纯粹的形式。所以图案、花边、阿拉伯花纹正是纯粹美的代表物。康德美学把审美和实践生活完全割裂开来，必然从审美对象抽掉一切内容，陷入纯形式主义，把艺术和政治割离开来，反对艺术活动中的党派性。它成为现代最反动的形式主义艺术思想的理论源泉了。

康德认为人在纯粹的审美里绝不是在求知，求发现普遍的规律、客观的真理,而是在静观地赏玩形象、物的形式方面的表现。审美的判断不是认识的判断,所以美不但和快适、善、有益区分开来,也和真区分开来。他反对在他以前的英国美学里(如布尔克)的感觉主义,只在人们的心理中的快感里面寻找美的原因,把美和心理的快适(快活舒适)等同起来。他也反对唯理主义思想家(如鲍姆加登)把美等同于真,即感性里的完满认识,或善,即完满。他要把一切杂质全洗刷掉,求出纯洁的美感。他用"批判"即"分剖"的方法来研究人类的认识作用,称做"纯粹理性批判",研究纯洁的直观、纯洁的悟性,在道德哲学里探讨纯洁的意志等等。他的这种洗刷干净的方法,追求真理的纯洁性,像十七世纪里的物理学家、数学家的分析学(数学是他们的,也是康德的科学理想),但却把有血有肉的,生在社会关系里的人的丰富多彩的意识抽空了(抽象化了);更是把思想富饶、意趣多方的艺术创作、文学结构抽空了。损之又损,纯洁又纯洁,结果只剩下花边图案,阿拉伯花纹是最纯粹的,最自由的,独立无靠的美了。剩下来的只是抽空了一切内容和意义的纯形式。他说:"花,自由的素描,无任何意图地相互缠绕着的、被人称做簇叶饰的纹线,它们并不意味着什么,并不依据任何一定的概念,但却令人愉快满意。"

康德喜欢追求纯粹、纯洁,结果陷入形式主义主观主义的泥坑,远离了丰富多彩的现实生活和现实生活里的斗争,梦想着"永久的和平"。美学到了这里,空虚到了极点,贫乏到了极点,恐怕不是他始料所及的吧!而客观事实反击了过来,康德不能不看到这一点,但是他的主观唯心主义使他不能用唯物辩证法来走出这个死胡同,于是不顾自相矛盾地又反过来说:"美是道德的善的象征。"想把道德的内容拉进纯形式里来,忘了当初气势汹汹的分疆划界的工作了。

我们以上已经叙述过康德就"性质"这一契机来考察美的判断。他总结着说:

> 鉴赏(趣味,即审美的判断)是凭借完全无利害观念的快感和不快感,对某一对象或它的表现方式的一种判断力。

鉴赏判断的第二契机就是按照量上来看的。这就是问一个真正的审美判断,譬如说这风景是美的,这首诗是美的,说出这判断的人是不是想,这个判断只表达我个人的感觉,像我吃菜时的口味那样。如果别人说:我觉得这菜不好吃,我并不同他争辩,争辩也无益,我承认各人有各人的口味,不必强同。康德认为根据个人的私人的趣味的判断,是夹杂着个人的利害兴趣的,不是像那无利害关系,超出了个人欲求范围的审美判断。因此对于审美判断,我们会认为它不仅仅是代表着个人的兴趣、嗜好,而是反映着人类的一种普遍的共同的对于客体的形象的情绪的反应。因此会认为这个判断应该获得人人公共的首肯(假使我这判断是正确的话),这就是提出了普遍同意的要求,认为真正的(正确的)审美判断应是普遍有效的,而不局限于个人。如果别人不承认,那就要么是我这判断并不正确,应当重新考虑修改。如果审查了仍自以为是完全正确的,那就会是别人的审美修养、鉴赏力不够,将来他的鉴赏力提高了,一定会承认我这个判断的。许多大艺术家发现了新的美,把它表现出来,当时可能得不到人们的承认,他却仍然相信将来定有知音,因而坚持下去,不怕贫困和屈辱,像伦勃朗那样。这里康德所主张的审美判断在"量"的方面是具有普遍性的,可以提出普遍同意的要求,不像在饮食里各人具有他自己个别的口味,是不能坚持这个普遍性的要求的(虽然孟子曾说过:"口之于味也,有同嗜焉。")。

康德认为审美判断具有普遍性,因为美感是不带有利益兴趣,因而是自由的、无私的。它不像快适那样基于私人条件,因而审美的判断者以为每个人都会作出同样的判断的。但是在审美判断里对于每个人的有效性不是像伦理判断那样根据概念,因此它不能具有客观的普遍有效性,而仅能具有主观的普遍有效性。而这个之所以可能,是因为审美情绪不是先行于对于对象的判断,而是产生于全部心意能力总的活动,内心自觉到理知活动与想象力的和谐,感觉它作为"静观的愉悦"。

在这里见到康德的所谓美感完全是基于主体内部的活动,即理知活动与想象力的谐和、协调,不是走出主观以外来把握客观世界里的美。这和康德的物自体不可知论,和他的主观唯心论是一致的。

就审美判断中的第三个契机,即所看到的"目的的关系"这一范畴来考察审美判断。康德认为美是一对象的形式方面所表现的合目的性而不去问他的实际目的,即他所说的"合目的性而无目的"(无所为而为),也就是我们在对象上观照它在形式上所表现的各部分间有机的合目的性的和谐,我们要停留在这完美的多样中统一的表象的鉴赏里,不去问这对象自身的存在和它的实际目的。如果我们从表面的合目的性的形式进而探究或注意它的存在和它的目的,那么,它就会引起我们实际的利益感而使我们离开了静观欣赏的状态了。所以最纯粹的审美对象是一朵花,是阿拉伯花纹等等。这里充分说明了康德美学中的形式主义。但是,康德也不能无视一切伟大文艺作品里所包含着的内容价值,它们里面所表现的对人们生活的影响,它们的教育意义。所以康德又自相矛盾地大谈"美是'道德的善'的象征"。并且说:"只有在这个意义里(这是一种对于每个人是自然的关系,这并且是每个人要求别人作为义务的),美给人愉快时要求着另一种赞许,即人要同时自己意识到某一种高贵化和提升到单纯官能印象的享受之上去,并且别种价值也依照他的判断力的一个类似的原则来评价。"后来诗人席勒的美学继承康德发展了审美教育问题的研究(德国十八世纪大音乐家乔·弗·亨德尔说得好:"如果我的音乐只能使人愉快,那我感到很遗憾,我的目的是使人高尚起来。")。于是康德又自相矛盾地提出了自由(自在)的美和挂上的(系属着的)美的区分。自由的美不先行肯定那概念,说对象应该是什么;那挂上的美(系属着的美)却先行肯定这概念和对象依照那概念的完满性(例如画上的一个人物就要圆满地表现出关于那个人的概念内容,即典型化)。一个对象里的丰富多样集合于使它可能的内在目的之下,我们对于它的审美快感是基于一个概念的,也就是依照这个概念要求这概念的丰富内容能在形象上充分表达出来。

对于"自由"的美,如一花纹图案、一朵花的快感是直接和那对象的形象联系着,而不是先经过思想,先确定那对象的概念,问它"是什么",而是纯粹欣赏和玩味它的形式里的表现。

如果对象是在一个确定的概念的条件下被判断为美的，那么，这个鉴赏判断里就基于这概念包含着对于那个“对象”的完满性或内在的合目的性的要求，这个审美判断就不再是自由的和纯粹的鉴赏判断了。康德哲学的批判工作是要区别出纯粹的审美判断来，那只剩有对“自由美”的判断，也即是对于纯粹形式美的判断，如花纹等。而一切伟大的文学艺术作品都是他所说的“系属着的美”或“挂上的美”，即在形式的美上挂上了许多别的价值，如真和善等。在这里又见到康德美学里的矛盾和复杂，和它的形式主义倾向。最后，依照判断中第四个契机“情状”的范畴来考察，即按照对于对象所感到愉快的情状来看。美对于快感具有必然性的关系，但这种必然性不是理论性和客观性的，也不是实践性的（如道德）。这种必然性在一个审美判断里被思考着时只能作为例证式的，这就是说作为一个普遍规律的一个例证，而这个普遍规律却是人们不能指说明白的（不像科学的理论的规律，也不像道德规律）。审美的共通感作为我们的认识诸力（理知和想象力）的自由游戏是一个理想的标准，在它的前提下，一个和它符合着的判断表白出对一对象的快感能够有理由构成对每个人的规律，因为这原理虽然只是主观性的，却是主观的普遍性，是对于每个人具含着必然性的观念。康德这一段思想难懂，但却极重要。

如果把上面康德美学里所说的一切对于美的规定总结起来就可以说：“美是……无利益兴趣的，对于一切人，单经由它的形式，必然地产生快感的对象。”这是康德美感分析的结果。康德把审美的人从他的整个人的活动，他的斗争的生活里，他的经济的社会的政治的生活里抽象出来，成为一个纯粹静观着的人。康德把艺术作品从它的丰富内容，它的深刻动人的政治价值、社会价值、教育价值、经济价值、战斗性中抽象出来，成为单纯形式。这时康德以为他执行了和完成了他的“审美批判力批判的工作”。

所以康德的美学不是从艺术实践和艺术理论中来，而是从他的批判哲学的体系中来，作为他的批判哲学体系中的一个组成部分。

康德美学的主要目标是想勾出美的特殊的领域来，以便把它和真和善区别开来，所以他分析的结果是：纯粹的美只存在“单纯形式”

里即在纯粹的无杂质、无内容的形式的结构里，而花纹图案就成了纯美的典范。但康德在美感的实践里却不能不知道这种抽空了内容的美在现实中几乎是不存在的，就是极简单的纯形式也会在我们心意里引起一种不能指名的“意义感”，引起一种情调，假使它能被认为是美的话。如果它只是几何学里的形，如三角、正方形等，不引起任何情调时，也就不能算做美学范围内的“纯形式”了。

而且不止于此，人类在生活里常常会遭遇到惊心动魄、震撼胸怀的对象，或在大自然里，或在人生形象、社会形象里，它们所引起的美感是和“纯粹的美感”有共同之处——因同是在审美态度里所接受的对象——却更有大大不同之处。这就是它们往往突破了形式的美的结构，甚至于恢诡谲怪。自然界里的狂风暴雨、飞沙走石，文学艺术里面如莎士比亚伟大悲剧里的场面、人物和剧情（马克白司、查里第三、李尔王等剧），是不能纳入纯美范畴的。这种我们大致可列入壮美（或崇高）的现象，事实上这类现象在人生和文艺里比纯美的境界更多得多，对人生也更有意义。康德自己便深深地体验到这个。他常说：世界上有两个最崇高的东西，这就是夜间的星空和人心里的道德律。所以康德不能不在纯粹美的分析以后提出壮美（崇高）来做美学研究的对象。何况他的先辈布尔克、何姆在审美学的研究里已经提出了这纯美和壮美的区别而加以探讨了。

“会当凌绝顶，一览众山小”（杜甫：《望岳》）。美学研究到壮美（崇高），境界乃大，眼界始宽。研究到悲剧美，思路始广，体验乃深。

康德认为：许多自然物可以被称为是优美的，但它们不能是真正的壮美（崇高）的。一个自然物仅能作为崇高的表象（表现），因真正的壮美是不存在感性的形式里的。对自然物的优美感是基于物的形式，而形式是成立在界限里的（有轮廓范围）。壮美却能在一个无边无垠的对象里找到。这种“无限”可能在一个物象身上见到，也可能由这物象引起我们这种想象。优美的快感联系着“质”，壮美的快感联系着“量”。自然物的优美是它的形式的合目的性，这就是说这对象的形式对于我的判断力的活动是合适的，符合着的，好像是预先约定着的。在我的观照中引动我的壮美（崇高）感的对象，光就它的形式来看,也有些可能是符合着我的判断力的形式的,例如希腊的庙宇,罗马城的彼得大教堂,米开朗琪罗的摩西石像等古典艺术。但壮美的现象对于我们的想象力显示来得强暴,使我们震惊、失措、彷徨。然而,越是这样,越使我们感到壮伟、崇高。崇高不只是存在于被狂飙激动的怒海狂涛里,而更是进一步通过这现象在我们心中所激起的情感里。这时我们情感摆脱了感性而和"观念"连结活动着。这些观念含着更高一级的"合目的性"。对于自然界的"优美",我们须在外界寻找一个基础,而对"崇高"只能在内心和思想形式里寻找根源,正是这思想形式把崇高输送到大自然里去的。

康德区分两类壮美,数学和力学的壮美。当人们对一对象发生壮美感时,是伴着心情的激动的,而在纯美感里心情是平静的愉悦。那心情的激动,当它被认为是"主观合目的"时,它是经由想象力联系到认识机能,或是联系到欲求机能。在第一种场合里想象力伴着的情调是数学的,即联系于量的评价。在第二种场合里,想象力伴着的情调是力学的,即是产生于力的较量。在两种场合里都赋予对象以壮美的性质。

当我们在数量的比较中向前进展,从男子的高度到一个山的高,从那里到地球的直径,到天河及星云系统,越来越广大的单位,于是自然界里一切伟大东西相形之下都成了渺小,实际上只是在我们的无止境的想象力面前显得渺小,整个自然界对于无限的理性来说成了消逝的东西。歌德诗云:"一切消逝者,只是一象征。"它即是"无限"的一个象征,一个符号而已。因此,量的无限、数学上的大,人类想象力全部使用也不能完全把握它,而在它面前消失了自己,它是超出我们感性里的一切尺度了。

壮美的情绪是包含着想象力不能配合数量的无止境时所产生的不快感,同时却又产生一种快感,即是我们理性里的"观念",是感性界里的尺度所万万不能企及的,配合不上的。在壮美感里我们是前恭而后倨。

力学上的壮美是自然在审美判断中作为"力量"来感触的。但这力量在审美状态中对我们却没有实际的势力,它对于我们作为感性的人固然能引起恐怖,但又激发起我们的力量,这力量并不是自然界的而是精神界的,这力量使我们把那恐怖焦虑之感看做渺小。因此,当关涉到我们的(道德的)最高原则的坚持或放弃时,那势力不再显示为要我们屈服的强大压力,我们在心里感觉到这些原则的任务的壮伟是超越了自然之上。这壮伟作为全面的真正的伟大,只存在我们自己的情调中。

在这里我们见到壮美(崇高)和道德的密切关系。

康德本想把"美"从生活的实践中孤立起来研究,这是形而上学的方法。但现实生活的体验提出了辩证思考的要求。只有唯物辩证法才能全面地、科学地解决美的与艺术的问题。

(五)

康德生活着的时代在德国是多么富有文学艺术的活跃,在他以前有艺术理论家温克尔曼,对我们启发了希腊的高尚的美的境界;有理论家及创作家莱辛,他是捍卫着现实主义的文艺战士。在康德同时更有伟大的现实主义诗人歌德,现实主义的文艺理论家赫尔德尔。(在他以后有发展和改进了他的美学思想的大诗人席勒和哲学家黑格尔。)这些人的美学思想都是从文学艺术的理论探究中来的,而康德却对他们似乎熟视无睹,从来不提到他们。他对当时轰轰烈烈的文艺界的创造,歌德等人的诗、戏曲、小说,贝多芬、莫扎特等人的音乐,都似乎不感兴趣,从来不提到他们。而他自己却又是第一个替近代资产阶级的哲学建立了一个美学体系的,而这个美学体系却又发生了极大的影响,一直影响到今天的资产阶级的反动美学。这真是值得我们注意和探究的问题。深入地考察和批判康德美学是一个复杂的而又重要的工作,尚待我们的努力。

白华附言:中国人民大学出版的苏联瓦·斯卡尔仁斯卡娅的《马克思列宁主义美学》一书,其中对康德美学做了全面的马克思列宁主义的批判，由于我的马列主义理论水平的限制，不能再有所补充了。而有一些读者感到对于康德的美学原理所知太少，读了那篇批判后对于康德美学的理解仍感不足，我在这里试图做一点补充性质的评述，以便读者更好地把握那篇批判。我把那些与康德有关系的美学思想，尤其是英国美学思想也说得不少，或者有些用处。我的这篇小文是从德国的一些美学史著作中采取了资料，参考着瓦·斯卡尔仁斯卡娅的那篇批判和北京大学哲学系资料室所译的莫斯科大学哲学研究所编写的《美学史》（尚未出版）中关于康德的一章而写成的。在这篇文章中，我虽也写了少许批评，但是极为不够的，好在珠玉在前，便不计较我的瓦砾了。我的目的是在提供美学史上一点参考资料而已，康德美学的原著我正在试译中，第一篇《美的分析论》译文已刊《文艺理论译丛》1958 年第 1 期，人民文学出版社出版，现在收在商务印书馆出版的《十九世纪末二十世纪初德国哲学》里，是北京大学哲学系外国哲学史教研室编译的，请参考。

（原载《新建设》1960 年第 5 期）

歌德之人生启示

人生是什么？人生的真相如何？人生的意义何在？人生的目的是何？这些人生最重大最中心的问题，不只是古来一切大宗教家哲学家所殚精竭虑以求解答的。世界上第一流的大诗人凝神冥想，探入灵魂的幽邃，或纵身大化中，于一朵花中窥见天国，一滴露水参悟生命，然后用他们生花之笔，幻现层层世界，幕幕人生，归根也不外乎启示这生命的真相与意义。宗教家对这些问题的方法与态度是预言的说教的，哲学家是解释的说明的，诗人文豪是表现的启示的。荷马的长歌启示了希腊艺术文明幻美的人生与理想。但丁的神曲启示了中古基督教文化心灵的生活与信仰。莎士比亚的剧本表现了文艺复兴时人们的生活矛盾与权力意志。至于近代的，建筑于这三种文明精神之上而同时开展一个新时代，所谓近代人生，则由伟大的歌德以他的人格、生活、作品表现出它的特殊意义与内在的问题。

歌德对人生的启示有几层意义、几种方面。就人类全体讲，他的人格与生活可谓极尽了人类的可能性。他同时是诗人、科学家、政治家、思想家，他也是近代泛神论信仰的一个伟大的代表。他表现了西方文明自强不息的精神，又同时具有东方乐天知命宁静致远的智慧。德国哲学家息默尔(Simmel)说："歌德的人生所以给我们以无穷兴奋与深沉的安慰的，就是他只是一个人，他只是极尽了人性，但却如此伟大，使我们对人类感到希望，鼓动我们努力向前做一个人。"我们可以说歌德是世界一扇明窗，我们由他窥见了人生生命永恒幽邃奇丽广大的天空！

再狭小范围，就欧洲文化的观点说，歌德确是代表文艺复兴以后近代人的心灵生活及其内在的问题。近代人失去了希腊文化中人与宇宙的谐和，又失去了基督教对一超越上帝虔诚的信仰。人类精神上获得了解放，得着了自由；但也就同时失所依傍，徬徨摸索，苦问追求，欲在生活本身的努力中寻得人生的意义与价值。歌德是这时代精神伟大的代表，他的主著《浮士德》是这人生全部的反映与其问题的解决（现代哲学家斯宾格勒（Spengler）在他名著《西方文化之衰落》中名近代文化为浮士德文化）。歌德与其替身浮士德一生生活的内容就是尽量体验这近代人生特殊的精神意义，了解其悲剧而努力以解决其问题，指出解救之道。所以有人称他的浮士德是近代人的圣经。

但歌德与但丁、莎士比亚不同的地方，就是他不单是由作品里启示我们人生真相，尤其在他自己的人格与生活中表现了人生广大精微的义谛。所以我们也就从两方面去接受歌德对于人类的贡献：（一）从他的人格与生活了解人生之意义。（二）从他的文艺作品欣赏人生真相之表现。

（一）歌德人格与生活之意义

比学斯基（Bielschowsky）在歌德传记导论中分析歌德人格的特性，描述他生活的丰富与矛盾，最为详尽（见拙译《歌德论》）。但这个矛盾丰富的人格终是一个谜。所谓谜，就是这些矛盾中似乎潜伏着一个道理，由这个道理我们可以解释这个谜，而这个道理也就是构成这个谜的原因。我们获着这个道理解释了这谜，也就可说是懂了那谜的意义。歌德生活中之矛盾复杂最使人有无穷的兴趣去探索他人格与生活的意义，所以人们关于歌德生活的研究与描述异常丰富，超过世界任何文豪。近代德国哲学家努力于歌德人生意义的探索者尤多，如息默尔（Simmel）、黎卡特（Rickert）、龚多夫（Gundolf）、寇乃曼(Kuehnemann)、可尔夫(Korff)等等,尤以可尔夫的研究颇多新解。我们现在根据他们的发挥,略参个人的意见,叙述于后。

我们先再认清这歌德之谜的真面目:第一个印象就是歌德生活全体的无穷丰富。第二个印象是他一生生活中一种奇异的谐和。第三个印象是许多不可思议的矛盾。这三种相反的印象却是互相依赖,但也使我们表面看来,没有一个整个的歌德而呈现无数歌德的图画。首先有少年歌德与老年歌德之分。细看起来,可以说有一个莱布齐希大学学生的歌德,有一个少年维特的歌德,有一个魏玛朝廷的歌德,有一个意大利旅行中的歌德,与席勒交友时的歌德,艾克曼谈话中的哲人歌德。这就是说歌德的人生是永恒变迁的,他当时的朋友都有此感,他与朋友爱人间的种种误会与负心皆由于此。人类的生活本都是变迁的,但歌德每一次生活上的变迁就启示一次人生生活上重大的意义,而留下了伟大的成绩,为人生永久的象征。这是什么原故?因歌德在他每一种生活的新倾向中,无论是文艺政治科学或恋爱,他都是以全副精神整个人格浸沉其中;每一种生活的过程里都是一个整个的歌德在内。维特时代的歌德完全是一个多情善感热爱自然的青年,著《伊菲格尼》(Iphigenie)的歌德完全是个清明儒雅,徘徊于罗马古墟中希腊的人。他从人性之南极走到北极,从极端主观主义的少年维特走到极端客观主义的伊菲格尼,似乎完全两个人。然而每个人都是新鲜活泼原版的人。所以他的生平给与我们一种永久青春永远矛盾的感觉。歌德的一生并非真是迷途错误走到真理,乃是继续地经历全人生各式的形态。他在《浮士德》中说:“我要在内在的自我中深深领略,领略全人类所赋有的一切。最崇高的最深远的我都要了解。我要把全人类的苦乐堆积在我的胸心,我的小我,便扩大成为全人类的大我。我愿和全人类一样,最后归于消灭。”这样伟大勇敢的生命肯定,使他穿历人生的各阶段,而每阶段都成为人生深远的象征。他不只是经过少年诗人时期,中年政治家时期,老年思想家科学家时期,就在文学上他也是从最初罗珂珂式的纤巧到少年维特的自然流露,再从意大利游后古典风格的写实到老年时浮士德第二部象征的描写。

他少年时反抗一切传统道德势力的缚束,他的口号“情感是一切”！老年时尊重社会的秩序与礼法,重视克制的道德。他的口号“事业是一切”！在对人接物方面,少年歌德是开诚坦率热情倾倒的诗人。在老年时则严肃令人难以亲近。在政治方面,少年的大作中“瞿支”(Goetz)临死时口中喊着“自由”,而老年歌德对法国大革命中的残暴深为厌恶,赞美拿破仑重给欧洲以秩序。在恋爱方面,因各时期之心灵需要,舍弃最知心最有文化的十年女友石坦因夫人而娶一个无知识无教育纯朴自然的扎花女子。歌德生活是努力不息,但又似乎毫无预计,听机缘与命运之驱使。所以有些人悼惜歌德荒废太多时间做许多不相干的事,像绘画,政治事务,研究科学,尤其是数十年不断的颜色学研究。但他知道这些“迷途”“错道”是他完成伟大人性所必经的。人在“迷途中努力,终会寻着他的正道”。

歌德在生活中所经历的“迷途”与“正道”表现于一个最可令人注意的现象。这现象就是他生活中历次的“逃走”。他的逃走是他浸沉于一种生活方向将要失去了自己时,猛然的回头,突然的退却,再返于自己的中心。他从莱布齐希大学身心破产后逃回故乡,他历次逃开他的情人弗利德利克、绿蒂、丽莉等,他逃到魏玛,又逃脱魏玛政务的压迫走入意大利艺术之宫。他又从意大利逃回德国。他从文学逃入政治,从政治逃入科学。老年时且由西方文明逃往东方,借中国印度波斯的幻美热情以重振他的少年心。每一次逃走,他新生一次,他开辟了生活的新领域,他对人生有了新创造新启示。他重新发现了自己,而他在“迷途”中的经历已丰富了深化了自己。他说:“各种生活皆可以过,只要不失去了自己。”歌德之所以敢于全心倾注于任何一种人生方面,尽量发挥,以至有伟大的成就,就是因为他自知不会完全失去了自己,他能在紧要关头逃走退回他自己的中心。这是歌德一生生活的最大的秘密。但在这个秘密背后伏有更深的意义。我们再进一步研究之。

歌德在近代文化史上的意义可以说,他带给近代人生一个新的生命情绪。他在少年时他已自觉是个新的人生宗教的预言者。他早期文艺的题目大都是人类的大教主如卜罗米陀斯(Prometheus),苏格拉底，基督与摩哈歌德。

这新的人生情绪是什么呢？就是“生命本身价值的肯定”。基督教以为人类的灵魂必须赖救主的恩惠始能得救，获得意义与价值。近代启蒙运动的理知主义则以为人生须服从理性的规范，理智的指导，始能达到高明的合理的生活。歌德少年时即反抗十八世纪一切人为的规范与法律。他的《瞿支》是反抗一切传统政治的缚束；他的维特是反抗一切社会人为的礼法，而热烈崇拜生命的自然流露。一言蔽之，一切真实的，新鲜的，如火如荼的生命，未受理知文明矫揉造作的原版生活，对于他是世界上最可宝贵的东西。而这种天真活泼的生命他发见于许多绚缦而朴质如花的女性。他作品中所描写的绿蒂、玛甘泪、玛丽亚等，他自身所迷恋的弗利德利克、丽莉、绿蒂等，都灿烂如鲜花而天真活泼，朴素温柔，如枝头的翠鸟。而他少年作品中这种新鲜活跃的描写，将妩媚生命的本体熠烁在读者眼前，真是在他以前的德国文学所未尝梦见的，而为世界文学中的粒粒晶珠。

这种崇拜真实生命的态度也表现于他对自然的顶礼。他一七八二年的《自然赞歌》可为代表。译其大意如下：

> 自然，我们被他包围，被他环抱；无法从他走出，也无法向他深入。他未得请求，又未加警告，就携带我们加入他跳舞的圈子，带着我们动，直待我们疲倦极了，从他臂中落下。他永远创造新的形体，去者不复返，来者永远新，一切都是新创，但一切也仍旧是老的。他的中间是永恒的生命，演进，活动。但他自己并未曾移走。他变化无穷，没有一刻的停止。他没有留恋的意思，停留是他的诅咒，生命是他最美的发明，死亡是他的手段，以多得生命。

歌德这时的生命情绪完全是浸沉于理性精神之下层的永恒活跃的生命本体。

但说到这里，在我们的心影上会涌现出另一个歌德来。而这歌德的特征是谐和的形式，是创造形式的意志。歌德生活中一切矛盾之最后的矛盾,就是他对流动不居的生命与圆满谐和的形式有同样强烈的情感。他在哲学上固然受斯宾诺莎泛神论的影响;但斯宾诺莎所给与他的仍是偏于生活上道德上的受用,使他紊乱烦恼的心灵得以入于清明。以大宇宙中永恒谐和的秩序整理内心的秩序,化冲动的私欲为清明合理的意志。但歌德从自己的活跃生命所体验的,动的创造的宇宙人生,则与斯宾诺莎倾向机械论与几何学的宇宙观迥然不同。所以歌德自己的生活与人格却是实现了德国大哲学家莱布尼兹(Leibniz)的宇宙论。宇宙是无数活跃的精神原子,每一个原子顺着内在的定律,向着前定的形式永恒不息地活动发展,以完成实现它内潜的可能性,而每一个精神原子是一个独立的小宇宙,在它里面像一面镜子反映着大宇宙生命的全体。歌德的生活与人格不是这样一个精神原子么?

生命与形式,流动与定律,向外的扩张与向内的收缩,这是人生的两极,这是一切生活的原理。歌德曾名之宇宙生命的一呼一吸,而歌德自己的生活实在象征了这个原则。他的一生,他的矛盾,他的种种逃走,都可以用这个原理来了解。当他纵身于宇宙生命的大海时,他的小我扩张而为大我,他自己就是自然,就是世界,与万有为一体。他或者是柔软得像少年维特,一花一草一树一石都与他的心灵合而为一,森林里的飞禽走兽都是他的同胞兄弟。他或者刚强地察觉着自己就是大自然创造生命之一体,他可以和地神唱道:

生潮中,业浪里,
淘上或淘下,
浮来又浮去!
生而死,死而葬,
一个永恒的大洋,
一个连续的波浪,
一个有光辉的生长,
我架起时辰的机杼,
替神性制造生动的衣裳。

（郭沫若译《浮士德》）

但这生活片面的扩张奔放是不能维持的，一个个体的小生命更是会紧张极度而超于毁灭的。所以浮士德见地神现形那样的庞大，觉得自己好像侏儒一般，他的狂妄完全消失：

我，自以为超过了火焰天使，
已把自由的力量使自然苏生，
满以为创造的生活可以俨然如神！
啊，我现在是受了个怎样的处分！
一声霹雳把我推堕了万丈深坑。
……
哦，我们努力自身，如同我们的烦闷，
一样地阻碍着我们生长的前程。

（郭沫若译《浮士德》）

生命片面的努力伸张反要使生命受阻碍，所以生命同时要求秩序、形式、定律、轨道。生命要谦虚、克制、收缩，遵循那支配万有主持一切的定律，然后才能完成，才能使生命有形式，而形式在生命之中。

依着永恒的，正直的
伟大的定律，
完成着
我们生命的圈。

（《神性》诗中句）

一个有限的圈子
范围着我们的人生，
世世代代
排列在无尽的生命的链上。

（《人类之界限》诗中句）

生命是要发扬、前进，但也要收缩、循轨。一部生命的历史就是生活形式的创造与破坏。生命在永恒的变化之中，形式也在永恒的变化之中。所以一切无常，一切无住，我们的心，我们的情，也息息生灭，逝同流水。向之所欣，俯仰之间，已成陈迹。这是人生真正的悲剧，这悲剧的源泉就是这追求不已的自心。人生在各方面都要求着永久；但我们的自心的变迁使没有一景一物可以得暂时的停留，人生飘堕在滚滚流转的生命海中，大力推移，欲罢不能，欲留不许。这是一个何等的重负，何等的悲哀烦恼。所以浮士德情愿拿他的灵魂的毁灭与魔鬼打赌，他只希望能有一个瞬间的真正的满足，俾他可以对那瞬间说："请你暂停，你是何等的美呀！"

由这话看来，一切无常的主因是在我们自心的无常，心的无休止的前进追求，不肯暂停留恋。人生的悲剧正是在我们恒变的心情中。歌德是人类的代表，他感到这人生的悲剧特别深刻，他的一生真是息息不停地追求前进，变向无穷。这心的变迁使他最感着苦痛负疚的就是他恋爱心情的变迁，他一生最热烈的恋爱都不能久住，他对每一个恋人都是负心，这种负心的忏悔自诉是他许多最大作品的动机与内容。剧本《瞿支》中，魏斯林根背弃玛丽亚；剧本《浮士德》中，浮士德遗弃垂死的玛甘泪于狱中，是歌德最明显最沉痛的自诉。但他的生活情绪不停留的前进使他不能不负心，使他不能安于一范围，狭于一境界而不向前开辟生活的新领域。所以歌德无往而不负心，他弃掉法律投入文学，弃掉文学投入政治，又逃脱政治走入艺术科学，他若不负心，他不能尝遍全人生的各境地，完成一个最人性的人格。他说：

你想走向无尽么？
你要在有限里面往各方面走！

然而这个负心现象，这个生活矛盾，终是他生活里内在的悲剧与问题,使他不能不努力求解决的。这矛盾的调解,心灵负疚的解脱,是歌德一生生活之意义与努力。再总结一句,歌德的人生问题,就是如何从生活的无尽流动中获得谐和的形式,但又不要让僵固的形式阻碍生命前进的发展。这个一切生命现象中内在的矛盾,在歌德的生活里表现得最为深刻。他的一切大作品也就是这个经历的供状。我们现在再从歌德的文艺创作中去寻歌德的人生启示与这问题最后的解答。

(二)歌德文艺作品中所表现的人生与人生问题

我们说过,歌德启示给我们的人生是扩张与收缩,流动与形式,变化与定律;是情感的奔放与秩序的严整,是纵身大化中与宇宙同流,但也是反抗一切的阻碍压迫以自成一个独立的人格形式。他能忘怀自己,倾心于自然,于事业,于恋爱;但他又能主张自己,贯彻自己,逃开一切的包围。歌德心中这两个方向表现于他生平一切的作品中。

他的剧本《瞿支》、《塔索》,他的小说《少年维特之烦恼》,是表现生命的奔放与倾注,破坏一切传统的秩序与形式。他的《伊菲格尼》与叙事诗《赫尔曼与多罗蒂》等,则内容外形都表现最高的谐和节制,以圆融高朗的优美的形式调解心灵的纠纷冲突。在抒情诗中他的《卜罗米陀斯》是主张人类由他自己的力量创造他的生活的领域,不需要神的援助,否认神的支配,是近代人生思想中最伟大的一首革命诗。但他在《人类之界限》及《神性》等诗中则又承认宇宙间含有创造一切的定律与形式,人生当在永恒的定律与前定的形式中完成他自己;但人生不息的前进追求,所获得的形式终不能满足,生活的苦闷由此而生。这个与歌德生活中心相终始的问题则表现于他毕生的大作《浮士德》中。《浮士德》是歌德全部生活意义的反映,歌德生命中最深的问题于此表现,也于此解决。我们特别提出研究之。

浮士德是歌德人生情绪最纯粹的代表。《浮士德》戏剧最初本,所谓“原始浮士德”的基本意念是什么？在他下面的两句诗：

我有敢于入世的胆量，
下界的苦乐我要一概担当。

浮士德人格的中心是无尽的生活欲与无尽的知识欲。他欲呼召生命的本体，所以先用符咒呼召宇宙与行为的神。神出现后，被神呵斥其狂妄，他认识了个体生命在宇宙大生命面前的渺小。于是乃欲投身生命的海洋中体验人生的一切。他肯定这生命的本身，不管他是苦是乐，超越一切利害的计较，是有生活的价值的，是应当在他的中间努力寻得意义的。这是歌德的悲壮的人生观，也是他《浮士德》诗中的中心思想。浮士德因知识追求的无结果，投身于现实生活，而生活的顶点，表现于恋爱，但这恋爱生活成了悲剧。生活的前进不停，使恋爱离弃了浮士德，而浮士德离弃了玛甘泪，生活成了罪恶与苦痛。《浮士德》的剧本从原始本经过一七九〇年的残篇以至第一部完成，它的内容是肯定人生为最高的价值，最高的欲望，但同时也是最大的问题。初期的《浮士德》剧本之结局，窥歌德之意是倾向纯悲剧的。人生是将由他内在的矛盾，即欲望的无尽与能力的有限，自趋于毁灭，浮士德也将由生活的罪过趋于灭亡，生活并不是理想而为诅咒。但歌德自己生活的发展使问题大变，他在意大利获得了生命的新途径，而剧本中的浮士德也将得救。在一七九七年的《浮士德》中的天上序曲里，魔鬼糜非斯陀诅咒人生真如歌德自己原始的意思，但现在则上帝反对糜非斯陀的话，他指出那生活中问题最多最严重的浮士德将终于得救。这个歌德人生思想的大变化最值得注意，是我们了解浮士德与歌德自己的生活最重要的钥匙。

我们知道“原始浮士德”的生活悲剧，他的苦痛，他的罪过，就是他自己心的恒变，使他对一切不能满足，对一切都负心。人生是个不能息肩的重负，是个不能驻足的前奔。这个可诅咒的人生在歌德生活的进展中忽然得着价值的重新估定。人生最可诅咒的永恒流变一跃而为人生最高贵的意义与价值。人生之得以解救，浮士德之得以

升天,正赖这永恒的努力与追求。浮士德将死前说出他生活的意义是永远的前进:

在前进中他获得苦痛与幸福,
他这没有一瞬间能满足的。

而拥着他升天的天使们也唱道:

惟有不断的努力者
我们可以解脱之!

原本是人生的诅咒,那不停息的追求,现在却变成了人生最高贵的印记。人生的矛盾苦痛罪过在其中,人生之得救也由于此。

我们看浮士德和魔鬼麋非斯陀订契约的时候,他是何等骄傲于他的苦闷与他的不满足。他说他愿毁灭自己,假使人生能使他有一瞬间的满足而愿意暂停留恋。麋非斯陀起初拿浅薄的人世享乐来诱惑他,徒然使他冷笑。

以前他愿意毁灭,因为人生无价值;现在他宁愿毁灭,假使人生能有价值。这是很大的一个差别,前者是消极的悲观,后者是积极的悲壮主义。前者是在心理方面认识,一切美境之必然消逝;后者是在伦理方面肯定,这不停息的追求正是人生之意义与价值。将心理的必然变迁改造成意义丰富的人生进化,将每一段的变化经历包含于后一段的演进里,生活愈益丰富深厚,愈益广大高超,像歌德从科学艺术政治文学以及各种人生经历以完成他最后博大的人格。歌德的象征浮士德也是如此,他经过知识追求的幻灭走进恋爱的罪过,又从真美的憧憬走回实际的事业。每一次的经历并不是消磨于无形,乃是人格演进完成必要的阶石:

你想走向无尽么?
你要在有限里面往各方面走!

有限里就含着无尽,每一段生活里潜伏着生命的整个与永久。每一刹那都须消逝,每一刹那即是无尽,即是永久。我们懂了这个意思,我们任何一种生活都可以过,因为我们可以由自己给与它深沉永久的意义。《浮士德》全书最后的智慧即是:

一切生灭者
皆是一象征。

在这些如梦如幻流变无常的象征背后潜伏着生命与宇宙永久深沉的意义。

现在我们更可以了解人生中的形式问题。形式是生活在流动进展中每一阶段的综合组织,它包含过去的一切,成一音乐的和谐。生活愈丰富,形式也愈重要。形式不但不阻碍生活,限制生活,乃是组织生活,集合生活的力量。老年的歌德因他生活内容过分的丰富,所以格外要求形式,定律,克制,宁静,以免生活的分崩而求谐和的保持。这谐和的人格是中年以后的歌德所兢兢努力惟恐或失的。他的诗句:

人类孩儿最高的幸福
就是他的人格!

流动的生活演进而为人格,还有一层意义,就是人生的清明与自觉的进展。人在世界经历中认识了世界,也认识了自己,世界与人生渐趋于最高的和谐;世界给与人生以丰富的内容,人生给与世界以深沉的意义。这不是人生问题可能的最高的解决么?这不是文艺复兴以来,人类失了上帝,失了宇宙,从自己的生活的努力所能寻到的人生意义么?

浮士德最初欲在书本中求智慧,终于在人生的航行中获得清明。他人生问题的解决,我们可以说:

> 人当完成人格的形式而不失去生命的流动！生命是无尽的，形式也是无尽的，我们当从更丰富的生命去实现更高一层的生活形式。

这样的生活不是人生所能达到的最高的境地么？我们还能说人生无意义无目的么？歌德说：

> 人生，无论怎样，他是好的！

歌德的人生启示固然以《浮士德》为中心，但他的其他创作都是这种生活之无限肯定的表现。尤其是他的抒情诗，完全证实了我们前面所说的歌德生活的特点：

他一切诗歌的源泉，就是他那鲜艳活泼、如火如荼的生命本体。而他诗歌的效用与目的却是他那流动追求的生命中所产生的矛盾苦痛之解脱。他的诗，一方面是他生命的表白，自然的流露，灵魂的呼喊，苦闷的象征。他像鸟儿在叫，泉水在流。他说："不是我做诗，是诗在我心中歌唱。"所以他诗句的节律里跳动着他自己的脉搏，活跃如波澜。他在生活憧憬中陷入苦闷纠缠，不能自拔时，他要求上帝给他一支歌，唱出他心灵的沉痛，在歌唱时他心里的冲突的情调，矛盾的意欲，都醇化而升入节奏、形式，组合成音乐的谐和。混乱混沌的太空化为秩序井然的宇宙，迷途苦恼的人生获得清明的自觉。因为诗能将他纷扰的生活与刺激他生活的世界，描绘成一幅境界清朗、意义深沉的图画（《浮士德》就是这样一幅人生图画）。这图画纠正了他生活的错误，解脱了他心灵的迷茫，他重新得到宁静与清明。但若没有热烈的人生，何取乎这高明的形式。所以我们还是从动的方面去了解他诗的特色。歌德以外的诗人的写诗，大概是这样：一个景物，一个境界，一种人事的经历，触动了诗人的心。诗人用文字、音调、节奏、形式，写出这景物在心情里所引起的澜漪。他们很能描绘出历历如画的境界，也能表现极其强烈动人的情感。但他们一面写景,一面叙情,往往情景成了对峙。且依人类心理的倾向,喜欢写景如画,这就是将意境景物描摹得线清条楚,轮廓宛然,恍如目睹的对象。人类之诉说内心,也喜欢缕缕细述,说出心情的动机原委。虽莎士比亚、但丁的抒情诗,尽管他们描绘的能力与情感的白热,有时超过歌德,但他们仍未能完全脱离这种态度。歌德在人类抒情诗上的特点,就是根本打破心与境的对待,取消歌咏者与被歌咏者中间的隔离。他不去描绘一个景,而景物历落飘摇,浮沉隐显在他的词句中间。他不愿直说他的情,而他的情意缠绵,宛转流露于音韵节奏的起落里面。他激昂时,文字境界节律音调无不激越兴起;他低徊留恋时,他的歌辞如泣如诉,如怨如慕,令人一往情深,不能自已,忘怀于诗人与读者之分。王国维先生说诗有隔与不隔的差别,歌德的抒情诗真可谓最为不隔的。他的诗中的情绪与景物完全融合无间,他的情与景又同词句音节完全融合无间,所以他的诗也可以同我们读者的心情完全融合无间,极尽浑然不隔的能事。然而这个心灵与世界浑然合一的情绪是流动的,飘渺的,绚缦的,音乐的;因世界是动,人心也是动,诗是这动与动接触会合时的交响曲。所以歌德诗人的任务首先是努力改造社会传统的,用旧了的文字词句,以求能表现出这新的动的人生与世界。原来我们人类的名词概念文字,是我们把捉这流动世界万事万象的心之构造物;但流动不居者难以捉摸,我们人类的思想语言天然地倾向于静止的形态与轮廓的描绘,历时愈久,文字愈抽象,并这描绘轮廓的能力也将失去,遑论做心与景合一的直接表现。歌德是文艺复兴以来近代的流动追求的人生最伟大的代表(所谓浮士德精神)。他的生命,他的世界是激越的动,所以他格外感到传统文字不足以写这纯动的世界。于是他这位世界最伟大的语言创造的天才,在德国文字中创造了不可计数的新字眼,新句法,以写出他这新的动的人生情绪。歌德是马丁路德以后创新德国文字最重大的人物,他不仅是德国文学上最大诗人。现代继起努力创新与美化德国文字的大诗人是斯蒂芬盖阿格(Stefan George),他变化无数的名词为动词,又化此动词为形容词,以形容这流动不居的世界。例如"塔堆的巨人"(形容大树)、"塔层的远"、"影阴着的湾"、"成熟中的果”等等，不胜枚举，且不能译。他又融情入景、化景为情，融合不同的感官铸成新字以写难状之景、难摹之情。因为他是以一整个的心灵体验这整个的世界（新字如“领袖的步”，“云路”，“星眼”，“梦的幸福”，“花梦”等等也是不能有确切的中译，虽然诗意发达极高的中国文词颇富于这类字眼）。所以他的每一首小诗都滉漾在一种浩灏流动的气氛中，像宋元画中的山水。不过西方的心灵更倾向于活动而已。我们举他一首《湖上》诗为例。歌德的诗是不能译的，但又不能不勉强译出，力求忠于原诗，供未能读原文者参考。

湖上

（一七七五年瑞士湖上作，时方逃出丽莉（Lili）姑娘的情网）

并且新鲜的粮食，新鲜的血
我吸取自自由的世界：
自然，何等温柔，何等的好，
将我拥在怀抱。
波澜摇荡着小船
在击桨声中上前，
山峰，高插云霄，
迎着我们的水道。

眼睛，我的眼睛，你为何沉下了？
金黄色的梦，你又来了？
去罢，你这梦，虽然是黄金，
此地也有生命与爱情。

在波上辉映着
千万飘浮的星，
柔软的雾吸饮着
四围塔层的远。

晓风翼覆了
影阴着的湾,
湖中影映着
成熟中的果。

开头一句“并且新鲜的粮食,新鲜的血,我吸取自自由的世界……”就突然地拖着我们走进一个碧草绿烟柔波如语的瑞士湖上。开头一字用“并且”德文 Uud 即英文 And 将我们读者一下子就放在一个整个的自然与人生的全景中间。“自然,何等温柔,何等的好,将我拥在怀抱”写大自然生命的柔静而自由,反观人在社会生活中受种种人事的缚束与苦闷,歌德自己在丽莉小姐家庭中礼仪的拘束与恋爱的包围,但“自然”是人类原来的故乡,我们离开了自然,关闭在城市文明中烦闷的人生,常常怀着“乡愁”,想逃回自然慈母的怀抱,恢复心灵的自由。“波澜摇荡着小船,在击桨声中上前”两句进一步写我们的状况。动荡的湖光中动荡的波澜,摇动着我们的小船,使我们身内身外的一切都成动象,而击桨的声音给与这流动以谐和的节奏。“上前”遥指那“山峰,高插云霄,迎着我们的水道”,自然景物的柔媚,勾引心头温馨旖旎的回忆。眼睛低低沉下,金黄色的情梦又浮在眼帘。但过去的情景,转眼成空,不堪回首,且享受新获着的自由罢!自然的丽景展布在我们的面前:“在波上辉映着千万飘浮的星……”短短的几句写尽了归舟近岸时的烟树风光。全篇滉漾着波澜的闪耀,烟景的飘渺,心情的旖旎,自然与人生谐和的节奏。但歌德的生活仍是以动为主体,个体生命的动热烈地要求着与自然造物主的动相接触,相融合。这种向上追求的激动及与宇宙创造力相拥抱的情绪表现在《格丽曼》(Ganymede)一诗中(希腊神话中,格丽曼为一绝美的少年王子。天父爱惜之,遣神鹰攫去天空,送至阿林比亚神人之居)。

格丽曼

你在晓光灿烂中,

怎么这样向我闪烁，
亲爱的春天！
你永恒的温暖中，
神圣的情绪，
以一千倍的热爱
压向我的心，
你这无尽的美！
我想用我的臂，
拥抱着你！

啊，我睡在你的胸脯，
我焦渴欲燃，
你的花，你的草，
压在我的心前。
亲爱的晓风，
吹凉我胸中的热，
夜莺从雾谷里，
向我呼唤！
我来了，我来了，
到哪里？到哪里？

向上，向上去，
云彩飘流下来，
飘流下来，
俯向我热烈相思的爱！

向我，向我，
我在你的怀中上升！
拥抱着被拥抱着！
升上你的胸脯！

爱护一切的天父！

这首诗充分表现了歌德热情主义唯动主义的泛神思想。但因动感的激越，放弃了谐和的形式而流露为生命表现的自由诗句，为近代自由诗句的先驱。然而这狂热活动的人生，虽然灿烂，虽然壮阔，但激动久了，则和平宁静的要求油然而生。这个在生活中倥偬不停的“游行者”也曾急迫地渴求着休息与和平：

游行者之夜歌二首

（一）

你这从天上来的
宁息一切烦恼与苦痛的：
给与这双倍的受难者
以双倍的新鲜的
啊，我已倦于人事之倥偬！
一切的苦乐皆何为？
甜蜜的和平！
来，啊，来到我的胸里！

（二）

一切山峰上
是寂静，
一切树杪中
感不到
些微的风；
森林中众鸟无音。
等着罢，你不久
也将得着安宁。

歌德是个诗人，他的诗是给与他自己心灵的烦扰以和平以宁静的。但他这位近代人生与宇宙动象的代表，虽在极端的静中仍潜示着何等的鸢飞鱼跃！大自然的山川在屹然峙立里周流着不舍昼夜的消息。

海上的寂静

深沉的寂静停在水上。
大海微波不兴。
船夫瞅着眼，
愁视着四面的平镜。
空气里没有微风！
可怕的死的寂静！
在无边寥廓里，
不摇一个波影。

这是歌德所写意境最静寂的一首诗。但在这天空海阔晴波无际的境界里绝不真是死，不是真寂灭。他是大自然创造生命里"一刹那倾静的假相"。一切宇宙万象里有秩序，有轨道，所以也启示着我们静的假相。

歌德生平最好的诗，都含蕴着这大宇宙潜在的音乐。宇宙的气息，宇宙的神韵，往往包含在他一首小小的诗里。但他也有几首人生的悲歌，如《威廉传》中弦师与迷娘（Mignon）的歌曲，也深深启示着人生的沉痛，永久相思的哀感。

弦琴师（歌曲）

谁居寂寞中？
嗟彼将孤独。
生人皆欢笑，
留彼独自苦。

嗟乎,请君让我独自苦!
我果能孤独,
我将非无侣。
情人偷来听,
所欢是否孤无侣?
日夜偷来寻我者,
只是我之忧,
只是我之苦。
一旦我在坟墓中,
彼始让我真无侣!

迷娘(歌曲)

谁人识相思?
乃解侬心苦,
寂寞而无欢。
望彼天一方,
爱我知我人。
呜呼在远方,
我头昏欲眩,
五脏焦欲燃,
谁解相思苦,
乃识侬心煎。

歌德的诗真如长虹在天,表现了人生沉痛而美丽的永久生命。他们也要求着永久的生存:

你知道,诗人的词句
飘摇在天堂的门前,
轻轻地叩着

请求永久的生存。

而歌德自己一生的猛勇精进,周历人生的全景,实现人生最高的形式,也自知他“生活的遗迹不致消磨于无形”。而他永恒前进的灵魂将走进天堂最高的境域,他想象他死后将对天门的守者说:

请你不必多言,
尽管让我进去!
因为我做了一个人,
这就说曾是一个战士!

(原刊《大公报》1932 年 3 月 21 日、3 月 28 日、
4 月 4 日文学副刊第 220—222 期)

歌德的《少年维特之烦恼》

我们的世界是已经老了！在这世界中任重道远的人类，已经是风霜满面、尘垢满身。他们疲乏的眼睛所看见的一切，只是罪恶、机诈、苦痛、空虚。但有时会有一位真性情的诗人出世，禀着他纯洁无垢的心灵，张着他天真莹亮的眼光，在这污浊的人生里重新掘出精神的宝藏，发现这世界崭然如新、光明纯洁，有如世界创造的第一日。这时不只我们的肉眼随着他重新认识了这个美洁庄严的世界，尤其我们的心情也会从根基深处感动得热泪迸流，就像浮士德持杯自鸩时猛听见教堂的钟声，重复感触到他童年的世界，因为他又恢复了童年的天真！

少年歌德是这样的一个诗人，少年维特是这样的一个心灵。他是歌德人格中心一个方向的表现与结晶。所以《少年维特之烦恼》同《浮士德》一样，是歌德式的人生与人格内在的悲剧，它不是一部普通的恋爱小说，它的价值，就基础于此。

我们知道歌德式的人生内容是生活力的无尽丰富，生活欲的无限扩张，彷徨追求，不能有一个瞬间的满足与停留。因此苦闷烦恼，矛盾冲突，而一个圆满的具体的美丽的瞬间，是他最大的渴望，最热烈的要求。

但是这个美满的瞬间设若果真获得了，占有了，则又将被他不停息的前进追求所遗弃，所毁灭，造成良心上的负疚，生活上的罪过。浮士德之对于玛甘泪就是这样的一出悲剧。这也就是歌德写浮士德的一大忏悔。但是设若这个美满的瞬间,浮在眼前,捕捉不住,种种原因,不能占有,而歌德式热狂的希求,不能自已,则终竟惟有如膏自焚,自趋毁灭,人格心灵的枯死,倒不在乎自杀不自杀的了。

《少年维特之烦恼》就是歌德在文艺里面发挥完成他自己人格中这一种悲剧的可能性,以使自己逃避这悲剧的实现。歌德自己之不自杀,就因他在生活的奔放倾注中有悬崖勒马的自制,转变方向的逃亡。他能化泛澜的情感为事业的创造,以实践的行为代替幻想的追逐。

歌德生活的扩张,本有积极的与消极的两方面。积极的方面表现于反抗一切传统缚束以伸张自我的精神。这种精神所遇到的阻碍与悲剧表现于他的《瞿支》、《卜罗米陀斯》、《格丽曼》等作品中,尤其在《浮士德》的第一幕因无限知识欲的不能满足而欲自杀,这是一个倔强者积极者的悲剧。而在少年维特则是歌德无尽的生活力完全溶化为情感的奔流,这热情的泛溢使他不能控制世界,控制自己,而毁灭了自己。

少年维特是世界上最纯洁,最天真,最可爱的人格,而却是一个从根基上动摇了的心灵。他像一片秋天的树叶,无风时也在颤栗。这颗颤摇着的心,具有过分繁富的心弦,对于自然界人生界一切天真的音响,都起共鸣。他以无限温柔的爱笼罩着自然与人类的全部,一切尘垢不落于他的胸襟。他以真情与人共忧共喜,尤爱天真活泼的小孩与困苦中的人们。但他这个在生活中的梦想者,满怀清洁的情操,禀着超越的理想,他设若与这实际人事界相接触,他将以过分明敏的眼光,最深感觉的反应,惊讶这世界的虚伪与鄙俗。我们读少年维特的头几章,就会预感着这样的一个心灵是不能长存于这个坚硬冷酷的世界的。他一走进实际人生,必定要随处触礁而沉没的。少年维特的悲剧是个人格的悲剧,他纯洁热烈的人格情绪将如火自焚,何况还要遇着了绿蒂?

绿蒂是个与维特正相反的个性,她的幽娴贞静,动作的和谐,能在平凡狭小的生活中表现优美与和平;窈窕的姿态,使一切世俗琐碎皆化成和美的音乐。她的自足,她的圆满,虽然规模狭小,却与那在无尽追求中心灵不安定的维特成了个反衬。所以她成了维特飘泊人生中的仙岛，情海狂涛里的彼岸。他自己所最缺乏而希求不到的圆满宁静与和谐，于此具体实现。她是他解脱的导星，吸引向上的永久女性。而他的这个生活上惟一的希望，惟一的寄托，却可望而不可即，浮在眼前，却不能占有。心灵愈益彷徨憔悴，枯竭，则不死何待？

何况即使是美满的瞬间能得以实现，而维特式歌德式向前无尽的追求终将不能满足，又将舍而之他，造成良心上的负疚，生活上的罪恶与苦痛，则浮士德的中心问题又来了！

所以《少年维特之烦恼》与《浮士德》同是歌德人格中心及其问题的表现。它不是一部普通的恋爱小说，它启示着人生深一层的境界与意义。我们现在再来看一看这本书的艺术方面。这本书是歌德从生活上的苦痛经历中一口气写出的。内容与体裁，形式与生命成一个整体。所以我们要知道了他内容的故事与故事中的意义，然后才能完全了解他艺术的外形。所以我们先叙述一下这本小说内容的大概，然后再观察他的体裁形式与描写的技术。

书中的主人是一个绝顶聪明、纯洁多情的少年，性质类似少年歌德，不过还更多感更温柔，更软弱些。他的软弱并不是道德的自制的情操比他人不足，乃是热烈深挚的情绪与感受性过分的浓郁。他的愉快与痛苦都较常人深一层。他的热情已临近疯狂。他像一个白日做梦者走过这世界，光明与惨暗都是他自己心情的反射。他爱天然，爱自由，爱真性情，爱美丽的幻想。他最恨的是虚伪的礼教，古板的形式，庸俗的成见。社会上的人物劳碌于琐碎无意义的事业，他都看不起。宇宙太伟大了，自然太美丽了，人为的一切，徒然缚束心灵，磨灭天性，算得什么？但他自己虽无兴趣于世俗琐事，却不是懒惰。他内心生活的飞跃，思想与情绪汹涌于胸际，息息不停。他的闲暇，全都用于观察一切，思索一切，尤在分析自己。——以致毁灭了自己！

在春光明媚的五月，这个光明美丽的心灵来到一个新鲜的客地。他完全浸沉于大自然的生命中，就像一只蝴蝶在香海里遨游。荷马的古典诗歌使他心地宁静庄严。小孩儿与平民的接触使他和悦天真。他的心情像一个春天的早晨，清朗而新鲜，精神愉快而纯洁，使我们读者也觉心花开放,感到一种青春光明的人生意义。在这少年心灵的太空中不是完全没有暗淡的愁云轻轻掠过,但他自信随时可以自由脱离尘世,不足为虑。然而我们已经感着他人格根性上的悲观,而一种不祥的预兆已触动我们的心。我们觉着这个可爱少年心灵的组织太纤细温柔了,是不宜于这世间的。

于是从五月到六月,他在一个跳舞会里认识了绿蒂,而他全部的灵魂一下子就堕入情网。他飘浮在恋爱的愉快中,也不管绿蒂是已经与人订了婚的。绿蒂的家庭与小孩儿们都欢迎他,他就无日不去陪伴她。他崇拜绿蒂如天人,一切与她接触过的,带着她的氛围气的,对于他都是神圣。这是他最光明最愉快的日子。自然界也以晴光暖翠掩映于他们的情爱中。但是到了七月终,绿蒂的未婚夫来了,维特从甜梦中惊醒,他想走开让他。但阿培尔是个好人,并不猜妒,对维特态度甚佳。于是维特自哄自地不听他朋友威廉的函劝,徘徊流连而不言去。但是他以前纯真的天趣已渐失了,心胸里开始矛盾了,情感与理智开始冲突了。他还常往自然里走动,而这慈母的自然对于他已不复是宁静与安慰。以前大自然是个无尽生命新鲜活跃的场所,现在却变成了一座无边惨淡的无底坟墓。他认识了自己矛盾的现状,却没有力量超脱,只有望着黑暗的未来流泪。他已经想到自杀。在八月三十日写给威廉的信中说:"我看这苦痛的终局只有坟墓。"他的朋友威廉劝他走开,他终于振作起来,于九月十一日离开他这快乐与烦恼的地方。这是第一篇的终结。第二篇开始——十月二十日——维特在使馆里任职了。他过得很好。远离着绿蒂,有秩序的工作使他心灵和静。但又来了别的刺激使他不快。公使是个拘谨执着的人,他不满意维特文字的自由风格,他要维特修改他的句法。他表示得很不客气,这种贵族社会里的浅薄,傲慢的阶级观念,使他难堪。于是一年过了,在第二年的二月间他得知阿培尔与绿蒂的结婚,他写了一封很有礼很同情的信贺他们,他只希望在绿蒂的心中占第二座位置。我们对于他觉得很有希望。但到了三月的中间一种意外的事情使他非常难受,极端损害他的自尊心。有一位伯爵请他去吃午饭,饭后他谈话流连不知去,不觉到了晚间。他陪着一位他很乐意的小姐在客厅里。而晚宴伯爵是宴请一班贵族社会的客人,伯爵见维特忘形不去,只好催他走开。这种事情立刻传播于宴会间,而那位小姐的姑母很责备她不应下交维特。维特受了这个刺激,就向使馆辞职。他本来是不宜于这个社会这种职业的,何况又受了这个侮辱,他失恋的心情又加上自尊心的损害真是不堪的了。

于五月间应了一位公爵的召请投奔于他,而公爵待他虽很好,却是一位庸俗无味的人。他感到异常无聊。他想去从军而公爵劝阻了他。他留住下过了六月,终于顺从心的不可抵抗的要求,奔赴着旧的命运,他回往绿蒂处!

绿蒂与阿培尔很欢迎他,但是他发现这个世界已大变了,因为他现在的心情不复是从前的心情了,自然界对于他不复是活跃和谐的生命,而变成类似剧台上机械的布景。他自己丰富美丽的心泉已经枯竭。荷马诗里光明的世界已不感兴趣,而爱浸沉于变相的哀调中寂寞惨淡晴雾朦胧的北欧诗境。绿蒂与阿培尔幸福么?阿培尔愈过愈成一个干燥、拘束、在繁多职务里烦闷的人。绿蒂做了一个忠实干练的家庭主妇。她也觉得维特心灵的灰暗,不能复得愉快的共鸣。她谨守着她的内心情感,不使流露于外。维特以极注意极灵敏的感觉捕捉绿蒂无意中表现的同情,就像一个沉没海水中的人挣命捉住一点木板,绿蒂的同情与了解是他世界中唯一的安慰,唯一的倚赖。他更不能离开这个地方了。他的前途十分渺茫,他在社会上的地位与自尊心已经破灭。生活的力量已经颓丧,恋爱已经绝望。心灵的枯死,仅待肉体的自杀了。自杀的念头日强一日,对自杀感到有神圣的光辉。自杀是解脱肉体返归于万有的慈父惟一的出路。于是经过十一月及十二月的大半,外界景象愈枯寂,暗淡,心里更拖死念。他意已决了!但头一天尚欲见绿蒂一面。他碰着她一个人在屋内,使她非常不安。为着排遣此紧张的可怕的时间,她请他译读莪相的哀歌。可尔玛与阿尔品悼亡的哀调使他们泪如泉涌。稍停一会儿,再继续念道:"我的哀时已近,狂风将到,吹打我的枝叶飘零!明朝有位行人,他是见过我韶年时分,他会来,会来,他的眼儿在这野原中四处把我找寻,可是我已无踪影……"这诗句的凄哀正映着他自己的命运,他完全失了自制力,他失望到了极点,他跪倒在绿蒂的面前,紧握她的两手,压着自己的眼睛与头额。绿蒂伤心而怜惜着他,俯身就他,而他就发狂拥着她接吻,庄重的绿蒂推开了他,他于次晚自杀。

我们以紧张的同情读完这本朴质凄美的长诗,一个高尚热情的青年在我们眼前顺着他内心的命运毁灭了自己。我们二十世纪唯物冷静的头脑读了也要感动,何况多情伤感的狂飙时代!

但是这书内容的人生表现固然有甚深的意义,不是一部平常恋爱小说,然若非诗人用他精妙而极自然的艺术描写,也不能成功这本空前的杰作。我们现在再从艺术方面观察这书:

我们先研究这书的体裁形式。——全书是写一个青年内心生活的发展,自然界的种种都是这内心的反映,所以这本书写的是一幅一幅心灵的图画,情绪的音乐。内心生活固然紧张,但若欲写一个剧本,则嫌书中主角不是一个对世界或命运的强力挣扎或抵抗者,戏剧式的冲突与纠纷尚嫌不足。这书的内容最富有抒情的诗意,但若欲写成一篇诗,则这故事中又确有一个中心的冲突与纠纷(恋爱与道义,个性与社会,人格与世界的冲突)。这书的主体仍是一个 Crisis,况歌德的抒情诗纯然是心情状态之外化为音调词句。是表现恋爱已得的愉快,或已失的痛苦,不是描述这从得而至失的经过。故少年维特之心灵生活的发展与毁灭,极应得一小说式的叙述。然又将嫌事情的外表太简,所写多为内心情感的状态,应有一种介乎叙述与抒情两者中间的文体。于是歌德发现了书信的体裁。在歌德以前法国文豪卢梭已用信札体写他的小说《新哀绿绮思》,在文坛上大放光彩。它是人们的情感与直觉生活从十八世纪理知主义解放了后自由表现自己的新工具,新形式。这个新工具到了歌德天才的手里才尽量发挥它的效用。

这信札体的优点何在?它不似其他任何一种文体的严格形式。它既能委宛地叙事如一段小说,也能随意地抒情如一篇诗,又能自由发挥思想如哲理的小品文,但又不似诗或小说所叙述的对象限于一个时间性。在一封信中可以追忆往景,描绘目前,感想未来。小说或诗须注意一事一境之连贯继续的发展。而信札则极自由,可以述自己,也可同时谈他人,可以写风景,谈哲理,泄情绪。写信时有个受信的“你”在对方,于是要把自己的情绪状态客观化,以客观的态度把自己在对方瞩照的眼里呈现,而同时又流露着与对方之人的关系。歌德运用这自由美妙的工具在一本小小书里绘景写情,发表思想,一个多情深思的青年由此充分表出。这写信的主体人格贯穿着这丰富的多方面成一音乐的和谐。而我们同时可站在受信者地位窥见维特心灵的内部秘密有如细腻的图画。

这个写信的维特即是在恋爱生命中苦痛的歌德,而这受信的“你”即是超脱了自己而观照着自己的诗人歌德。这诗情的小说使歌德从生活的苦痛中解放,化身为脱然事外勉慰自己的“威廉”(即受信者)。

这信札的文体用最简单朴素的写法,给与吾人繁富的景、情、思想的合奏。在这本小小书中一会儿引着我们踏进伟大广阔的自然,同时又领导我们流连于酒店炉边,徘徊于古典风味的井泉林下,或游于牧师的静美的园中,或在绿蒂众妹弟小孩们的房内。一会儿又使我们欣赏伯爵富丽的厅堂,但也让我们领略简陋不堪的村店旅舍。

我们读这本小书时,历过四季时令的自然风色。春天的繁花灿烂,夏季浓绿阴深,秋风里的落叶萧瑟,冬景的阴惨暗淡。此外浓烈的日光,幽美的月景,黑夜,雾,雷,雨,雪,一切自然景象,而此自然各景皆与维特心情的姿态相反映,相呼应,成为情景合一的诗境。

景物之外人格个性的描写:少年维特是最引人同情的一个高贵、纯洁、优美,却又不是假想的人格,是有血有肉,好像我们自己认识亲爱的一个朋友,每一个聪明优秀的青年都会有一个维特时期。尤其在近代文明一切男性化、物质化、理知化、庸俗化、浅薄化的潮流中,维特是一些尚未同化、尚未投降于这冷酷社会的青年爱慕怀恋的幻影。而他的悲惨的命运更使人不能忘怀,有无限的悼念。

与这过分伤感、临于病态的多情少年相对照的即是那健康的、端庄的、愉快的、现实的,能在狭小范围中满足而美化他周围一切的绿蒂。在这两位主角之外还有忠实正直而微嫌干燥的阿培尔,一个爱美的公爵,倨傲狭隘的贵族社会,拘谨的官员,心善而量窄的牧师们,好的妇人,窈窕的小姐们,尤其可爱的一群活泼小孩们的画像。这些人在书中并没有许多故事、情节,但却描绘得生命丰满。像荷兰大画家写些极平常的人物,却能引人入胜,令人欣赏。

从情感的抒写方面说,则全书是写一青年从平静和悦,浸沉于大自然的愉快里走进恋爱生活的陶醉。然后又从恋爱纠纷的苦痛里,感到心灵的彷徨,动摇。再加在社会上自尊心的受刺激,遂至沉沦于人生的怀疑,精神的破产,而以肉体的自杀告终。是一首哀艳凄美的诗,一曲情调动人的音乐。

在这情与景的灿烂的描绘以外,在全书内尚遍布着许多真诚的、解放的、高超的思想。是由心灵真挚的体会里迸出的微妙深刻的思想。对于人生、自然、艺术,都有他不同流俗的见解。实为当时狂飙运动里潜伏在人人的心灵中,尤在青年热情的心理中的思想趋势,而能如此美妙地写出的。而且在这书内用了朴直、纯洁、高贵的文笔,如口说一般地写出。

这些思想里许多对于人生、世界、善恶、规律与自然、欲望与义务等等永久的问题,引着我们从无限的"永久的"立场观照这小说中的人生与世界,而能对一切有深一层的体会与谅解。

最后,最动人的,每一页每一句呼吸着何等的生命与热烈!何等的自然与真挚!文笔风格甚高,却自然如口语。我们觉得在与人对语,很亲热,很聪明,有时作长谈,委宛曲折,而极其自在。而这书的笔调完全适合情调,有时崇高的口气谈着宇宙人生问题,有时单纯朴质写着静美的境界。有长函,有短简,有时幽冷如隽语,雅致如小诗,有时紧张如剧本,雄浑如颂歌。这本信札小说灼烁于各式风格中,而自成一综合的乐曲。

我们于百余年后读这本书有这样的感动:当时在暴风雨欲来的时代,一切苦痛,压迫,不自然,不自由的情调散布着悲观笼罩全世,歌德感触最深,表白得最沉痛,为一代的喉舌,则当时影响之大可想而知了!

这篇文字是根据龚多夫与比学斯基两位歌德学者的发挥,

写出为我国爱读《少年维特之烦恼》者参证。（一九三二年歌德百年祭）

（原刊《歌德之认识》，钟山书局1933年出版）

我和艺术

我与艺术相交忘情,艺术与我忘情相交,凡八十又六年矣。然而说起欣赏之经验,却甚寥寥。

在我看来,美学就是一种欣赏。美学,一方面讲创造;一方面讲欣赏。创造和欣赏是相通的。创造是为了给别人欣赏,起码是为了自己欣赏。欣赏也是一种创造,没有创造,就无法欣赏。六十年前,我在《看了罗丹雕刻以后》里说过,创造者应当是真理的搜寻者,美乡的醉梦者,精神和肉体的劳动者。欣赏者又何尝不当如此?

中国有句古话,叫做"万物静观皆自得"。静故了群动,空故纳万境。艺术欣赏也需澡雪精神,进入境界。庄子最早提倡虚静,颇懂个中三昧,他是中国有代表性的哲学家中的艺术家。老子、孔子、墨子他们就做不到。庄子的影响大极了。中国古代艺术繁荣的时代,庄子思想就突出,就活跃,魏晋时期就是一例。

晋人王戎云:"情之所钟,正在我辈。"创造需炽爱,欣赏亦需钟情。记得三十年代初,我在南京偶然购得隋唐佛头一尊,重数十斤,把玩终日,因有"佛头宗"之戏。是时悲鸿等好友亦交口称赞,爱抚不已。不久,南京沦陷,我所有书画、古玩荡然无存,唯此佛头深埋地底,得以幸存。今仍置于案头,满室生辉。这些年,年事渐高,兴致却未有稍减。一俟城内有精彩之艺展,必拄杖挤车,一睹为快。今虽老态龙钟,步履维艰,犹不忍释卷,以冀卧以游之!

艺术趣味的培养,有赖于传统文化艺术的滋养。只有到了徽州,登临黄山，方可领悟中国之诗、山水、艺术的韵味和意境。我对艺术一往情深，当归功于孩童时所受的熏陶。我在《我和诗》一文中追溯过，我幼时对山水风景古刹有着发乎自然的酷爱。天空的游云和复成桥畔的垂柳，是我孩心最亲密的伴侣。风烟清寂的郊外，清凉山、扫叶楼、雨花台、莫愁湖是我同几个小伴每星期日步行游玩的目标。十七岁一场大病之后，我扶着弱体到青岛去求学，那象征着世界和生命的大海，哺育了我生命里最富于诗境的一段时光……

艺术的天地是广漠阔大的，欣赏的目光不可拘于一隅。但作为中国的欣赏者，不能没有民族文化的根基。外头的东西再好，对我们来说，总有点隔膜。我在欧洲求学时，曾把达·芬奇和罗丹等的艺术当做最崇拜的诗。可后来还是更喜欢把玩我们民族艺术的珍品。中国艺术无疑是一个宝库！

多年以来，对欣赏一事，论者不多。《指要》一书，可谓难得。书中所论，亦多灼见。受编者深嘱，成此文字，是为序。

一九八三年九月十日于北京大学未名湖畔

（本文系为《艺术欣赏指要》一书所写的序）

看了罗丹雕刻以后

“……艺术是精神和物质的奋斗……艺术是精神的生命贯注到物质界中,使无生命的表现生命,无精神的表现精神……艺术是自然的重现,是提高的自然……”抱了这几种对于艺术的直觉见解走到欧洲,经过巴黎,徘徊于罗浮艺术之宫,摩挲于罗丹雕刻之院,然后我的思想大变了。否,不是变了,是深沉了。

我们知道我们一生生命的迷途中,往往会忽然遇着一刹那的电光,破开云雾,照瞩前途黑暗的道路。一照之后,我们才确定了方向,直往前趋,不复迟疑。纵使本来已经是走着了这条道路,但是今后才确有把握,更增了一番信仰。

我这次看见了罗丹的雕刻,就是看到了这一种光明。我自己自幼的人生观和自然观是相信创造的活力是我们生命的根源,也是自然的内在的真实。你看那自然何等调和,何等完满,何等神秘不可思议!你看那自然中何处不是生命,何处不是活动,何处不是优美光明!这大自然的全体不就是一个理性的数学、情绪的音乐、意志的波澜么?一言蔽之,我感得这宇宙的图画是个大优美精神的表现。但是年事长了,经验多了,同这个实际世界冲突久了,晓得这空间中有一种冷静的、无情的、对抗的物质,为我们自我表现、意志活动的阻碍,是不可动摇的事实。又晓得这人事中有许多悲惨的、冷酷的、愁闷的、龌龊的现状,也是不可动摇的事实。这个世界不是已经美满的世界,乃是向着美满方面战斗进化的世界。你试看那棵绿叶的小树。

它从黑暗冷湿的土地里向着日光,向着空气,作无止境的战斗。终竟枝叶扶疏,摇荡于青天白云中,表现着不可言说的美。一切有机生命皆凭借物质扶摇而入于精神的美。大自然中有一种不可思议的活力,推动无生界以入于有机界,从有机界以至于最高的生命、理性、情绪、感觉。这个活力是一切生命的源泉,也是一切“美”的源泉。

自然无往而不美。何以故?以其处处表现这种不可思议的活力故。照相片无往而美。何以故?以其只摄取了自然的表面,而不能表现自然底面的精神故(除非照相者以艺术的手段处理它)。艺术家的图画、雕刻却又无往而不美,何以故?以其能从艺术家自心的精神,以表现自然的精神,使艺术的创作,如自然的创作故。

什么叫做美?……“自然”是美的,这是事实。诸君若不相信,只要走出诸君的书室,仰看那檐头金黄色的秋叶在光波中颤动;或是来到池边柳树下俯看那白云青天在水波中荡漾,包管你有一种说不出的快感。这种感觉就叫做“美”。我前几天在此地斯蒂丹博物院里徘徊了一天,看了许多荷兰画家的名画,以为最美的当莫过于大艺术家的图画、雕刻了,哪晓得今天早晨起来走到附近绿堡森林中去看日出,忽然觉得自然的美终不是一切艺术所能完全达到的。你看空中的光、色,那花草的动,云水的波澜,有什么艺术家能够完全表现得出?所以自然始终是一切美的源泉,是一切艺术的范本。艺术最后的目的,不外乎将这种瞬息变化,起灭无常的“自然美的印象”,借着图画、雕刻的作用,扣留下来,使它普遍化、永久化。什么叫做普遍化、永久化?这就是说一幅自然美的好景往往在深山丛林中,不是人人能享受的;并且瞬息变动、起灭无常,不是人时时能享受的(……“夕阳无限好,只是近黄昏”……)。艺术的功用就是将它描摹下来,使人人可以普遍地、时时地享受。艺术的目的就在于此,而美的真泉仍在自然。

那么,一定有人要说我是艺术派中的什么“自然主义”、“印象主义”了。这一层我还有申说。普通所谓自然主义是刻画自然的表面,入于细微。那末能够细密而真切地摄取自然印象莫过于照相片了。然而我们人人知道照片没有图画的美,照片没有艺术的价值。这是什么缘故呢？照片不是自然最真实的摄影么？若是艺术以纯粹描写自然为标准，总要让照片一筹，而照片又确是没有图画的美。难道艺术的目的不是在表现自然的真相么？这个问题很可令人注意。我们再分析一下。

（一）向来的大艺术家如荷兰的伦勃朗、德国的丢勒、法国的罗丹都是承认自然是艺术的标准模范，艺术的目的是表现最真实的自然。他们的艺术创作依了这个理想都成了第一流的艺术品。

（二）照片所摄的自然之影比以上诸公的艺术杰作更加真切、更加细密，但是确没有"美"的价值，更不能与以上诸公的艺术品媲美。

（三）从这两条矛盾的前提得来结论如下：若不是诸大艺术家的艺术观念……以表现自然真相为艺术的最后目的……有根本错误之处，就是照片所摄取的并不是真实自然。而艺术家所表现的自然，方是真实的自然！

果然！诸大艺术家的艺术观念并不错误。照片所摄非自然之真。惟有艺术才能真实表现自然。

诸君听了此话，一定有点惊诧，怎么照片还不及图画的真实呢？

罗丹说："果然！照片说谎，而艺术真实。"这话含意深厚，非解释不可。请听我慢慢说来。

我们知道"自然"是无时无处不在"动"中的。物即是动，动即是物，不能分离。这种"动象"，积微成著，瞬息变化，不可捉摸。能捉摸者，已非是动；非是动者，即非自然。照相片于物象转变之中，摄取一角，强动象以为静象，已非物之真相了。况且动者是生命之表示，精神的作用；描写动者，即是表现生命，描写精神。自然万象无不在"活动"中，即是无不在"精神"中，无不在"生命"中。艺术家要想借图画、雕刻等以表现自然之真，当然要能表现动象，才能表现精神、表现生命。这种"动象的表现"，是艺术最后目的，也就是艺术与照片根本不同之处了。

艺术能表现"动"，照片不能表现"动"。"动"是自然的"真相"，所以罗丹说："照片说谎，而艺术真实。"

但是艺术是否能表现"动"呢？艺术怎样能表现"动"呢？关于

第一个问题要我们的直接经验来解决。我们拿一张照片和一张名画来比看。我们就觉得照片中风景虽逼真,但是木板板的没有生动之气,不同我们当时所直接看见的自然真境有生命,有活动;我们再看那张名画中景致,虽不能将自然中光气云色完全表现出来,但我们已经感觉它里面山水、人物栩栩如生,仿佛如入真境了。我们再拿一张照片摄的《行步的人》和罗丹雕刻的《行步的人》一比较,就觉得照片中人提起了一只脚,而凝住不动,好像麻木了一样;而罗丹的石刻确是在那里走动,仿佛要姗姗而去了。这种"动象的表现"要诸君亲来罗丹博物院里参观一下,就相信艺术能表现"动",而照片不能。

那么艺术又怎样会能表现出"动象"呢?这个问题是艺术家的大秘密。我非艺术家,本无从回答;并且各个艺术家的秘密不同。我现在且把罗丹自己的话介绍出来:

罗丹说:"你们问我的雕刻怎样会能表现这种'动'象?其实这个秘密很简单。我们要先确定'动'是从一个现状转变到第二个现状。画家与雕刻家之表现'动象'就在能表现出这个现状中间的过程。他要能在雕刻或图画中表示出那第一个现状,于不知不觉中转化入第二现状,使我们观者能在这作品中,同时看见第一现状过去的痕迹和第二现状初生的影子,然后'动象'就俨然在我们的眼前了。"

这是罗丹创造动象的秘密。罗丹认定"动"是宇宙的真相,惟有"动象"可以表示生命,表示精神,表示那自然背后所深藏的不可思议的东西。这是罗丹的世界观,这是罗丹的艺术观。

罗丹自己深入于自然的中心,直感着自然的生命呼吸、理想情绪,晓得自然中的万种形象,千变百化,无不是一个深沉浓挚的大精神……宇宙活力……所表现。这个自然的活力凭借着物质,表现出花,表现出光,表现出云树山水,以至于鸢飞鱼跃、美人英雄。所谓自然的内容,就是一种生命精神的物质表现而已。

艺术家要模仿自然,并不是真去刻画那自然的表面形式,乃是直接去体会自然的精神,感觉那自然凭借物质以表现万相的过程,然后以自己的精神、理想情绪、感觉意志,贯注到物质里面制作万形,使物质而精神化。

"自然"本是个大艺术家,艺术也是个"小自然"。艺术创造的过程,是物质的精神化;自然创造的过程,是精神的物质化。首尾不同,而其结局同为一极真、极美、极善的灵魂和肉体的协调,心物一致的艺术品。

罗丹深明此理,他的雕刻是从形象里面发展,表现出精神生命,不讲求外表形式的光滑美满。但他的雕刻中确没有一条曲线、一块平面而不有所表示生意跃动,神致活泼,如同自然之真。罗丹真可谓能使物质而精神化了。

罗丹的雕刻最喜欢表现人类的各种情感动作,因为情感动作是人性最真切的表示。罗丹和古希腊雕刻的区别也就在此。希腊雕刻注重形式的美,讲求表面的美,讲求表面的完满工整,这是理性的表现。罗丹的雕刻注重内容的表示,讲求精神的活泼跃动。所以希腊的雕刻可称为"自然的几何学",罗丹的雕刻可称为"自然的心理学"。

自然无往而不美。普通人所谓丑的如老妪病骸,在艺术家眼中无不是美,因为也是自然的一种表现。果然!这种奇丑怪状只要一从艺术家手腕下经过,立刻就变成了极可爱的美术品了。艺术家是无往而非"美"的创造者,只要他能真把自然表现了。

所以罗丹的雕刻无所选择,有奇丑的嫫母,有愁惨的人生,有笑、有哭、有至高纯洁的理想,有人类根性中的兽欲。他眼中所看的无不是美,他雕刻出了,果然是美。

他说:"艺术家只要写出他所看见的就是了,不必多求。"这话含有至理。我们要晓得艺术家眼光中所看见的世界和普通人的不同。他的眼光要深刻些、要精密些。他看见的不只是自然人生的表面,乃是自然人生的核心。他感觉自然和人生的现象是含有意义的,是有表示的。你看一个人的面目,他的表示何其多。他表示了年龄、经验、嗜好、品行、性质,以及当时的情感思想。一言蔽之,一个人的面目中,藏蕴着一个人过去的生命史和一个时代文化的潮流。这种人生界和自然界精神方面的表现,非艺术家深刻的眼光,不能看得十分真切。但艺术家不单是能看出人类和动物界处处有精神的表示。他看了一枝花、一块石、一湾泉水，都是在那里表现一段诗魂。能将这种灵肉一致的自然现象和人生现象描写出来，自然是生意跃动、神采奕奕、仿佛如“自然”之真了。

罗丹眼光精明，他看见这宇宙虽然物品繁富，仪态万千，但综而观之，是一幅意志的图画。他看见这人生虽然波澜起伏、曲折多端，但合而观之，是一曲情绪的音乐。情绪意志是自然之真，表现而为动。所以动者是精神的美，静者是物质的美。世上没有完全静的物质，所以罗丹写动而不写静。

罗丹的雕刻不单是表现人类普遍精神（如喜、怒、哀、乐、爱、恶、欲），他同时注意时代精神。他晓得一个伟大的时代必须有伟大的艺术品，将时代精神表现出来遗传后世。他于是搜寻现代的时代精神究竟在哪里？他在这十九、二十世纪潮流复杂思想矛盾的时代中，搜寻出几种基本精神：①劳动。十九、二十世纪是劳动神圣时代。劳动是一切问题的中心。于是罗丹创造《劳动塔》（未成）。②精神劳动。十九、二十世纪科学工业发达，是精神劳动极昌盛时代，不可不特别表示，于是罗丹创造《思想的人》和《巴尔扎克夜起著文之像》。③恋爱。精神的与肉体的恋爱，是现时代人类主要的冲动。于是罗丹在许多雕刻中表现之(《接吻》)。

我对于罗丹观察要完了。罗丹一生工作不息，创作繁富。他是个真理的搜寻者，他是个美乡的醉梦者，他是个精神和肉体的劳动者。他生于一千八百四十年，死于近年。生时受人攻击非难，如一切伟大的天才那样。

（原刊 1921 年 3 月 15 日《少年中国》第 2 卷第 9 期）

形与影

——罗丹作品学习札记

明朝画家徐文长曾题夏圭的山水画说:“观夏圭此画,苍洁旷迥,令人舍形而悦影!”

舍形而悦影,这往往会叫我们离开真实,追逐幻影,脱离实际,耽爱梦想,但古来不少诗人画家偏偏喜爱“舍形而悦影”。徐文长自己画的“驴背吟诗”(现藏故宫)就是用水墨写出人物与树的影子,甚至用扭曲的线纹画驴的四蹄,不写实,却令人感到驴从容前驰的节奏,仿佛听到蹄声滴答,使这画面更加生动而有音乐感。

中国古代诗人、画家为了表达万物的动态,刻画真实的生命和气韵,就采取虚实结合的方法,通过“离形得似”,“不似而似”的表现手法来把握事物生命的本质。唐人司空图《诗品》里论诗的“形容”艺术说:“绝伫灵素,少迴清真。如觅水影,如写阳春。风云变态,花草精神。海之波澜,山之嶙峋。俱似大道,妙契同尘。离形得似,庶几斯人。”

离形得似的方法,正在于舍形而悦影。影子虽虚,恰能传神,表达出生命里微妙的、难以模拟的真。这里恰正是生命,是精神,是气韵,是动。《蒙娜丽莎》的微笑不是像影子般飘拂在她的眉睫口吻之间吗?

中国古代画家画竹子不也教人在月夜里摄取竹叶横窗的阴影吗?

法国近代雕刻家罗丹创作的特点正是重视阴影在塑形上的价值。他最爱到哥特式教堂里去观察复杂交错的阴影变化。把这些意象运用到他雕塑的人物形象里,成为他的造型的特殊风格。(哥特式,即指哥提克风格,是十五世纪在意大利产生的,起初是一个蔑视的称呼。它指的是欧洲从十二世纪晚期到十五世纪的建筑风格,以后遍指这一时期的全面艺术,代表作是意大利、法国和德国的这一时期的大教堂,表现着飞腾出世的基督教精神。矗立天空,雕镂精致,见骨不见肉,而富于光和影的交错流动。关于大教堂里的阴影对罗丹的启发,这本《罗丹在谈话和信札中》有一篇名《阴影的秘密》,里面一段话可供参考:"阴影的力量对于罗丹是一探索不尽的秘密。在巴黎圣母院的穹门前,他试图解说这不可探明的规律。他说:'大教堂的变动不居的阴影表现出运动。动是一切物的灵魂。只有这样的创作是永远有价值的:即它内部具有力量,把自己的阴影在天光之下完满地体现出来。因为从正确的形成的体积,诸阴影才会完全自己显示出来。在重新修复这大教堂时,鲁莽的手把这一切可能性毁灭了。这是多么无知!……")

我在1920年夏季到达巴黎,罗丹的博物馆开幕不久(罗丹在1917年死前将全部作品赠与法国政府设立博物馆),我去徘徊观摩了多次,深深地被他的艺术形象所感动,觉得这些新创的现实主义与浪漫主义相结合的形象是和古希腊的雕刻境界异曲同工。艺术贵乎创造,罗丹是在深切地研究希腊以后,创造了新的形象来表达他自己的时代精神。

记得我在当时写了一篇《看了罗丹雕刻以后》,里面有一段话留下了我当时对罗丹的理解和欣赏:

> 他的雕刻是从形象里面发展,表现出精神生命,不讲求外表形式的光滑美满。但他的雕刻中确没有一条曲线、一块平面而不有所表示生意跃动,神致活泼,如同自然之真。罗丹真可谓能使物质而精神化的了。

罗丹创造的形象常常往来在我的心中，帮助我理解艺术。前年无意中购得一本德国女音乐家海伦·娜斯蒂兹写的《罗丹在谈话和信札中》（德意志民主共和国出版），文笔清丽，写出罗丹的生活、思想和性情，栩栩如生，使我吟味不已。书中有不少谈艺的隽语，对我们很有启发，也给予美的感受。去年暑假把它译了出来，公诸同好。（拙译文见北京大学出版社出版的《宗白华美学文学译文选》）从这本小书里我们可以看到罗丹在巴黎郊外他的梅东别墅里怎样被大自然和艺术包围着，而通过自己的无数的创作表现了他的时代的最内在的精神面貌，也就是文艺复兴以来近代资产阶级趋向没落时期人们生活里的强烈矛盾、他们的追求和幻灭。这本小书可以帮助我们了解罗丹的创作企图和他的艺术意境。

（原刊《光明日报》1963 年 2 月 5 日）

论素描

——《孙多慈素描集》序

西洋画的素描与中国画的白描及水墨法，摆脱了彩色的纷华灿烂，轻装简从，直接把握物的轮廓、物的动态、物的灵魂。画家的眼、手、心与造物面对面肉搏。物象在此启示它的真形，画家在此流露他的手法与个性。

抽象线纹，不存于物，不存于心，却能以它的匀整、流动、回环、屈折，表达万物的体积、形态与生命；更能凭借它的节奏、速度、刚柔、明暗，有如弦上的音、舞中的态，写出心情的灵境而探入物体的诗魂。

所以中国画自始至终以线为主。张彦远的《历代名画记》上说："无线者非画也。"这句话何其爽直而肯定！西洋画的素描则自米开朗琪罗（Michelangelo）、达·芬奇（L. da Vinci）、拉飞尔（Raphael）、伦勃朗（Rembrandt）以来，不但是作为油画的基础工作，画家与物象第一次会晤交接的产儿，且以其亲切地表示画家"艺术心灵的探险史"与造物肉搏时的悲剧与光荣的胜利，使我们直接窥见艺人心物交融的灵感刹那，惊天动地的非常际会。其历史的价值与心理的趣味有时超过完成的油画（近代素描亦已成为独立的艺术）。

然而中、西线画之观照物象与表现物象的方式、技法，有着历史上传统的差别：西画线条是抚摩着肉体，显露着凹凸，体贴轮廓以把握坚固的实体感觉；中国画则以飘洒流畅的线纹，笔酣墨饱，自由组织（仿佛音乐的制曲），暗示物象的骨格、气势与动向。顾恺之是中国线画的祖师(虽然他更渊源于古代铜器线纹及汉画),唐代吴道子是中国线画的创造天才与集大成者,他的画法有所谓“吴带当风”,可以想见其线纹的动荡、自由、超象而取势。其笔法不暇作形体实象的描摹,而以表现动力气韵为主。然而北齐时(公元550—577年)曹国(属土耳其斯坦)画家曹仲达以西域作风画人物,号称“曹衣出水”,可以想见其衣纹垂直贴附肉体显露凹凸,有如希腊出浴女像。此为中国线画之受外域影响者。后来宋、元花鸟画以纯净优美的曲线,写花鸟的体态轮廓,高贵圆满,表示最深意味的立体感。以线示体,于此已见高峰。

但唐代王维以后,水墨渲淡一派兴起,以墨气表达骨气,以墨彩暗示色彩。虽同样以抽象笔墨追寻造化,在西洋亦属于素描之一种,然重墨轻笔之没骨画法,亦系间接接受印度传来晕染法之影响。故中国线描、水墨两大画系虽渊源不同,而其精神在以抽象的笔墨超象立形,依形造境,因境传神,达于心物交融、形神互映的境界,则为一致。西画里所谓素描,在中国画正是本色。

素描的价值在直接取相,眼、手、心相应以与造物肉搏,而其精神则又在以富于暗示力的线纹或墨彩表出具体的形神。故一切造型艺术的复兴,当以素描为起点。素描是返于“自然”,返于“自心”,返于“直接”,返于“真”,更是返于纯净无欺。法国大画家安格尔(Ingres)说:“素描者艺之贞也。”

中国的素描——线描与水墨——本为唐宋绘画的伟大创造,光彩灿烂,照耀百世,然宋元以后逐渐流为僵化的定型。绘艺衰落,自不待言。

孙多慈女士天资敏悟,好学不倦,是真能以艺术为生命为灵魂者。所以落笔有韵,取象不惑,好像前生与造化有约,一经睹面即能会心于体态意趣之间,不惟观察精确,更能表现有味。素描之造诣尤深。画狮数幅,据说是在南京马戏场生平第一次见狮的速写。线纹雄秀,表出狮的体积与气魄,真气逼人而有相外之味。最近又爱以中国纸笔写肖像,落墨不多,全以墨彩分凹凸明暗;以西画的立体感含咏于中画之水晕墨章中,质实而空灵,别开生面。引中画更近于自然，恢复踏实的形体感，未尝不是中画发展的一条新路。

此外，各幅都能表示作者观察敏锐，笔法坚稳，清新之气扑人眉宇，览者自知，兹不一一分析。写此短论，聊当介绍。

（1935 年 3 月写于南京，编入《艺境》未刊本）

凤凰山读画记

1942年3月29日青年节,吕斯伯兄来函约我到他画室里去看画,并说代邀李长之君同去。我们两人从容上道,爬上凤凰山顶,走近门口,这时吕斯伯兄同他的夫人迎着出来,邀我们直进他的画室。五六十张大大小小的油画,琳琅美满,虽然灰尘掩上了许多画面,但是掩盖不了它们内在的光芒。

斯伯的画,本也不是一见就令人得到刺激和兴奋的。他的画境,正像他的为人和性格,“静”和“柔”两字可以代表,静故能深,柔故能和。画中静境最不易到。静不是死亡,反而倒是甚深微妙的潜隐的无数的动,在艺术家超脱广大的心襟里显呈了动中有和谐有韵律,因此虽动却显得极静。这个静里,不但潜隐着飞动,更是表示着意境的幽深。唯有深心人才能刊落纷华、直造深境幽境。陶渊明、王摩诘、孟浩然、韦苏州这些第一流大诗人的诗,都是能写出这最深的静境的。不能体味这个静境,可以说就不能深入中国古代艺术的堂奥!

我们看斯伯的每一张画,无论静物、画像、山水,都笼罩着一层恬静幽远而又和悦近人的意味,能令人同它们发生灵魂上的接触,得到灵魂上的安慰。你看他画的大油菜,简直是希腊庙堂境界:庄严、深厚、静穆,而暗示着生命的源泉。你看他瓶中野菊花,多么真实生动,巧夺天工,朵朵花都是作者的精思细察,而手上的笔触能够微妙地表出。他的橘柑:形的浑圆,色的流韵,把握到最深的实在,因而把握到实在里的诗。戴醇士(熙)说得好:“画令人惊,不如令人喜,令人喜,不如令人思。”这个思，不是科学家的分析，而是哲人对世界静物之深切的体味。艺术家在掘发世界静物的形、色、线、体时，无意地获得物里面潜隐的真、善、美，因而使画境深而圆融，令人体味不尽。而物里面的“和谐”与“韵律”之启示，更是艺术家对人类最珍贵的赠与，我们现代生活里面有“和谐”吗？有“韵律”吗？

我爱斯伯画里面静而冷的境界，可以令人思，令人神凝意远。然而我更爱斯伯的静而有热的画，我称之为“嫩春境界”。他的几幅初春野景，色调的柔韵欲流，氛围的和雅明艳，令人心醉，如饮春风，如吸春胶。我心里暗中盼望它不全卖去，让我们这些朋友能够常到他画室里来流连欣赏！（听他说，他要在四月中旬，把他十四年来的油画作品六七十幅，举行第一次的画展了。）

（原刊1944年4月20日《时事新报·学灯》）

团山堡读画记

前年盟军攻占罗马后，新闻记者去访问隐居在罗马近郊的哲学家桑达耶那(Santayana)。一位八十高龄的老人，仍然精神矍铄地探索着这人生之谜，不感疲倦。记者问他对这次世界大战的意见。罗马近郊是那么接近炮火的中心。桑达耶那悠然地答道："我已经多时没有报纸了，我现在常常生活在永恒的世界里！"

什么是这可爱可羡的永恒世界呢？

我这几年因避空袭——并不是避现实——住在柏溪对江大保附近的农家，在这狂涛骇浪的大时代中，我的生活却像一泓池沼，只照映着大保的松间明月、江上清风。我的心底深暗处永远潜伏一种渴望，渴望着热的生命、广大的世界。涓涓的细流企向着大海。

今年一个夏晚，司徒乔卿兄突然见访。阔别已经数年了，我忙问他别后的行踪。他说他这几年是"东南西北之人"，先到过中国的东南角，后游中国的西北角，从南海风光到沙漠情调，他心灵体验的广袤是既广且深，作画无数。我听了异常惊喜。我说我一定要来看你的创作，填补我这几年精神的寂寞。到了九月二十六日，我同吴子咸兄相约同往金刚坡团山堡去访司徒乔卿兼践傅抱石兄之宿约。不料团山堡四周风景直能入画。背面高峰入云，时隐时现，前面一望广阔，而远山如环，气象万千，不必南海塞北，即此已是他的"大海"了。入夜松际月出，尤为清寂。抱石来畅谈极乐。次晨，即求乔卿展示所作。因有一大部正付装裱，未获窥及全豹，颇为怅怅。然就所见，已深感乔卿兄视觉之深锐，兴趣之广博，技术之熟练，而尤令我满意的，是他能深深地体会和表现那原始意味的、纯朴的宗教情操。西北沙漠中这种最可宝贵、最可艳羡的笃厚的宗教情调，这浑朴的元气，真是够味。回看我们都会中那些心灵早已掏空了的行尸走肉，能不令人作呕！《晨祷》、《大荒饮马》、《马程归来》、《天山秋水》、《茶叙》、《冰川归人》等等，它们的美，不只是在形象、色调、技法，而是在这一切里面透露的情调、气氛，丝毫不颓废的深情与活力。这是我们艺术所需要的，更是我们民族品德所需要的。所以我希望乔卿的画展，能发生精神教育的影响。

但乔卿既能画热情动人、活泼飞跃的舞女，引起我对生命的渴望，感到身体的节拍，而他又画得轻灵似梦、幽深如诗的美景，令人心醉，其味更为隽永。大概因为我们是东方人罢，对这《清静景》，对这《默》，尤对那幅《再会》，感到里面有说不尽的意味。画家在这里用新的构图、新的配色，写出我们心中永恒的最深的音乐。在这里，表面上似乎是新的形式，而骨子里是东方人悠古的世界感触。在这里，我怀疑乔卿受了他夫人伊湄的潜移默化，因为这里面颇具有着伊湄女士所写词集中的意境。据说伊湄女士是司徒先生每一创作最先的一个深刻的批评者。

我在团山堡画室里住了两夜，饱看山光云影、夜月晨曦，读乔卿的画、伊湄的词。第二天又去打扰傅抱石兄，欣赏他近年作品和品尝他夫人的烹调。一件意外的收获，就是得到一册司徒圆（乔卿的长女）从四岁到九岁所写的小诗，加上抱石兄的同样年龄的长子小石的插画，册名《浪花》，是郭沫若兄在政治部“四维”小丛书里出版的。这本小书里洋溢着天真的灵感，令人生最纯净的愉快。司徒圆四岁半在沪粤舟中写第一首小诗：

> 浪花白，浪花美，
> 朵朵浪花，朵朵白玫瑰。

天真的想象，天真的音调，天真的措词，真是有味。又《大海水》

一首：

大海水，真怪气，
雨来会生疮，风来会皱皮。

又《大雨》一首：

大雨纷纷下，
树木都很佩服他，
树木不停地鞠躬，
把腰弯到地下。

这里是童真的世界。这童真的世界是否就是桑达耶那所常住的永恒世界呢？

（原刊1945年11月4日《大公报》，题为《团山堡两日游——9月26日、27日日记》。收入《艺境》未刊本时，改现题）

与宣夫谈画

“我的画不愿意题上富有诗意的画题。我画里要是有诗，它自然会逃不了鉴赏者的心目，要是根本没有诗，题上一个优雅的名字，也题不出诗来。”——当秦宣夫兄取出他的一张张近作来给我看时，口里这样说。

他这话是具有深厚的意义的。我想起罗丹在他的谈话录里常常欢喜说：“艺术家只要看清楚了自然，把它如实地表现出来就得了，不必对自然作什么解释，也不要灌注什么诗意情感进去！”

本来“自然”里一朵花、一枝叶、一只草虫、一个人体，甚至一块人体上的凹凸的面，这里面所涵藏的境界，所潜存的智慧，它里面的数学、光学、生理学、解剖学，是超过我们人类渺小的学识聪明不知若干倍。它里面蕴藏着的美、真、善，也是具有不可窥尽的深。我们要用崇高的感情去接近它、朝拜它，等若干时间之后，像情人耐心等待他的美人的回首转目。她翦一顾盼，偶示色相，你，画家，就可取之不尽，用之不竭，创辟天地，裁就作风。

世上的艺术家，可有二型，一是亲密自然的，一是离开自然的。离开自然的作风，像埃及的画，西洋中古的雕刻，现代立体派表现派的画。亲密自然的，对昼、夜、风、雨、霞光、月色、花、草虫、天边的飞鸟、水边的沙痕，点点痕痕都是他眼中的泪、心里的血，画着它们，就是画着自己的梦魂。

古人说“诗者天地之心”，原来天地要借人类的诗、画、音乐、雕刻、建筑，写出他的“心”来。画家只要肯虔诚地去实写自然，那自然的诗心，会自己不待邀请地从你的画面跳出来。所以我看了宣夫的许多幅的油画后，就对宣夫说：“你对自然具有这样深的爱，‘自然’没有不报答你的爱情。你看你的《山雨欲来》那幅画，全幅色调那样幽冷而雄奇，那里面不透露着天地的诗心吗？你的《磁器的胜利日》不是在平凡粗陋的现实上面笼罩着无限的诗意，透着大自然一体同仁的爱吗？你的《农民节》不是那大自然借着勤劳终年，心地无邪的农民的欢舞写出它的朴质的喜剧吗？你的《幼女》、《少女》、《幼女与菊》，哪一幅不是大自然借你的画笔对我们这残酷愚蠢的人类重新显示‘人人的真理’？你那幅《沙磁工厂》不是对于现代的工业区也厌恶，大自然把它拥到自己的温暖的怀抱里面了吗？”

自然把一切都美化了，善化了，真化了，而我们人类现在仍在进行着一项工作，要毁灭一切自然赠与我们的价值！摧毁人类的千年辛辛苦苦所创造累积的价值！宣夫兄，你的感想怎么样？你这点辛苦的制造品将来又怎么样？

（原刊 1945 年 12 月 9 日《大公报》）

新文学的源泉

——新的精神生活内容的创造与修养

文学是时代的背景。新时代必有新文学。社会生活变动了,思想潮流迁易了,文学的形式与内容必将表现新式的色彩,以代表时代的精神。

中国旧式的文学,承受了千百年来陈旧固定的形式的压迫,已有了形式主义(Formalism)的倾向。一切美文,大都徒具形式,不讲实情,但有因袭,而少创造。一般诗家文人,徒矜字句的工整,不求意境的高新。观其词句,虽有些清词丽藻,按其实质,每发见无病的呻吟。文艺的底面,缺乏真实的精神、生命的活气,形存质亡,势将破产。

中国人旧式的文学脑筋,因积习于旧文学的思想形式,流于笼统、空泛、因袭等等的流弊。没有分析的眼光,以解剖社会与生活实际;没有缜密的情想,以描写自然与人生的真相。旧形式的压迫太重,不能用真诚确切的概念意象,表写新生命新感觉的精神。所以中国文学有创新的必要。我这里所说的文学是指艺术的文学,不是文言与白话问题。

新文学的创造,我在《新诗略谈》中已提过,有精神实质的方面与艺术的方面。艺术方面的问题太大,不是此地所能详说。我今天且把我对于新文学精神实质方面的意见,略说一点,供诸君参考。况且我的意思,以为新文学的精神方面,比它的艺术方面,更为重要,更是先决的问题。

前面说过,中国人旧文学的精神已流于空泛、笼统、因袭、虚伪的一途,非根本改革不可。所以现在新文学的创造,就是一方面打破中国人旧式的文学脑筋,根本改造;一方面创造新文学的精神内容,做新文学的实质基础。且让我详说来。

改造旧文学脑筋为新文学精神最好的途径,我以为有两个步骤:

(一)科学精神的洗涤;

(二)新精神生活内容的创造。

以科学的精神,使旧文学脑筋的笼统、空泛、虚伪、因袭等弊,完全打破,改成分析的眼光、崇实的精神。用深刻的艺术手段,写世界人生的真相。这是中国新文学创造的第一步,可以不再多说。我现在且说新文人精神生活内容的创造与修养。

我以为文学的实际,本是人类精神生活中流露喷射出的一种艺术工具,用以反映人类精神生命中真实的活动状态。简单言之,文学自体就是人类精神生命中一段的实现,用以表写世界人生全部的精神生命。所以诗人的文艺,当以诗人个性中真实的精神生命为出发点,以宇宙全部的精神生命为总对象。文学的实现,就是一个精神生活的实现。文学的内容,就是以一种精神生活为内容。这种"为文学底质的精神生活"的创造与修养,乃是文人诗家最初最大的责任。

这种文人诗家的精神生活,应当怎样呢?我以为要具以下的三种性质:

(一)真实;(二)丰富;(三)深透。

(一)什么叫真实?真实就是诗人对于人类的各种感觉思想——他诗文中所写出的各种感觉思想——都是自己实在经历过的,绝不是无病呻吟、凭空虚构的。他对于自然的各种现象——他诗文中所描写的自然现象——也都是直接体验来的,绝不是堆积词藻、徒存想象的。像这样从真实的精神生命中表现出的文学,才含有真实的精神、生命的活气。

(二)什么叫丰富?丰富就是诗人的精神生活中具有多方面感觉情绪与观察。他心中曾经悬过普遍人类所具有的各种感觉思想,他的诗文是代表普遍人性的诗文。他精神生活的内容,扩充至极,能代表全人类的精神生活。人类精神中所有一点微细奇异的感觉，他无不感觉过。这种诗人颇不多见。莎士比亚与歌德庶几及此。他们的诗曲中几乎将人性中普遍所有状态，都表写尽致。所以能称世界的诗人、人类的歌者。

（三）什么叫深透？深透就是诗人对于人性中各种情绪感觉，不单是经历过，并且他经历的强度比普遍人格外深浓透彻些。他感觉到人类最高的痛苦与最浓的快乐。然后他将这种感觉淋漓尽致地写了出来，自然能深切动人、入人肺腑。所以诗人的精神生活要深浓透彻。

这三种性质，是诗家文人应养成的精神生活。他们若具有了这么一种真实、丰富、深透的精神生活，实现出来，发而为诗文剧曲，当然就能表现出真实的精神、丰富的色彩、深透的作用。这不是我们所希望的新文学么？所以我以为新文学的创造，要在新文人的精神生活上着想。中国新文学的源泉，就是新文学家所创造修养的新精神生活的内容。

我这篇短论的动机，是见了沫若君的《生命的文学》，请读者参看。再者，我这篇中只匆匆地说了新文人有创造修养新精神生活的内容的必要，还没有说到创造修养的方法，容我以后慢慢地贡献。

（原刊 1920 年 2 月 23 日《时事新报·学灯》“评论”）

新诗略谈

我日前会着康白情君谈话,谈话的内容是“新诗问题”。因时间短促,没有做详细的讨论。但却引起了我许多对于新诗的感想,今天写出来请诸君指教。

近来中国文艺界中发生了一个大问题,就是新体诗怎样做法的问题,就是我们怎样才能做出好的真的新体诗?(沫若君说真诗好诗是“写”出来的,不是“做”出来的,这话自然不错。不过我想我们要达到“能写出”的境地,也还要经过“能做出”的境地。因诗是一种艺术,总不能完全没有艺术的学习与训练的。)

现在我们且研究怎样才能做出或写出新体诗。

我想诗的内容可分为两部分,就是“形”同“质”。诗的定义可以说是:“用一种美的文字……音律的绘画的文字……表写人的情绪中的意境。”这能表写的、适当的文字就是诗的“形”,那所表写的“意境”,就是诗的“质”。换一句话说:诗的“形”就是诗中的音节和词句的构造,诗的“质”就是诗人的感想情绪。所以要想写出好诗真诗,就不得不在这两方面注意。一方面要做诗人人格的涵养,养成优美的情绪、高尚的思想、精深的学识;一方面要作诗的艺术的训练,写出自然优美的音节,协和适当的词句。但是要达到这两种境地……即完满诗人人格和完满诗的艺术……有什么方法呢?这个问题我本没有做过具体的研究,不过昨天同康君谈话当中偶然得了些感想,自己觉得还有趣味,所以写出来,请诸君看可用不可用?

现在先谈诗的形式的问题。诗的形式的凭借是文字，而文字能具有两种作用：(1)音乐的作用，文字中可以听出音乐式的节奏与协和；(2)绘画的作用，文字中可以表写出空间的形象与彩色。所以优美的诗中都含有音乐，含有图画。它是借着极简单的物质材料……纸上的字迹……表现出空间、时间中极复杂繁富的“美”。

那么，我们要想在诗的形式方面有高等技艺，就不可不学习点音乐与图画（以及一切造型艺术，如雕刻、建筑）。使诗中的词句能适合天然优美的音节，使诗中的文字能表现天然画图的境界，况且图画本是空间中静的美，音乐是时间中动的美，而诗恰是用空间中闲静的形式……文字的排列……表现时间中变动的情绪思想。所以我们对于诗，要使它的“形”能得有图画的形式的美，使诗的“质”（情绪思想）能成音乐式的情调。

以上是我偶然间想的训练诗艺的途径，不知道对不对。以下再谈点诗人人格养成的方法。

康白情君主张多读书，这话不错。我所说的诗多与哲理接近也有这个意思。不过我以为读书穷理而外，还有两种活动是养成诗人人格所不可少的：

（一）在自然中活动。直接观察自然现象的过程，感觉自然的呼吸，窥测自然的神秘，听自然的音调，观自然的图画。风声、水声、松声、潮声，都是诗歌的乐谱。花草的精神，水月的颜色，都是诗意、诗境的范本。所以在自然中的活动是养成诗人人格的前提。因“诗的意境”就是诗人的心灵，与自然的神秘互相接触映射时造成的直觉灵感，这种直觉灵感是一切高等艺术产生的源泉，是一切真诗、好诗的（天才的）条件。（二）在社会中活动。诗人最大的职责就是表写人性与自然，而人性最真切的表示，莫过于在社会中活动……人性的真相只能在行为中表示……所以诗人要想描写人类人性的真相，最好是自己加入社会活动，直接的内省与外观，以窥看人性纯真的表现。

以上三种……哲理研究，自然中活动，社会中活动……我觉得是养成健全诗人人格必由的途径。诸君以为如何？

总上所谈，撮要如下：“诗”有形质的两面，“诗人”有人艺的两方。新诗的创造,是用自然的形式,自然的音节,表写天真的诗意与天真的诗境。新诗人的养成,是由"新诗人人格"的创造,新艺术的练习,写出健全的、活泼的、代表人性、人民性的新诗。

(原刊1920年2月7日《时事新报·学灯》)

我和诗

我的写诗，确是一件偶然的事。记得我在同郭沫若的通信里曾说过："我们心中不可没有诗意、诗境，但却不必定要做诗。"这两句话曾引起他一大篇的名论，说诗是写出的，不是做出的。他这话我自然是同意的。我也正是因为不愿受诗的形式推敲的束缚，所以说不必定要做诗。

然而我后来的写诗却也不完全是偶然的事。回想我幼年时有一些性情的特点，是和后来的写诗不能说没有关系的。

我小时候虽然好玩要，不念书，但对于山水风景的酷爱是发乎自然的。天空的白云和覆成桥畔的垂柳，是我童心最亲密的伴侣。我喜欢一个人坐在水边石上看天上白云的变幻，心里浮着幼稚的幻想。云的许多不同的形象动态，早晚风色中各式各样的风格，是我孩心里独自把玩的对象。都市里没有好风景，天上的流云，时常幻出海岛沙洲，峰峦湖沼。我有一天私自就云的各样境界，分别汉代的云、唐代的云、抒情的云、戏剧的云等等，很想做一个"云谱"。

风烟清寂的郊外，清凉山、扫叶楼、雨花台、莫愁湖是我同几个小伴每星期日步行游玩的目标。我记得当时的小文里有"拾石雨花，寻诗扫叶"的句子。湖山的清景在我的童心里有着莫大的势力。一种罗曼蒂克的遥远的情思引着我在森林里，落日的晚霞里，远寺的钟声里有所追寻，一种无名的隔世的相思，鼓荡着一股心神不安的情调；尤其是在夜里，独自睡在床上，顶爱听那远远的箫笛声，那时心中有一缕说不出的深切的凄凉的感觉，和说不出的幸福的感觉结合在一起；我仿佛和那窗外的月光雾光溶化为一，飘浮在树梢林间，随着箫声、笛声孤寂而远引——这时我的心最快乐。

十三四岁的时候，小小的心里已经筑起一个自己的世界；家里人说我少年老成，其实我并没念过什么书，也不爱念书，诗是更没有听过读过；只是好幻想，有自己的奇异的梦与情感。

十七岁一场大病之后，我扶着弱体到青岛去求学，病后的神经是特别灵敏，青岛海风吹醒我心灵的成年。世界是美丽的，生命是壮阔的，海是世界和生命的象征。这时我欢喜海，就像我以前欢喜云。我喜欢月夜的海、星夜的海、狂风怒涛的海、清晨晓雾的海、落照里几点遥远的白帆掩映着一望无尽的金碧的海。有时崖边独坐，柔波软语，絮絮如诉衷曲。我爱它，我懂它，就同人懂得他爱人的灵魂、每一个微茫的动作一样。

青岛的半年没读过一首诗，没有写过一首诗，然而那生活却是诗，是我生命里最富于诗境的一段。青年的心襟时时像春天的天空，晴朗愉快，没有一点尘滓，俯瞰着波涛万状的大海，而自守着明爽的天真。那年夏天我从青岛回到上海，住在我的外祖父方老诗人家里。每天早晨在小花园里，听老人高声唱诗，声调沉郁苍凉，非常动人，我偷偷一看，是一部《剑南诗钞》，于是我跑到书店里也买了一部回来。这是我生平第一次翻读诗集，但是没有读多少就丢开了。那时的心情，还不宜读放翁的诗。秋天我转学进了上海同济，同房间里一位朋友，很信佛，常常盘坐在床上朗诵《华严经》。音调高朗清远有出世之概，我很感动。我欢喜躺在床上瞑目静听他歌唱的词句，《华严经》词句的优美，引起我读它的兴趣。而那庄严伟大的佛理境界投合我心里潜在的哲学的冥想。我对哲学的研究是从这里开始的。庄子、康德、叔本华、歌德相继地在我的心灵的天空出现，每一个都在我的精神人格上留下不可磨灭的印痕。“拿叔本华的眼睛看世界，拿歌德的精神做人”，是我那时的口号。

有一天我在书店里偶然买了一部日本版的小字的王、孟诗集，回来翻阅一过，心里有无限的喜悦。他们的诗境，正合我的情味，尤其是王摩诘的清丽淡远,很投我那时的癖好。他的两句诗“行到水穷处,坐看云起时”,是常常挂在我的口边,尤在我独自一人散步于同济附近田野的时候。

唐人的绝句,像王、孟、韦、柳等人的,境界闲和静穆,态度天真自然,寓秾丽于冲淡之中,我顶欢喜。后来我爱写小诗、短诗,可以说承受唐人绝句的影响,和日本的俳句毫不相干,泰戈尔的影响也不大。只是我和一些朋友在那时常常欢喜朗诵黄仲苏译的泰戈尔《园丁集》诗,他那声调的苍凉幽咽,一往情深,引起我一股宇宙的遥远的相思的哀感。

在中学时,有两次寒假,我到浙东万山之中一个幽美的小城里过年。那四围的山色秾丽清奇,似梦如烟;初春的地气,在佳山水里蒸发得较早,举目都是浅蓝深黛;湖光峦影笼罩得人自己也觉得成了一个透明体。而青春的心初次沐浴到爱的情绪,仿佛一朵白莲在晓露里缓缓地展开,迎着初升的太阳,无声地战栗地开放着,一声惊喜的微呼,心上已抹上胭脂的颜色。

纯真的刻骨的爱和自然的深静的美在我的生命情绪中结成一个长期的微渺的音奏,伴着月下的凝思,黄昏的远想。

这时我欢喜读诗,我欢喜有人听我读诗,夜里山城清寂,抱膝微吟,灵犀一点,脉脉相通。我的朋友有两句诗:“华灯一城梦,明月百年心”,可以做我这时心情的写照。

我游了一趟谢安的东山,山上有谢公祠、蔷薇洞、洗屐池、棋亭等名胜,我写了几首纪游诗,这是我第一次的写诗,现在姑且记下,可以当做古老的化石看罢了。

游东山寺

一

振衣直上东山寺,万壑千岩静晚钟。
叠叠云岚烟树杪,湾湾流水夕阳中。
祠前双柏今犹碧,洞口蔷薇几度红?
一代风流云水渺,万方多难吊遗踪。

二

石泉落涧玉琮琤，人去山空万籁清。
春雨苔痕迷屐齿，秋风落叶响棋枰。
澄潭浮鲤窥新碧，老树盘鸦噪夕晴。
坐久浑忘身世外，僧窗冻月夜深明。

别东山

游屐东山久不回，依依怅别古城隈。
千峰暮雨春无色，万树寒风鸟独徊。
渚上归舟携冷月，江边野渡逐残梅。
回头忽见云封堞，黯对青峦自把杯。

旧体诗写出来很容易太老气，现在回看不像十几岁人写的东西，所以我后来也不大写旧体诗了。二十多年以后住嘉陵江边才又写一首《柏溪夏晚归棹》：

飙风天际来，绿压群峰暝。
云罅漏夕晖，光写一川冷。
悠悠白鹭飞，淡淡孤霞迥。
系缆月华生，万象浴清影。

1918 至 1919 年，我开始写哲学文字，然而浓厚的兴趣还是在文学。德国浪漫派的文学深入我的心坎。歌德的小诗我很欢喜。康白情、郭沫若的创作引起我对新体诗的注意。但我那时仅试写过一首《问祖国》。

1920 年我到德国去求学，广大世界的接触和多方面人生的体验，使我的精神非常兴奋，从静默的沉思，转到生活的飞跃。三个星期中间，足迹踏遍巴黎的文化区域。罗丹的生动的人生造像是我这时最崇拜的诗。

这时我了解近代人生的悲壮剧、都会的韵律、力的姿式。对于近代各问题，我都感到兴趣，我不那样悲观，我期待着一个更有力的更光明的人类社会到来。然而莱茵河上的故垒寒流、残灯古梦，仍然萦系在心坎深处，使我时常做做古典的浪漫的美梦。前年我有一首诗，是追抚着那时的情趣，一个近代人的矛盾心情：

生命之窗的内外

白天，打开了生命的窗，
绿杨丝丝拂着窗槛。
白云在青空里飘荡。
一层层的屋脊，一行行的烟囱，
成千成万的窗户，成堆成伙的人生。
行着，坐着，恋爱着，斗争着。
活动、创造、憧憬、享受。
是电影、是图画、是速度、是转变？
生活的节奏，机器的节奏，
推动着社会的车轮，宇宙的旋律。
白云在青空飘荡，
人群在都会匆忙！

黑夜，闭上了生命的窗。
窗里的红灯，
掩映着绰约的心影：
雅典的庙宇，莱茵的残堡，
山中的冷月，海上的孤棹。
是诗意、是梦境、是凄凉、是回想？
缕缕的情丝，织就生命的憧憬。
大地在窗外睡眠！
窗内的人心，
遥领着世界深秘的回音。

在都市的危楼上俯眺风驰电掣的匆忙的人群，通力合作地推动人类的前进；生命的悲壮令人惊心动魄，渺渺的微躯只是洪涛的一沤，然而内心的孤迥，也希望能烛照未来的微茫，听到永恒的深秘节奏，静寂的神明体会宇宙静寂的和声。

1921年的冬天，在一位景慕东方文明的教授夫妇的家里，过了一个罗曼蒂克的夜晚；舞阑人散，踏着雪里的蓝光走回的时候，因着某一种柔情的萦绕，我开始了写诗的冲动，从那时以后，横亘约摸一年的时光，我常常被一种创造的情调占有着。黄昏的微步，星夜的默坐，在大庭广众中的孤寂，时常仿佛听见耳边有一些无名的音调，把捉不住而呼之欲出。往往是夜里躺在床上熄了灯，大都会千万人声归于休息的时候，一颗战栗不寐的心兴奋着，静寂中感觉到窗外横躺着的大城在喘息，在一种停匀的节奏中喘息，仿佛一座平波微动的大海，一轮冷月俯临这动极而静的世界，不禁有许多遥远的思想来袭我的心，似惆怅，又似喜悦，似觉悟，又似恍惚。无限凄凉之感里，夹着无限热爱之感。似乎这微渺的心和那遥远的自然，和那茫茫的广大的人类，打通了一道地下的深沉的神秘的暗道，在绝对的静寂里获得自然人生最亲密的接触。我的《流云》小诗，多半是在这样的心情中写出的。往往在半夜的黑影里爬起来，扶着床栏寻找火柴，在烛光摇晃中写下那些现在人不感兴趣而我自己却借以慰藉寂寞的诗句。《夜》与《晨》两诗曾记下这黑夜不眠而诗兴勃勃的情景。

然而我并不完全是“夜”的爱好者，朝霞满窗时，我也赞颂红日的初升。我爱光，我爱美，我爱力，我爱海，我爱人间的温暖，我爱群众里千万心灵一致紧张而有力的热情。我不是诗人，我却主张诗人是人类的光明的预言者，人类光明的鼓励者和指导者，人类的光和爱和热的鼓吹者。高尔基说过：“诗不是属于现实部分的事实，而是属于那比现实更高部分的事实。”那比现实更高的仍是现实，只是一个较光明的现实罢了。歌德也说：“应该拿现实提举到和诗一般的高。”这也就是我对于诗和现实的见解。

（原刊《流云小诗》，1947年11月上海正风出版社）

《蕙的风》之赞扬者

一岑：

在这个老气深沉、悲哀弥漫，压在数千年重担负下的中国社会里，竟然有个二十岁天真的青年，放情高唱少年天真的情感，没有丝毫的假饰，没有丝毫的顾忌，颂扬光明，颂扬恋爱，颂扬快乐，使我这个数千里外的旅客，也鼓舞起来，高唱起来，感谢他给我的快乐。

我放情地高唱他的诗：

我愿把人间的心，
一个个都聚拢来，
共总熔成一个；
像月亮般挂在清的天上，
给大家看个明明白白。

我愿把人间的心，
一个个都聚拢来，
用仁爱的日光洗洁了；
重新送还给人们，
使误解从此消散了。

伊的情丝和我的，

织成快乐的幕了；
把他当遮拦，
谢绝人间的苦恼。

蓓蕾们密说着，
商议了一会，说：
“不相干，
开——仍旧要开；
只要嘱咐他们，
不许再来践踏好了。”

这天然流露的诗，如同鸟的鸣，花的开，泉水的流。无所谓好，无所谓坏。我们不必拿中国旧诗学的理论来批评他，也不必拿欧美新诗学的理论来范围他。我们只是抱着他那一本小诗集，到鸟语花开的田园中，放情地高唱，唱得顺口，唱得得意，就唱下去。唱不顺口，唱不得意，就不唱下去。他是自自然然地写出来的，我们也自自然然地享受他。

我上面写的三首，是我最满意读的诗，此外还有许多可爱的诗，也有些我不爱的诗。总之，我对这个青年诗人的人格，表充分的同情。他是一个很难得的，没有受过时代的烦闷，社会的老气的天真青年，我们现在的社会还不知道这类的青年是多么的可贵呢！

我个人以为这种纯洁天真，活泼乐生的少年气象是中国前途的光明。那些世故深刻，悲哀无力的老气沉沉，就是旧中国的坟墓。

胡适之先生以为他以下的诗句很幼稚的：

雪花——棉花
你还以为我孩子瞎说的吗？
你还不信到门前去摸摸看，
那不是棉花？
那不是棉花是什么？

妈，你说这是雪花，
我说这是顶好的棉花，
比我前天望见棉花铺子里的还好的多多。

胡先生以为以下的诗是很成熟的好诗了：

我冒犯了人们的指谪，
一步一回头地瞟我意中人，
我怎样欣慰而胆寒呵。

这两首诗都好。《雪花——棉花》，仿佛泰戈尔《新月集》中的东西。所谓成熟，我觉得只是诗人人格年龄上的成熟，并不是诗的艺术上的成熟，儿童诗正须要儿童的情绪，儿童的口吻。

这部诗集里有些极短的、一两句的小诗，我满意的很少。这种短诗，本不容易好的。

《蕙的风》的作者是汪静之君。可惜我还不认识他呢。

宗白华

（原刊《时事新报·学灯》1923 年 1 月 13 日）

恋爱诗的问题

——致一岑

一岑兄：

昨日接到六月一日报附文学旬刊三十九期杂谈内西谛先生提倡“憎厌之歌”、“悲怨之曲”，反对桃色雾的恋爱观。我自己的近来的诗虽多悲调，但对于西谛君这个意思，却不敢赞同。我觉得中国民族现代所需要的是“复兴”，不是颓废；是“建设”，不是“悲观”。向来，一个民族将兴时代和建设时代的文学，大半是乐观的、向前的。有惠特曼雄放无前的伟大乐观，所以也有了美洲少年勇进的建设气象。法国颓废派的文学不足以振兴法兰西的民气（西谛先生所指的悲怨之曲决非颓废的文学，我深知道）。而罗曼罗兰的乐观文学于将来法国、将来的欧洲，必定有好影响。所以我极私心祈祷中国有许多乐观雄丽的诗歌出来，引我们泥涂中可怜的民族入于一种愉快舒畅的精神界。从这种愉快乐观的精神界里，才能养成向前的勇气和建设的能力呢！

德国民族现在所处的境地，可算是世界上最困苦、最可悲了。比起中国真差得十倍不止。但我搜遍它最近的文集诗歌，不看见一首关于时代的悲调。他们国民人人自信德国必定复兴。这种盲目的乐观，就是德国将来复兴唯一的基础。

中国民族老气太深，已经没有这种盲目的乐观了么？我不相信。

至于恋爱的诗，我觉得少年人歌颂恋爱，老年人反对之。少年的民族亦然(中国的诗经及古歌谣,外国的古歌谣,波斯的 Hatis)。我们现在愿自居少年的民族么?老年的民族呢?

中国千百年来没有几多健全的恋爱诗了(我所说的恋爱诗自然是指健全的、纯洁的、真诚的),所有一点恋爱诗不是悼亡、偷情,便是赠妓女。诗中晶洁神圣的恋爱诗,堕成这种烂污的品格,还不亟起革新,恢复我们纯洁的情泉么?

我自己受了时代的悲观的影响不浅,现在深自振作。我愿意在诗中多作"深刻化",而不作"悲观化";宁愿作"骂人之诗",不作"悲怨之曲"。纯洁真挚的恋爱诗,我尤愿多多提倡。

宗白华(七月九日,柏林)

(原刊 1922 年 8 月 22 日《时事新报·学灯》)

乐观的文学

——致一岑

一岑兄：

我又寄来恋爱诗二首，不嫌多了么？我觉得中国社会上“憎力”太多，“爱力”太少了。没有爱力的社会没有魂灵、没有血肉而只是机械的。现在中国男女间的爱差不多也都是机械的物质的了。所以我们若要从民族的魂灵与人格上振作中国，不得不提倡纯洁的、真挚的、超物质的爱。我愿多有同心人起来多作乐观的、光明的、颂爱的诗歌，替我们的民族性里造一种深厚的情感的基础。我觉得这个“爱力”的基础比什么都重要。“爱”和“乐观”是增长“生命力”与“互助行动”的。“悲观”与“憎怨”总是减杀“生命力”的。中国民族的生命力已薄弱极了。中国近来历史的悲剧已演得无可再悲了。我们青年还不急速自己创造乐观的精神泉，以恢复我们民族的生命力么？我始终是个唯心论者。我相信在人生上和历史上，人的精神倾向，有绝大的势力。悲观的文学哲学可以造成时代的颓废。文学的责任不只是做时代的表现者，尤重在做时代的“指导者”。我们青年作者的眼光，宜多多致意于将来，不必自己樊笼于时代流行的烦闷中。时代造成了烦闷，我们应当打破烦闷，创造新时代，何必推波助浪、增加烦闷，以减杀我们青年活泼的生命力？这是我的一点文化上的观察和热忱的期望，并不是对于“文学创作的自由”有所干涉，我主张文学的创造当有绝对的自由（不过是要真诚的作品，假意的作品它自体已失了自由了)。

宗白华(七月二十二日)

(原刊1922年10月2日《时事新报·学灯》)

唐人诗歌中所表现的民族精神

一　文学与民族的关系

邵元冲先生在他的《如何建设中国文化》一文里说:“……一个民族在危险困难的时候,如果失了民族自信力,失了为民族求生存的勇气和努力,这个民族就失了生存的能力,一定得到悲惨不幸的结果。反之,一个民族处在重大压迫危殆的环境中,如果仍能为民族生存而奋斗,来充实自己,来纠正自己,来勉励自己,大家很坚强刻苦地努力,在伟大的牺牲与代价之下,一定可以得到很光荣的成功!……”吾人只要打开中外历史一看,就可证明邵先生的话不错!因为一民族的盛衰存亡,都系于那个民族有无“自信力”。所以失掉了“自信力”的犹太人虽然有许多资产阶级掌握着欧洲的经济枢纽,但他们很不容易以复国土。反之,经了欧洲的重创和凡尔赛条约宰割的德意志,她却能本着她的民族“自信力”向着复兴之途迈进。最近的萨尔收复运动,就可表明她的民族自信力的伟大——然而这种民族“自信力”——民族精神——的表现与发扬,却端赖于文学的熏陶,我国古时即有闻歌咏以觇国风的故事。因为文学是民族的表征,是一切社会活动留在纸上的影子。无论诗歌、小说、音乐、绘画、雕刻,都可以左右民族思想的。它能激发民族精神,也能使民族精神趋于消沉。就拿我国的文学史来看:在汉唐的诗歌里都有一种悲壮的胡笳意味和出塞从军的壮志,而事实上证明汉唐的民族势力极强。晚唐诗人耽于小己的享乐和酒色的沉醉,所为歌咏,流入靡靡之音,而晚唐终于受外来民族契丹的欺侮。有清中落以后桐城派文学家姚姬传提倡文章的作法——“阳刚阴柔”之说,曾国藩等附和之,那一个时期中国文坛上,都充满着阴柔的气味,甚至近代人林琴南、马其昶等还“守此不堕”,而铁一般的事实证明咱们中国从姚姬传时代到林琴南时代,受尽了外人的侵略,在邦交上恰也竭尽了柔弱的能事!由此看来,文学能转移民族的习性,它的重要,可想而知了。而作者这一篇短短的文字,当不致被人视为无聊之事吧!

二 唐代诗坛的特质与其时代背景

我们从整个的中国文学史看来,无疑唐代诗歌在中国文学史上有特殊的地位。不但它声韵的铿锵和格调的度化,集诗歌的大成,为后来的学诗者所效法,而那个时代——唐代的诗坛有一种特别的趋势,就是描写民族战争文学的发达,在别的时代可说决没有这样多的。如西汉中世,于富贵化的古典词赋甚发达,北宋二百年只有描写儿女柔情的小词盛达。在唐代却不然了,初唐诗人的壮志,都具有并吞四海之志,投笔从戎,立功塞外,他们都在做着这样悲壮之梦,他们的意志是坚决的,他们的思想是爱国主义的,这样的诗人才可称为“真正的民众喇叭手”!中唐诗人的慷慨激烈,亦大有拔剑起舞之概!他们都祈祷祝颂战争的胜利,虽也有几个非战诗人哀吟痛悼,诅咒战争的残忍。但他们诅咒战争,乃是国内的战乱,惋惜无辜的死亡,他们对于与别个民族争雄,却都存着同仇敌忾之志。如素被称为非战诗人的杜少陵,也有“男儿生世间,及北当封侯,战伐有功业,焉能守旧邱!”“拔剑击大荒,日收胡马群,誓开玄冥北,持以奉吾君!”看吧!唐代的诗人怎样的具着“民族自信力”,一致地鼓吹民族精神!和现在自命为“唯我派诗人”“象征派诗人”只知道“蔷薇呀”“玫瑰呀”

“我的爱呀”，坐在“象牙之塔”里，咀嚼着“轻烟般的烦恼”的人们比较起来，真令人有不胜今昔之感呢！

唐代诗坛的特质既如上述。但我们要问为什么唐代的诗歌都含着民族意味？为什么民族诗人在唐代不断地产生？我们要解答这个问题，就要了解唐代是一个什么时代。

研究中国历史的人们，谁都知道唐代的国势之强，唐代的武功，至今外人话及，尚有谈虎色变之概！因为唐代除了它的没落时期——晚唐——其余一二百年，差不多都注意于对外的民族斗争。

在这种威加四夷，万邦慑服的时代里，当然能陶冶得出“有力的民族诗歌”！养成“慷慨的民族诗人”了！

三　初唐时期——民族诗歌的萌芽

一个时代的创始，正和人的少年时候一样，带着一种活泼的朝气。初唐是唐代三百年的开创时期，代表初唐统治者的唐太宗，无论文治、武功都超轶古今。而那时候的诗人，也能一洗六朝靡靡的风气，他们都具有高远的眼光，把握着现实生活努力，他们都有投笔从戎，立功海外的壮志，抒写伟大的怀抱，成为壮美的文学。岂但诗人如此，就是那时的政治家魏征也有一首感遇诗：

> 中原初逐鹿，投笔事戎轩。纵横计不就，慷慨志犹存。杖策谒天子，驱马出关门。请缨系南越，凭轼下东藩。郁纡陟高岫，出没望平原。古木鸣寒鸟，空山啼夜猿。既伤千里目，还惊九逝魂。岂不惮艰险，深怀国士恩。季布无二诺，侯嬴重一言。人生感意气，功名谁复论。
>
> ——魏征：《述怀》

我们看他的“杖策谒天子，驱马出关门”，是何等的气概！这种有力的风格，影响于唐代诗坛很大。在初唐诗人之群里，首屈一指的，要推陈子昂了。他是唐代文学革命的先锋,他的诗歌也流露着极强的民族意识,兹抄录二首,聊当举隅。

匈奴犹未灭,魏绛复从戎。怅别三河道,言追六郡雄。雁山横代北,狐塞接云中。勿使燕然上,惟留汉将功。

——陈子昂:《送魏大从军》

平生白云意,疲苶愧为雄。君王谬殊宠,旌节此从戎。挼绳常系虏,单马岂邀功。孤剑将何托,长谣塞上风。

——陈子昂:《东征答朝臣相送》

我们再看骆宾王的诗:

平生一顾重,意气溢三军。野日分戈影,天星合剑文。弓弦抱汉月,马足践胡尘。不求生入塞,惟当死报君。

——骆宾王:《从军行》

边烽警榆塞,侠客度桑乾。柳叶开银镝,桃花昭玉鞍。满月临弓影,连星入剑端。不学燕丹客,空歌易水寒。

——骆宾王:《侠客远从容》

我们再看杨炯的诗:

烽火照西京,心中自不平。牙璋辞凤阙,铁骑绕龙城。雪暗凋旗画,风多杂鼓声。宁为百夫长,胜作一书生。

——杨炯:《从军行》

还有刘希夷的诗:

秋天风飒飒,群胡马行疾。严城昼不开,伏兵暗相失。天子庙堂拜，将军凶门出。纷纷伊洛道，戎马几万匹。军门压黄河，兵气冲白日。平生怀仗剑，慷慨即投笔。南登汉月孤，北走代云密。近取韩彭计，早知孙吴术。丈夫清万里，谁能扫一室。

——刘希夷：《从军行》

卢照邻的诗也是十分感人的：

刘生气不平，抱剑欲专征。报恩为豪侠，死难在横行。翠羽装刀鞘，黄金饰马铃。但令一顾重，不吝百身轻。

——卢照邻：《刘生》

最使我们击节叹赏的要算祖咏的那首：

燕台一去客心惊，箫鼓喧喧汉将营。万里寒光生积雪，三边曙色动危旌。沙场烽火连胡月，海畔云山拥蓟城。少小虽非投笔吏，论功还欲请长缨。

——祖咏：《望蓟门》

"少小虽非投笔吏，论功还欲请长缨。"可代表初唐时期的诗人的胸怀！总之，初唐摆脱六朝的靡靡文风，开导全唐的民族诗歌，继往开来，我们名之为——民族诗歌的萌芽时期。

四　盛唐时期——民族诗歌的成熟

到了盛唐，国家对外战争的次数更多，社会的组织，也渐渐呈着不安状态，所谓"安史之乱"也在这时下了种子。那时期的诗人，目击"外患内忧"相因未已，他们一方面诅咒内战，如杜少陵的《石壕吏》、《彭衙行》等篇，充满着厌恶战乱，悯恤无辜的意义。一方面却都存着"匈奴未灭，何以家为"的壮志。王昌龄的"……黄沙百战穿金甲，不破楼兰终不还”可为代表。而这时期诗人蔚起,如大诗人杜少陵、李太白、王摩诘,都相继产生,其余如王昌龄、岑参、李颀、王翰、王之涣、李益、张祜等人物,也具有他们的特长之处。唐代的诗歌,到了这个时期,可算全盛时代了。不!也许在整个中国文学史看来,中国诗坛在这时已到了顶点呢!而他们——盛唐的诗人们——无论著名的作家或未名的作家,对于歌咏民族战争,特别感到兴趣,无论哪一个作家,至少也得吟几首出塞诗。如那时有一个不知名姓的“西鄙人”,他也能作一首哥舒歌:“北斗七星高,哥舒夜带刀,至今窥牧马,不敢过临洮!”而统治军队的武将如严武,他也能作一首《军城早秋》:“昨夜秋风入汉关,朔云边月满西山,更催飞将追骄虏,莫遣沙场匹马还!”例子是举不尽的。这样可知那时无论武夫,以至于不知名姓的“鄙人”,都一致地从军塞外,抒其同仇敌忾的壮志。何况诗人们对于歌咏,本是他们的特长,他们的作品自更能使人感动了!我们且来看看他们的吧:

杜少陵的诗:

萧关陇水入官军,青海黄河卷塞云。北极转愁龙虎气,西戎休纵犬羊群。

——杜甫:《喜闻盗贼总退口号》

岑参两首:

君不见!走马川行雪海边,平沙莽莽黄入天。轮台九月风夜吼,一川碎石大如斗,随风满地石乱走。匈奴草黄马正肥,金山西见烟尘飞,汉家大将西出师!将军金甲夜不脱,半夜军行戈相拨,风头如刀面如割。马毛带雪汗气蒸,五花连钱旋作冰,幕中草檄砚水凝。虏骑闻之应胆慑,料知短兵不敢接!车师西门伫献捷!

——岑参:《走马川行奉送封大夫出师西征》

汉将承恩西破戎，捷书先奏未央宫。天子预开麟阁待，只今谁数贰师功！日落辕门鼓角鸣，千群面缚出蕃城。洗兵鱼海云迎阵，秣马龙堆月照营！

——岑参：《献封大夫破播仙凯歌》

王摩诘（维）两首：

吹角动行人，喧喧行人起。笳悲马嘶乱，争渡金河水。日暮沙漠陲，战声烟尘里。尽系名王颈，归来报天子。

——王维：《从军行》

太白秋高助汉兵，长风夜卷虏尘清。男儿解却腰间剑，喜见从王道化平。

——王维：《平戎辞》

王昌龄的诗：

青海长云暗雪山，孤城遥望玉门关。黄沙百战穿金甲，不破楼兰终不还！

——王昌龄：《从军行》

秦时明月汉时关，万里长征人未还。但使龙城飞将在，不教胡马度阴山！

骝马新跨白玉鞍，战罢沙场月色寒。城头铁鼓声犹振，匣里金刀血未干！

大漠风尘日色昏，红旗半卷出辕门。前军夜战洮河北，已报生擒吐谷浑！

——王昌龄：《出塞》

李白一首：

从军玉门道,逐虏金微山。笛奏梅花曲,刀开明月环。鼓声鸣海上,兵气拥云间。愿斩单于头,长驱静铁关!

——李白:《从军行》

李益两首:

劳者且莫歌,我歌送君觞。从军有苦乐,此曲乐未央。仆本居陇上,陇水断人肠。东过秦宫路,宫路入咸阳。时逢汉帝出,谏猎至长杨。讵驰游侠窟,非结少年场。一旦承嘉惠,轻身重恩光。秉笔参帷幄,从军至朔方。边地多阴风,草木自凄凉。断绝海云去,出没胡沙长。参差引雁翼,隐辚腾军装。剑文夜如水,马汗冻成霜。侠气五都少,矜功六郡良。山河起目前,睚眦死路旁。北逐驱獯虏,西临复旧疆。西还赋余资,今出乃赢粮。一矢弢夏服,我弓不再张。寄语丈夫雄,苦乐身自当。

——李益:《从军有苦乐行》

身承汉飞将,束发即言兵。侠少何相问,从来事不平。黄云断朔歙,白雪拥沙城。幸应边书募,横戈会取名。

——李益:《赴邠宁留别》

张祜一首:

自古多征战,由来尚甲兵。长驱千里去,一举两番平。按剑从沙漠,歌谣满帝京。寄言天下将,须立武功名。

——张祜:《采桑》

高骈一首:

恨乏平戎策,惭登拜将坛。手持金钺冷,身挂铁衣寒。主圣扶持易,恩深报效难。三边犹未靖,何敢便休官?

——高骈:《言怀》

吴均一首:

羽檄起边庭,烽火乱如萤。是时张博望,夜赴交河城。马头要落日,剑尾掣流星。君恩未得报,何论身命轻?

——吴均:《入关》

李频一首:

吾宗偏好武,汉代将家流。走马辞中禁,屯军向渭州。天心待破虏,阵面许封侯。却得河源水,方应洗国仇。

——李频:《赠李将军》

李希仲一首:

一身救边速,烽火通蓟行。前军鸟飞断,格斗尘沙昏。寒日鼓声急,单于夜将奔。当须殉忠义,身死报国恩。

——李希仲:《蓟门行》

刘驾一首:

昔送征夫苦,今送征夫乐。寒衣纵携去,应向归时著。天子待功成,别造凌烟阁。

——刘驾:《送征夫》

恕作者不再一一列举了。从上面几首读来,已够使我们回肠荡气,击节欣赏了!总之,民族诗歌到了盛唐,非但在意识上已较初唐更进一步,而音调的铿锵,格律的完善,犹非初唐诗歌所及。再加诗歌的普通化，上至武将，下至鄙人，都有一首以上的歌咏民族精神的诗歌。无疑的，民族诗歌到了盛唐是成熟的时期了。

五　民族诗歌的结晶——出塞曲

如前所述，唐代的诗人们无论著名的作家，或未著名的作家，至少有一首以上的“出塞诗”。而上至掌握国事的政治家，统率军队的武人，下至贩夫走卒，以及不知名姓的鄙人，也会作一两首关于民族斗争的诗歌。他们都以“出塞曲”为主题，“出塞曲”在当时诗坛上占着极重要的位置。在我们研究中国文学史的人看起来，可称“出塞曲”为唐代民族诗歌的结晶品。

但究竟什么叫做“出塞曲”呢？我们要回答这个问题，先要知道什么叫做“出塞”？

胡云翼在他的《唐代的战争文学》里写着：“班马萧萧，大旗飘飘，军笳悠扬，军行离开长安——唐时的首都很远了。渡过黄河以北了，渐渐渡过陇头水，越过陇西，出玉门关了。或由河北直上，过了黑水头，过了无定河，渐近燕支山了，渐近受降城了。”我们可以借他的话来形容出塞的情景。那兵士们既已出塞，看着那黄沙蔽日，塞外的无垠荒凉，展开在眼前。当着月儿高高地照在长城之上，飒飒的凉风扑面吹来，此时立在军门之前，横吹一支短笛，高歌一曲胡笳，无论你是一个怎样的弱者，也会兴奋起来，身上燃烧着英雄的热血，想着所谓“誓开玄冥北，持以奉吾君”了！描写这样悲壮的情景，就叫“出塞曲”。我们来看杜少陵的名句吧！

磨刀呜咽水，水赤刃伤手。欲轻肠断声，心绪乱已久。丈夫誓许国，愤惋应何有！功名图麒麟，战骨当速朽！

挽弓当挽强，用箭当用长。射人先射马，擒贼先擒王。杀人亦有限，列国自有疆。苟能制侵陵，岂在多杀伤！

单于寇我垒，百里风尘昏。雄剑四五动，彼军为我奔。掳其名王归,系颈授辕门。潜身备行列,一胜何足论!

从军十余年,能无分寸功?众人贵苟得,欲语羞雷同。中原有斗争,况在狄与戎!丈夫四方志,安可辞固穷。(以上为《前出塞》)

男儿生世间,及壮当封侯。战伐有功业,焉能守旧邱?召募赴蓟门,军动不可留。千金买马鞭,百金装刀头。闾里送我行,亲戚拥道周。斑白居上列,酒酣进庶羞。少年别有赠,含笑看吴钩。

朝进东门营,暮上河阳桥。落日照大旗,马鸣风萧萧。平沙列万幕,部伍各见招。中天悬明月,令严夜寂寥。悲笳数声动,壮士惨不骄。借问大将谁,恐是霍嫖姚。

古人重守边,今人重高勋。岂知英雄主,出师亘长云。六合已一家,四夷且孤军。遂使貔虎士,奋身勇所闻。拔剑击大荒,日收胡马群。誓开玄冥北,持以奉吾君!(以上为《后出塞》)

杜少陵是一个非战诗人,他身经"安史之乱",弟妹失散,父子隔绝,战争的痛苦,他是尝够了。所以在他的诗歌里,十九诅咒战争,表现极强的非战思想。而他对于民族意识,尚这样强烈。"拔剑击大荒,日收胡马群!""中原有斗争,况在狄与戎!"充分表现了他是一个爱国诗人!而"古人重守边,今人重高勋","苟能制侵陵,岂在多杀伤"又可知道他是酷爱和平、讲人道主义的人。于此,我们佩服这个"诗圣"人格的伟大!

下面我再将唐代诗人的"出塞曲"略举数首如下:

上将三略远,元戎九命尊。缅怀古人节,思酬明主恩。

——虞世南:《出塞》

塞外欲纷纭,雌雄犹未分。明堂占气色,华盖辨星文。二月河魁将,三千太乙军。丈夫皆有志,会见立功勋!

——杨炯:《出塞》

胡骑犯边埃,风从丑上来。五原烽火急,六郡羽书催。冰壮飞狐冷,霜浓候雁哀。将军朝授钺,战士夜衔枚。紫塞金河里,葱山铁勒隈。莲花秋剑发,桂叶晓旗开。秘略三军动,妖氛百战摧。何言投笔去,终作勒铭回。

——沈佺期:《塞北》

居延城外猎天骄,白草连天野火烧。暮云空碛时驱马,秋日平原好射雕。护羌校尉朝乘障,破虏将军夜渡辽。玉靶角弓珠勒马,汉家将赐霍嫖姚!

——王维:《出塞》

忽闻天上将,关塞重横行。始返楼兰国,还向朔方城。黄金装战马,白羽集神兵。星月开天阵,山川列地营。晚风吹画角,春色耀飞旌。宁知班定远,犹是一书生!

——陈子昂:《和陆明府赠将军重出塞》

天骄远塞行,出鞘宝刀鸣。定知酬恩日,今朝觉命轻。塞虏常为敌,边风已报秋。平生多志气,箭底觅封侯。

——王涯:《塞上曲》

戈甲从军久,风云识阵难。今朝拜韩信,计日斩成安。燕颔多奇相,狼头敢犯边。寄言班定远,正是立功年!

——王涯:《从军词》

林暗草惊风,将军夜引弓。平明寻白羽,没在石棱中。
月黑雁飞高,单于夜遁逃。欲将轻骑逐,大雪满弓刀。

——卢纶:《和张仆射塞下曲》

骄虏初南下,烟尘暗国中。独召李将军,夜开甘泉宫。一身许明主,万里总元戎。霜甲卧不暖,夜半闻边风。胡天早飞雪,荒徼多转蓬。寒云覆水重,秋气连海空。金鞍谁家子,上马鸣角弓。自是幽并客,非论爱立功。

——薛奇重:《塞下曲》

方见将军贵,分明对冕旒。圣恩如远被,狂虏不难收。臣节唯期死,功勋敢望侯?终辞修里第,从此出皇州。

——僧贯休:《入塞》

汉家旌帜满阴山,不遣胡儿匹马还。愿得此生长报国,何需生入玉门关!

——戴叔伦:《塞上曲》

金带连环束战袍,马头冲雪度临洮。卷旗夜劫单于帐,乱斫胡儿缺宝刀!

——马戴:《出塞》

朔雪飘飘开雁门,平沙历乱卷蓬根。功名耻计擒生数,直斩楼兰报国恩!

——张仲素:《塞下曲》

六　尾语——唐代的没落与没落的诗人

历史说明自中唐以后,唐朝开始向衰亡的途上走去,藩镇跋扈,宦官窃柄,内乱外患,相逼而至,在这样国运危险万分之际,晚唐的诗人是应该怎样本着杜少陵的非战文学,积极地反对内战,应该怎样继着初唐、盛唐的诗人的出塞从军的壮志,歌咏慷慨的民族诗歌,然而事实是使我们失望的。晚唐的诗坛实充满着颓废、堕落及不可救药的暮气,他们只知道沉醉在女人的怀里,呻吟着无聊的悲哀。看吧!

他们的微弱无力的诗歌：

李商隐诗：

猿鸟犹疑畏简书，风云常为护储胥。徒令上将挥神笔，终见降王走传车。管乐有才真不忝，关张无命欲何如？他年锦里经祠庙，梁父吟成恨有余！

——李商隐：《筹笔驿》

巧笑知堪敌万几，倾城最在著戎衣。晋阳已陷休回顾，更请君王猎一围。

——李商隐：《北齐》

水精如意玉连环，下蔡城危莫破颜。红绽樱桃含白雪，断肠声里唱阳关。

——李商隐：《赠歌妓》

嵩云秦树久离居，双鲤迢迢一纸书。休问梁园旧宾客，茂陵秋雨病相如。

——李商隐：《寄令狐中郎》

温庭筠五首：

铁马云雕共绝尘，柳阴高压汉宫春。天清杀气屯关右，夜半妖星照渭滨。下国卧龙空寤主，中原得鹿不由人！象床宝帐无言语，从此谯周是老臣。

——温庭筠：《经五丈原》

十年分散剑关秋，万事皆随锦水流！志气已曾明汉节，功名犹尚带吴钩。雕边认箭寒云重，马上听笳塞草愁。今日逢君倍惆怅，灌婴韩信尽封侯。

——温庭筠:《赠蜀将》

江海相逢客恨多,秋风叶下洞庭波。酒酣夜别淮阴市,月照高楼一曲歌。

——温庭筠:《赠少年》

井底点灯深烛伊,共郎长行莫围棋。玲珑骰子安红豆,入骨相思知不知?

——温庭筠:《新添声杨柳枝词》

高低深浅一阑红,把火殷勤绕露丛。希逸近来成懒病,不能容易向春风。

——温庭筠:《夜看牡丹》

杜牧四首:

落魄江湖载酒行,楚腰肠断掌中轻。十年一觉扬州梦,赢得青楼薄幸名!

——杜牧:《遣怀》

折戟沈沙铁未销,自将磨洗认前朝。东风不与周郎便,铜雀春深锁二乔。

——杜牧:《赤壁》

翠鬣红毛舞文晖,水禽情似此禽稀。暂分烟岛犹回首,只渡寒塘亦并飞。映雾尽迷珠殿瓦,逐梭齐上玉人机。采莲无限兰桡女,笑指中流羡尔归。

——杜牧:《崔珏和人鸳鸯之什》

江雨霏霏江草齐,六朝如梦鸟空啼。无情最是台城柳,依旧烟笼十里堤!

——韦庄:《金陵图》

我们读了上列几首晚唐诗人的诗歌,不得不佩服他们对于修辞学的讲究。字句的美术化,使我们觉得十分满意,而音律的婉转抑扬,真可谓“弦弦掩抑声声思”了!然而当着国家危急存亡的关头,和千百万人民都在流离失所的时候,他们尚在那儿“十年一觉扬州梦,赢得青楼薄幸名”,“玲珑骰子安红豆,入骨相思知不知”,只管一己享乐,忘却大众痛苦,那就失掉诗人的人格了!而在初唐、盛唐的诗人写来是“人生感意气,功名谁复论”——魏征——“丈夫誓许国,愤惋复何有!”——杜甫——“功名耻计擒生数,直斩楼兰报国恩!”——张仲素——形容出烈士为国牺牲的精神。而在晚唐诗人写来则为“今日逢君倍惆怅,灌婴韩信尽封侯”。怀念自己的禄位,忘掉国家民族,令人齿冷!同样怀古兴感,在老杜笔底写来的“出师未捷身先死,长使英雄泪满襟”咏歌武侯,是何等的慷慨激昂!在晚唐诗人写来则成为“下国卧龙空寤主,中原得鹿不由人”,“管乐有才真不忝,关张无命欲何如”,充分表现消极悲观的意识了!大约晚唐诗人只知道留恋儿女柔情,歌咏鸳鸯蝴蝶。什么国家民族?什么民众疾苦?与他们漠不相关!他们无聊的时候,只能呻吟着“希逸近来成懒病,不能容易向春风!”“休问梁园旧宾客,茂陵秋雨病相如!”唉,颓废的晚唐诗人,没落的晚唐诗人!

(原刊1948年9月《观察》第5卷第4期)

中国古代的音乐寓言与音乐思想

寓言,是有所寄托之言。《史记》上说:"庄周著书十余万言,大抵率寓言也。"庄周书里随处都见到用故事、神话来说出他的思想和理解。我这里所说的寓言包括神话、传说、故事。音乐是人类最亲密的东西。人有口有喉,自己会吹奏歌唱;有手可以敲打、弹拨乐器;有身体动作可以舞蹈。音乐这门艺术可以备于人的一身,无待外求。所以在人群生活中发展得最早,在生活里的势力和影响也最大。诗、歌、舞及拟容动作,戏剧表演,极早时就结合在一起。但是对我们最亲密的东西并不就是最被认识和理解的东西,所谓"百姓日用而不知"。所以古代人民对音乐这一现象感到神奇,对它半理解半不理解。尤其是人们在很早就在弦上管上发见音乐规律里的数的比例,那样严整,叫人惊奇。中国人早就把律、度、量、衡结合,从时间性的音律来规定空间性的度量,又从音律来测量气候,把音律和时间中的历结合起来。(甚至于凭音来测地下的深度,见《管子》)太史公在《史记》里说:"阴阳之施化,万物之终始,既类旅于律吕,又经历于日辰,而变化之情可见矣。"变化之情除数学的测定外,还可从律吕来把握。

希腊哲学家毕达哥拉斯发现琴弦上的长短和音高成数的比例,他见到我们情感体验里最深秘难传的东西——音乐,竟和我们脑筋里把握得最清晰的数学有着奇异的结合,觉得自己是窥见宇宙的秘密了。后来西方科学就凭数学这把钥匙来启开大自然这把锁,音乐却又是直接地把宇宙的数理秩序诉之于情感世界，音乐的神秘性是加深了，不是减弱了。

音乐在人类生活及意识里这样广泛而深刻的影响，就在古代以及后来产生了许多美丽的音乐神话、故事传说。哲学家也用音乐的寓言来寄寓他的最深难表的思想，像庄子。欧洲古代，尤其是近代浪漫派思想家、文学家爱好音乐，也用音乐故事来表白他们的思想，像德国文人蒂克的小说。

我今天就是想谈谈音乐故事、神话、传说，这里面寄寓着古人对音乐的理解和思想。我总合地称它们做音乐寓言。太史公在《史记》上说庄子书中大抵是寓言，庄子用丰富、活泼、生动、微妙的寓言表白他的思想，有一段很重要的音乐寓言，我也要谈到。

先谈谈音乐是什么？《礼记》里《乐记》上说得好："凡音之起，由人心生也。人心之动，物使之然也。感于物而动，故形于声。声相应，故生变，变成方，谓之音。比音而乐之，及干戚羽旄，谓之乐。"

构成音乐的音，不是一般的嘈声、响声，乃是"声相应，故生变，变成方，谓之音"。是由一般声里提出来的，能和"声相应"，能"变成方"，即参加了乐律里的音。所以《乐记》又说："声成文，谓之音。"乐音是清音，不是凡响。由乐音构成乐曲，成功音乐形象。

这种合于律的音和音组织起来，就是"比音而乐之"，它里面含着节奏、和声、旋律。用节奏、和声、旋律构成的音乐形象，和舞蹈、诗歌结合起来，就在绘画、雕塑、文学等造型艺术以外，拿它独特的形式传达生活的意境，各种情感的起伏节奏。一个堕落的阶级，生活颓废，心灵空虚，也就没有了生活的节奏与和谐。他们的所谓音乐就成了嘈声杂响，创造不出旋律来表现有深度有意义的生命境界。节奏、和声、旋律是音乐的核心，它是形式，也是内容。它是最微妙的创造性的形式，也就启示着最深刻的内容，形式与内容在这里是水乳难分了。音乐这种特殊的表现和它的深厚的感染力使得古代人民不断地探索它的秘密，用神话、传说来寄寓他们对音乐的领悟和理想。我现在先介绍欧洲的两个音乐故事。一个是古代的，一个是近代的。

古代希腊传说着歌者奥尔菲斯的故事说：歌者奥尔菲斯，他是首先给予木石以名号的人,他凭借这名号催眠了它们,使它们像着了魔,解脱了自己,追随他走。他走到一块空旷的地方,弹起他的七弦琴来,这空场上竟涌现出一个市场。音乐演奏完了,旋律和节奏却凝住不散,表现在市场建筑里。市民们在这个由音乐凝成的城市里来往漫步,周旋在永恒的韵律之中。歌德谈到这段神话时,曾经指出人们在罗马彼得大教堂里散步也会有这同样的经验,会觉得自己是游泳在石柱林的乐奏的享受中。所以在十九世纪初,德国浪漫派文学家口里流传着一句话说:"建筑是凝冻着的音乐。"说这话的第一个人据说是浪漫主义哲学家谢林,歌德认为这是一个美丽的思想。到了十九世纪中叶,音乐理论家和作曲家姆尼兹·豪普德曼把这句话倒转过来,他在他的名著《和声与节拍的本性》里称呼音乐是"流动着的建筑"。这话的意思是说音乐虽是在时间里流逝不停地演奏着,但它的内部却具有着极严整的形式,间架和结构,依顺着和声、节奏、旋律的规律,像一座建筑物那样。它里面有着数学的比例。我现在再谈谈近代法国诗人梵乐希写了一本论建筑的书,名叫《优班尼欧斯或论建筑》。这里有一段对话,是叙述一位建筑师和他的朋友费得诺斯在郊原散步时的谈话,他对费说:"听呵,费得诺斯,这个小庙,离这里几步路,我替赫尔墨斯建造的,假使你知道,它对我的意义是什么?当过路的人看见它,不外是一个丰姿绰约的小庙,——一件小东西,四根石柱在一单纯的体式中,——我在它里面却寄寓着我生命里一个光明日子的回忆,啊,甜蜜可爱的变化呀!这个窈窕的小庙宇,没有人想到,它是一个珂玲斯女郎的数学的造像呀!这个我曾幸福地恋爱着的女郎,这小庙是很忠实地复示着她的身体的特殊的比例,它为我活着。我寄寓于它的,它回赐给我。"费得诺斯说:"怪不得它有这般不可思议的窈窕呢!人在它里面真能感觉到一个人格的存在,一个女子的奇花初放,一个可爱的人儿的音乐的和谐。它唤醒一个不能达到边缘的回忆。而这个造型的开始——它的完成是你所占有的——已经足够解放心灵同时惊撼着它。倘使我放肆我的想象,我就要,你晓得,把它唤做一阕新婚的歌,里面夹着清亮的笛声,我现在已听到它在我内心里升起来了。"

这寓言里面有三个对象:

(一)一个少女的窈窕的躯体——它的美妙的比例,它的微妙的数学构造。

(二)但这躯体的比例却又是流动着的,是活人的生动的节奏、韵律;它在人们的想象里展开成为一出新婚的歌曲,里面夹着清脆的笛声,闪灼着愉快的亮光。

(三)这少女的躯体,它的数学的结构,在她的爱人的手里却实现成为一座云石的小建筑,一个希腊的小庙宇。这四根石柱由于微妙的数学关系发出音响的清韵,传出少女的幽姿,它的不可模拟的谐和正表达着少女的体态。艺术家把他的梦寐中的爱人永远凝结在这不朽的建筑里,就像印度的夏吉汗为纪念他的美丽的爱妻塔姬建造了那座闻名世界的塔姬后陵墓。这一建筑在月光下展开一个美不可言的幽境,令人仿佛见到夏吉汗的痴爱和那不可再见的美人永远凝结不散,像一出歌。

从梵乐希那个故事里,我们见到音乐和建筑和生活的三角关系。生活的经历是主体,音乐用旋律、和谐、节奏把它提高、深化、概括,建筑又用比例、匀衡、节奏,把它在空间里形象化。

这音乐和建筑里的形式美不是空洞的,而正是最深入地体现出心灵所把握到的对象的本质。就像科学家用高度抽象的数学方程式探索物质的核心那样。"真"和"美","具体"和"抽象",在这里是出于一个源泉,归结到一个成果。

在中国的古代,孔子是个极爱音乐的人,也是最懂得音乐的人。《论语》上说他在齐闻韶,三月不知肉味。曰:"不图为乐之至于斯也!"他极简约而精确地说出一个乐曲的构造。《论语·八佾》篇载:子语鲁太师乐曰:"乐,其可知也!始作,翕如也。从之,纯如也。皦如也,绎如也。以成。"起始,众音齐奏。展开后,协调着向前演进,音调纯洁。继之,聚精会神,达到高峰,主题突出,音调响亮。最后,收声落调,余音袅袅,情韵不匮,乐曲在意味隽永里完成。这是多么简约而美妙的描述呀!

但是孔子不只是欣赏音乐的形式的美,他更重视音乐的内容的善。《论语·八佾》篇又记载:“子谓韶,尽美矣,又尽善也。谓武,尽美矣,未尽善也。”这善不只是表现在古代所谓圣人的德行事功里,也表现在一个初生的婴儿的纯洁的目光里面。西汉刘向的《说苑》里记述一段故事说:“孔子至齐郭门外,遇婴儿,其视精,其心正,其行端,孔子曰:‘趣驱之,趣驱之,韶乐将作。’”他看见这婴儿的眼睛里天真圣洁,神一般的境界,非常感动,叫他的御者快些走近到他那里去,韶乐将升起了。他把这婴儿的心灵的美比做他素来最爱敬的韶乐,认为这是韶乐所启示的内容。由于音乐能启示这深厚的内容,孔子重视他的教育意义,他不要放郑声,因郑声淫,是太过,太刺激,不够朴质。他是主张文质彬彬的,主张绘事后素,礼同乐是要基于内容的美的。所以《子罕》篇记载他晚年说:“吾自卫反鲁,然后乐正,雅颂各得其所。”他的正乐,大概就是将三百篇的诗整理得能上管弦,而且合于韶武雅颂之音。

孔子这样重视音乐,了解音乐,他自己的生活也音乐化了。这就是生活里把“条理”、规律与“活泼的生命情趣”结合起来,就像音乐把音乐形式同情感内容结合起来那样。所以孟子赞扬孔子说:“孔子,圣之时者也。孔子之谓集大成,集大成也者,金声而玉振之也。金声也者,始条理也。玉振之也者,终条理也。始条理者,智之事也。终条理者,圣之事也。智,譬则巧也,圣,譬则力也。由射于百步之外也,其至尔力也,其中,非尔力也。”力与智结合,才有“中”的可能。艺术的创造也是这样。艺术创作的完成,所谓“中”,不是简单的事。“其中,非尔力也”。光有力还不能保证它的必“中”呢!

从我上面所讲的故事和寓言里,我们看见音乐可能表达的三方面。①是形象的和抒情的:一个爱人的躯体的美可以由一个建筑物的数学形象传达出来,而这形象又好像是一曲新婚的歌。②是婴儿的一双眼睛令人感到心灵的天真圣洁,竟会引起孔子认为韶乐将作。③是孔子的丰富的人格是形式与内容的统一,始条理终条理,像一金声而玉振的交响乐。

《乐记》上说:“歌者直己而陈德也。动己而天地应焉,四时和焉,星辰理焉,万物育焉。”中国古代人这样尊重歌者,不是和希腊神话里赞颂奥尔菲斯一样吗？但也可以从这里面看出它们的差别来。希腊半岛上城邦人民的意识更着重在城市生活里的秩序和组织，中国的广大平原的农业社会却以天地四时为主要环境，人们的生产劳动是和天地四时的节奏相适应。古人曾说，“同动谓之静”，这就是说，流动中有秩序，音乐里有建筑，动中有静。

希腊从梭龙到柏拉图都曾替城邦立法，着重在齐同划一，中国哲学家却认为“乐者天地之和，礼者天地之序”，“大乐与天地同和，大礼与天地同节”（《乐记》），更倾向着“和而不同”，气象宏廓，这就是更倾向“乐”的和谐与节奏。因而中国古代的音乐思想，从孔子的论乐、荀子的《乐论》到《礼记》里的《乐记》——《乐记》里什么是公孙尼子的原来的著作，尚待我们研究，但其中却包含着中国古代极为重要的宇宙观念、政教思想和艺术见解。就像我们研究西洋哲学必须理解数学、几何学那样，研究中国古代哲学也要理解中国音乐思想。数学与音乐是中西古代哲学思维里的灵魂呀！（两汉哲学里的音乐思想和嵇康的声无哀乐论都极重要）数理的智慧与音乐的智慧构成哲学智慧。中国在哲学发展里曾经丧失了数学智慧与音乐智慧的结合，堕入庸俗；西方在毕达哥拉斯以后割裂了数学智慧与音乐智慧。数学孕育了自然科学，音乐独立发展为近代交响乐与歌剧，资产阶级的文化显得支离破碎。社会主义将为中国创造数学智慧与音乐智慧的新综合，替人类建立幸福的丰饶的生活和真正的文化。

我们在《乐记》里见到音乐思想与数学思想的密切结合。《乐记》上《乐象》篇里赞美音乐，说它“清明象天，广大象地，终始象四时，周旋象风雨，五色成文而不乱，八风从律而不奸，百度得数而有常。小大相成，终始相生，倡和清浊，迭相为经，故乐行而伦清，耳目聪明，血气和平，移风易俗，天下皆宁”。在这段话里见到音乐能够表象宇宙，内具规律和度数，对人类的精神和社会生活有良好影响，可以满足人们在哲学探讨里追求真、善、美的要求。音乐和度数和道德在源头上是结合着的。《乐记·师乙》篇上说：“夫歌者直己而陈德也。动己而天地应焉，四时和焉，星辰理焉，万物育焉。”德的范围很广，文治、武功、人的品德都是音乐所能陈述的德。所以《尚书·舜典》篇上说："帝曰：夔，命汝典乐，教胄子，直而温，宽而栗，刚而无虐，简而无傲。诗言志，歌永言，声依永，律和声，八音克谐，无相夺伦，神人以和，夔曰于，予击石，拊石，百兽率舞。"

关于音乐表现德的形象，《乐记》上记载有关于大武的乐舞的一段，很详细，可以令人想见古代乐舞的"容"，这是表象周武王的武功，里面种种动作，含有戏剧的意味。同戏不同的地方就是乐人演奏时的衣服和舞时动作是一律相同的。这一段的内容是："且夫武，始而北出，再成而灭商，三成而南，四成而南国是疆，五成分，周公左，召公右，六成复缀，以崇天子。夹振之而驷伐，盛威于中国也。分夹而进，事蚤济也。久立于缀，以待诸侯之至也。"郑康成注曰："成，犹奏也，每奏武曲，一终为一成。始奏，象观兵盟津时也。再奏，象克殷时也。三奏，象克殷有余力而返也。四奏，象南方荆蛮之国侵畔者服也。五奏，象周公召公分职而治也。六奏，象兵还振旅也。复缀，反位止也。驷，当为四，声之误也。每奏四伐，一击一刺为一伐。分犹部曲也，事，犹为也。济，成也。舞者各有部曲之列，又夹振之者，象用兵务于早成也。久立于缀，象武王伐纣待诸侯也。"（见《乐记·宾牟贾》篇）

我们在这里见到舞蹈、戏剧、诗歌和音乐的原始的结合。所以《乐象》篇文说："德者，性之端也。乐者，德之华也。金石丝竹，乐之器也。诗，言其志也。歌，咏其声也。舞，动其容也。三者本于心，然后乐器从之。是故情深而文明，气盛而化神，和顺积中，而英华发外，惟乐不可以为伪。"

古代哲学家认识到乐韵境界是极为丰富而又高尚的，它是文化的集中和提高的表现。"情深而文明，气盛而化神，和顺积中，英华发外。"这是多么精神饱满，生活力旺盛的民族表现。"乐"的表现人生是"不可以为伪"，就像数学能够表示自然规律里的真那样，音乐表现生活里的真。

我们读到东汉傅毅所写的《舞赋》，它里面有一段细致生动的描绘，不但替我们记录了汉代歌舞的实况，表出这舞蹈的多彩而精妙的艺术性。而最难得的，是他描绘舞蹈里领舞女子的精神高超，意象旷远，就像希腊艺术家塑造的人像往往表现不凡的神境，高贵纯朴，静穆庄丽。但傅毅所塑造的形象却更能艳若春花,清如白鹤,令人感到华美而飘逸。这是在我以上所引述的几种音乐形象之外,另具一格的。我们在这些艺术形象里见到艺术净化人生,提高精神境界的作用。

王世襄同志曾把《舞赋》里这一段描绘译成语体文,刊载音乐出版社《民族音乐研究论文集》第一集。傅毅的原文收在《昭明文选》里,可以参看。我现在把译文的一段介绍于下,便于读者欣赏:

当舞台之上可以蹈踏出音乐来的鼓已经摆放好了,舞者的心情非常安闲舒适。她将神志寄托在遥远的地方,没有任何的挂碍。(原文:舒意自广,游心无垠,远思长想……)舞蹈开始的时候,舞者忽而俯身向下,忽而仰面向上,忽而跳过来,忽而跳过去。仪态是那样的雍容惆怅,简直难以用具体形象来形容。(原文:其始兴也,若俯若仰,若来若往,雍容惆怅,不可为象。)再舞了一会儿,她的舞姿又像要飞起来,又像在行走,又猛然耸立着身子,又忽地要倾斜下来。她不假思索的每一个动作,以至手的一指、眼睛的一瞥,都应着音乐的节拍。(原文:其少进也,若翱若行,若竦若倾,兀动赴度,指顾应声。)

轻柔的罗衣,随着风飘扬,长长的袖子,不时左右地交横,飞舞挥动,络绎不停,宛转袅绕,也合乎曲调的快慢。(原文:罗衣从风,长袖交横,骆驿飞散,飒擖合并。)她的轻而稳的姿式,好像栖歇的燕子,而飞跃时的急速又像惊弓的鹄鸟。体态美好而柔婉,迅捷而轻盈,姿态真是美好到了极点,同时也显示了胸怀的纯洁。舞者的外貌能够表达内心——神志正在杳冥之处游行。(原文:鶣鷅燕居,拉揩鹄惊。绰约闲靡,机迅体轻,资绝伦之妙态,怀悫素之洁清,修仪操以显志兮,独驰思乎杳冥。)当她想到高山的时候,便真峨峨然有高山之势,想到流水的时候,便真洋洋然有流水之情。(原文:在山峨峨,在水汤汤。)她的容貌随着内心的变化而改易,所以没有任何一点表情是没有意义而多余的。(原文:与志迁化,容不虚生。)乐曲中间有歌词,舞者也能将它充分表达出来,没有使得感叹激昂的情致受到减损。那时她的气概真像浮云般的高逸,她的内心,像秋霜般的皎洁。像这样美妙的舞蹈,使观众都称赞不止,乐师们也自叹不如。(原文:明诗表指(同旨),喟(同喟)息激昂。气若浮云,志若秋霜,观者增叹,诸工莫当。)

单人舞毕,接着是数人的鼓舞,她们挨着次序,登上鼓,跳起舞来,她们的容貌服饰和舞蹈技巧,一个赛过一个,意想不到的美妙舞姿也层出不穷,她们望着般鼓则流盼着明媚的眼睛,歌唱时又露出洁白的牙齿,行列和步伐,非常整齐。往来的动作,也都有所象征的内容,忽而回翔,忽而高耸。真仿佛是一群神仙在跳舞,拍着节奏的策板敲个不住,她们的脚趾踏在鼓上,也轻疾而不稍停顿,正在跳得往来悠悠然的时候,倏忽之间,舞蹈突然中止。等到她们回身再开始跳的时候,音乐换成了急促的节拍,舞者在鼓上做出翻腾跪跌种种姿态,灵活委宛的腰肢,能远远地探出,深深地弯下,轻纱做成的衣裳,像蛾子在那里飞扬。跳起来,有如一群鸟,飞聚在一起,慢起来,又非常舒缓,宛转地流动,像云彩在那里飘荡,她们的体态如游龙,袖子像白色的云霓。当舞蹈渐终,乐曲也将要完的时候,她们慢慢地收敛舞容而拜谢,一个个欠着身子,含着笑容,退回到她们原来的行列中去。观众们都说真好看,没有一个不是兴高采烈的。(原文不全引了。)

在傅毅这篇《舞赋》里见到汉代的歌舞达到这样美妙而高超的境界。领舞女子的"资绝伦之妙态,怀悫素之洁清,修仪操以显志兮,独驰思乎杳冥"。她的"舒意自广,游心无垠,远思长想,在山峨峨,在水汤汤,与志迁化,容不虚生,明诗表旨,喟息激昂,气若浮云,志若秋霜"。中国古代舞女塑造了这一形象,由傅毅替我们传达下来,它的高超美妙,比起希腊人塑造的女神像来,具有她们的高贵,却比她们更活泼,更华美,更有远神。

欧阳修曾说:"闲和严静,趣远之心难形。"晋人就曾主张艺术意境里要有"远神"。陶渊明说:"心远地自偏。"这类高逸的境界,我们已在东汉的舞女的身上和她的舞姿里见到。庄子的理想人物:藐姑射神人,绰约若处子,肌肤若冰雪,也体现在元朝倪云林的山水竹石里面。这舞女的神思意态也和魏晋人钟王的书法息息相通。王献之《洛神赋》书法的美不也是"翩若惊鸿,婉若游龙","神光离合,乍阴乍阳","皎若太阳升朝霞,灼若芙蕖出渌波"吗?(所引皆《洛神赋》中句)我们在这里不但是见到中国哲学思想、绘画及书法思想和这舞蹈境界密切关联,也可以令人体会到中国古代的美的理想和由这理想所塑造的形象。这是我们的优良传统,就像希腊的神像雕塑永远是欧洲艺术不可企及的范本那样。

关于哲学和音乐的关系,除掉孔子的谈乐,荀子的《乐论》,《礼记》里《乐记》,《吕氏春秋》、《淮南子》里论乐诸篇,嵇康的《声无哀乐论》(这文可和德国十九世纪汉斯里克的《论音乐的美》作比较研究),还有庄子主张"视乎冥冥,听乎无声,冥冥之中,独见晓焉,无声之中,独闻和焉,故深之又深,而能物焉"。(《天地》)这是领悟宇宙里"无声之乐",也就是宇宙里最深微的结构形式。在庄子,这最深微的结构和规律也就是他所说的"道",是动的,变化着的,像音乐那样,"止之于有穷,流之于无止"。这道和音乐的境界是"逐丛生林,乐而无形,布挥而不曳,幽昏而无声,动于无方,居于窈冥……行流散徙,不主常声……充满天地,苞裹六极"(《天运》),这道是一个五音繁会的交响乐。"逐丛生林",就是在群声齐奏里随着乐曲的发展,涌现繁富的和声。庄子这段文字使我们在古代"大音希声",淡而无味的,使魏文侯听了昏昏欲睡的古乐而外,还知道有这浪漫精神的音乐。这音乐,代表着南方的洞庭之野的楚文化,和楚铜器漆器花纹声气相通,和商周文化有对立的形势,所以也和古乐不同。

庄子在《天运》篇里所描述的这一出"黄帝张于洞庭之野的咸池之乐",却是和孔子所爱的北方的大舜的韶乐有所不同。《书经·舜典》上所赞美的乐是"声依永,律和声,八音克谐,无相夺伦,神人以和"的古乐,听了叫人"心气和平"、"清明在躬"。而咸池之乐,依照庄子所描写和他所赞叹的,却是叫人"惧"、"怠"、"惑"、"愚",以达于他所说的"道"。这是和《乐记》里所谈的儒家的音乐理想确正相反,而叫我们联想到十九世纪德国乐剧大师华格耐尔晚年精心的创作《巴希法尔》。这出浪漫主义的乐剧是描写阿姆伏塔斯通过“纯愚”巴希法尔才能从苦痛的罪孽的生活里解救出来。浪漫主义是和“惧”、“怠”、“惑”、“愚”有密切的姻缘。所以我觉得《庄子·天运》篇里这段对咸池之乐的描写是极其重要的,它是我们古代浪漫主义思想的代表作,可以和《书经·舜典》里那一段影响深远的音乐思想作比较观,尽管《书经》里这段话不像是尧舜时代的东西,《庄子》里这篇咸池之乐也不能上推到黄帝,两者都是战国时代的思想,但从这两派对立的音乐思想——古典主义的和浪漫主义的——可以见到那时音乐思想的丰富多彩,造诣精微,今天还有钻研的价值。由于它的重要,我现在把《庄子·天运》篇里这段全文引在下面:

北门成问于黄帝曰,帝张咸池之乐于洞庭之野,吾始闻之惧,复闻之怠,卒闻之而惑,荡荡默默,乃不自得。帝曰汝殆其然哉!吾奏之以人,征之以天,行之以礼义,建之以太清。……四时迭起,万物循生,一盛一衰,文武伦经。一清一浊,阴阳调和,流光其声,蛰虫始作。吾惊之以雷霆。其卒无尾,其始无首,一死一生,一偾一起,所常无穷,而一不可待。汝故惧也。吾又奏之以阴阳之和,烛之以日月之明,其声能短能长,能柔能刚,变化齐一,不主故常。在谷满谷,在坑满坑。涂却守神(意谓涂塞心知之孔隙,守凝一之精神),以物为量。其声挥绰,其名高明。是故鬼神守其幽,日月星辰行其纪。吾止之于有穷,流之于无止(意谓流与止顺其自然也)。子欲虑之而不能知也。望之而不能见也。逐之而不能及也。傥然立于四虚之道,倚于槁梧而吟,目之穷乎所欲见,力屈乎所欲逐,吾既不及已夫。(按:这正是华格耐尔音乐里“无止境旋律”的境界,浪漫精神的体现。)形充空虚,乃至委蛇,汝委蛇故怠。(你随着它委蛇而委蛇,不自主动,故怠。)吾又奏之以无怠之声,调之以自然之命。故若混。(按:此言重振主体能动性,以便和自然的客观规律相浑合。)逐丛生林,乐而无形,布挥而不曳(此言挥霍不已,似曳而未尝曳),幽昏而无声,动于无方,居于窈冥,或谓之死,或谓之生,或谓之实,或谓之荣,行流散徙,不主常声。世疑之,稽于圣人。圣人者达于情而遂于命也。天机不张,而五官皆备,此之谓天乐。无言而心悦。故有焱氏为之颂曰:听之不闻其声,视之不见其形,充满天地,苞裹六极,汝欲听之,而无接焉。尔故惑也。(此言主客合一,心无分别,有如暗惑。)乐也者始于惧,惧故祟。(此言乐未大和,听之悚惧,有如祸祟。)吾又次之以怠。怠故遁。(此言遁于忘我之塘,泯灭内外。)卒于惑,惑故愚,愚故道。(内外双忘,有如愚述,符合老庄所说的道。大智若愚也。)道可载而与之俱也。(人同音乐偕入于道)

老庄谈道,意境不同。老子主张"致虚极,守静笃,万物并作,吾以观其复"。他在狭小的空间里静观物的"归根","复命"。他在三十辐所共的一个毂的小空间里,在一个抟土所成的陶器的小空间里,在"凿户牖以为室"的小空间的天门的开阖里观察到"道"。道就是在这小空间里的出入往复,归根复命。所以他主张守其黑,知其白,不出户,知天下。他认为"五色令人目盲,五音令人耳聋",他对音乐不感兴趣。庄子却爱逍遥游。他要游于无穷,寓于无境。他的意境是广漠无边的大空间。在这大空间里作逍遥游是空间和时间的合一。而能够传达这个境界的正是他所描写的,在洞庭之野所展开的咸池之乐。所以庄子爱好音乐,并且是弥漫着浪漫精神的音乐,这是战国时代楚文化的优秀传统,也是以后中国音乐文化里高度艺术性的源泉。探讨这一条线的脉络,还是我们的音乐史工作者的课题。

以上我们讲述了中国古代寓言和思想里可以见到的音乐形象,现在谈谈音乐创作过程和音乐的感受。《乐府古题要解》里解说琴曲《水仙操》的创作经过说:"伯牙学琴于成连,三年而成。至于精神寂寞,情之专一,未能得也。成连曰:'吾之学不能移人之情,吾之师有方子春在东海中。'乃赍粮从之,至蓬莱山,留伯牙口:'吾将迎吾师!'划船而去,旬日不返。伯牙心悲,延颈四望,但闻海水汩没,山林窅冥,群鸟悲号。仰天叹曰:'先生将移我情!'乃援操而作歌云:'繄洞庭兮流斯护，舟楫逝兮仙不还。移形素兮蓬莱山，歍钦伤宫仙不还’。伯牙遂为天下妙手。”

“移情”就是移易情感，改造精神，在整个人格的改造基础上才能完成艺术的造就，全凭技巧的学习还是不成的。这是一个深刻的见解。

至于艺术的感受，我们试读下面这首诗。唐诗人郎士元《听邻家吹笙》诗云：“凤吹声如隔彩霞，不知墙外是谁家，重门深锁无寻处，疑有碧桃千树花。”这是听乐时引起人心里美丽的意象：“碧桃千树花。”但是这是一般人对于音乐感受的习惯，各人感受不同，主观里涌现出的意象也就可能两样。“知音”的人要深入地把握音乐结构和旋律里所潜伏的意义。主观虚构的意象往往是肤浅的。“志在高山，志在流水”时，作曲家不是模拟流水的声响和高山的形状，而是创造旋律来表达高山流水唤起的情操和深刻的思想。因此，我们在感受音乐艺术中也会使我们的情感移易，受到改造，受到净化、深化和提高的作用。唐诗人常建的《江上琴兴》一诗写出了这净化深化的作用。

> 江上调玉琴，一弦清一心，泠泠七弦遍，万木澄幽阴。能使江月白，又令江水深，始知梧桐枝，可以徽黄金。

琴声使江月加白，江水加深。不是江月的白，江水的深，而是听者意识体验得深和纯净。明人石沆《夜听琵琶》诗云：

> 娉婷少妇未关愁，清夜琵琶上小楼。裂帛一声江月白，碧云飞起四山秋！

音响的高亮，令人神思飞动，如碧云四起，感到壮美。这些都是从听乐里得到的感受。它使我们对于事物的感觉增加了深度，增加了纯净。就像我们在科学研究里通过高度的抽象思维，离开了自然的表面，反而深入到自然的核心，把握到自然现象最内在的数学规律和运动规律那样，音乐领导我们去把握世界生命万千形象里最深的节奏的起伏。庄子说:“无声之中,独闻和焉。”所以我们在戏曲里运用音乐的伴奏才更深入地刻画出剧情和动作。希腊的悲剧原来诞生于音乐呀!

音乐使我们心中幻现出自然的形象,因而丰富了音乐感受的内容。画家诗人却由于在自然现象里意识到音乐境界而使自然形象增加了深度。六朝画家宗炳爱游山水,归来后把所见名山画在壁上,“坐卧向之。谓人曰:抚琴动操,欲令众山皆响。”唐初诗人沈佺期有《范山人画山水歌》云:

> 山峥嵘,水泓澄,漫漫汗汗一笔耕,一草一木栖神明。忽如空中有物,物中有声,复如远道望乡客,梦绕山川身不行。

身不行而能梦绕山川,是由于“空中有物,物中有声”,而这又是由于“一草一木栖神明”,才启示了音乐境界。

这些都是中国古代的音乐思想和音乐意象。

(笔者附言:1961 年 12 月 28 日中国音乐家协会约我作了这个报告,现在展写成篇,请读者指教。)

(原刊《光明日报》1962 年 1 月 30 日)

戏曲在文艺上的地位

今天，本栏登了一篇宋春舫先生讨论《改良中国戏曲》的演说词，很有价值。

中国旧式戏曲有改良的必要，已无庸细述。不过，我的私意，以为中国戏曲改良的一件事，实属非常困难。一因旧式戏曲中人积习深厚，积势洪大，不容易肯接受改良运动。二因中国旧式戏曲中，有许多坚强的特性，不能够根本推翻，也不必根本推翻。所以，我的意思，以为一方面固然要去积极设法改革旧式戏曲中种种不合理的地方，一方面还要去创造纯粹的独立的有高等艺术价值的新戏曲。那么，我们第一步的事业，就是制造新剧本。这种剧本的制作有两种：一是翻译欧美名剧，一是自由创造。两种都不是容易的事，而我看我国研究文学的人，研究戏曲的似乎比较那研究抒情文学的要少一点，所以我今天想随便把戏曲文学的价值说两句，想借此引起我国青年研究戏曲文学的兴趣。

欧洲文学家分别文艺的内容为主要的三大门类：（一）抒情文学（Lyrik），（二）叙事文学（Epik），（三）戏曲文学（Drama）。抒情文学的目的是注重描写人的内心的情绪思想的活动，它虽不能不附带着描写些外境事实，但总是以主观情绪为主，客观境界为宾，可以算是纯粹主观的文学。叙事文学的目的是处于客观的地位描写一件外境事实的变迁，不甚参加主观情绪的色彩，它可算是纯粹客观的文学。这两种文学的起源及进化，当以叙事文学在先，抒情文学在后，而这两种文学结合的产物，乃成戏曲的文学。

抒情文学的对象是“情”，叙事文学的对象是“事”，戏曲文学的目的，却是那由外境事实和内心情绪交互影响产生的结果——人的“行为”。所以，戏曲的制作，要同时一方面表写出人的行为，由细微的情绪上的动机，积渐造成为坚决的意志，表现成外界实际的举动。一方面表写那造成这种种情绪变动的因，即外境事实和自己举动的反响。所以戏曲的目的，不是单独地描写情绪，如抒情文学；也不是单独地描写事实，如叙事文学；它的目的是“表写那些能发生行为的情绪和那些能激成行为的事实”。戏曲的中心，就是“行为”的艺术的表现。

这样看来，戏曲的艺术是融合抒情文学和叙事文学而加之新组织的，它是文艺中最高的制作，也是最难的制作。它的产生在各种文艺发达以后，中国到现在还不见有完全的艺术的戏曲制作，也无足怪了。

本来文艺的发展也是依着人类精神生活发展的次序的。最初的人类精神大部分是向着外界，注意外界事实的变迁，所以叙事乃得发展。后来精神生活进化，反射作用发达，注意到内心情绪思想的活动，于是乃有抒情文学。最后表写到人心与环境种种关系产生的结果——人类的行为，才有戏曲文学产生。戏曲文学在文艺上实处最高地位，中国戏曲文学不甚发达乃是中国文艺发展不及欧洲的征象，望吾国青年文学家注意。

（原刊1935年3月《建国月刊》第12卷第13期）

中西戏剧比较及其他

对戏曲没有研究。参加了这两次会，听了许多同志的发言，启发很大。同志们谈的这些东西，对研究美学，尤其是研究中国美学很有好处。美学研究应该结合艺术进行，对各种艺术现象，应作比较研究。

有同志说，剧团到农村演出，群众要看布景，没布景不买票。我所了解，农村的舞台，为了便利演出，都是很简便的，我怀疑它能配合用布景。布景的问题存在很久了，从宋元到现在。看戏的人很多，他们没有提出过看布景的要求，他们要求的是表演。中国戏曲是以表演为主的。前几天看了豫剧《抬花轿》，表演得很好，抬和坐，动作都是虚拟的。抬着过桥，真给人以过桥的感觉。但是在台上并没有给人看到真实的轿子。只要表演得逼真，观众并不要求有一个真的轿子。西洋戏剧是主张用布景的，易卜生就很注意用景。中国戏曲景与情全由演员来表演。《秋江》中，情与景是高度交融的。西洋戏剧也是希望达到这一点的。

中国戏曲传统舞台美术的发展，是有客观原因的。中国古代在农村经常演戏，舞台都是木板架起来的，很简便。在那样的台上做布景不可能。所以，演员就想一切办法把自己突出出来。书上记载：埃斯库勒斯的戏，人物也是宽袍大袖。鬼的面上也涂颜色，或戴假面具。这和中国戏曲是相似的。过去的条件差，促使产生了好东西。现在所以产生问题，原因在于：时代不同了，条件起了变化。

肖伯纳的剧本,序文都很长,为了说明戏文。问题戏,着重思想。中国戏曲,着重感动人,动作强烈,能使人哭,亦能使人笑。文艺复兴以后,西洋讲究透视学,舞台也要求透视。先有布景,后有人物。中国戏曲不同,人物出场,手拿马鞭就说明是骑马出来了。是两种不同的境界,中国古代也戴假面具。四川出土的汉俑,两个人做吵嘴状,一男一女,男的面上有面具。据我推测,可能后来因为用面具不方便,就干脆画到了脸上,产生了脸谱。

有同志说,中国戏曲舞台美术的特点是,能动就好。这话很对。中国戏曲和中国画有很多相同的地方。中国画从战国到现在,发展了几千年,它的特点就是气韵生动。站在最高位,一切服从动,可以说,没有动就没有中国戏,没有动也没有中国画。动是中心。西洋舞台上的动,局限于固定的空间。中国戏曲的空间随动产生,随动发展。“十八相送”十八个景,都是由动作表现出来的。中国广大群众是否都要求布景,需要进行分析。要布景,是为了看热闹,看多了会转过来看表演的。群众要求不平衡,层次复杂,应该看主要的倾向。

关于空间问题,中国画和西洋画在处理上是不同的。古代画家、科学家都提出过问题。科学家沈括在他的《梦溪笔谈》中,在艺术上的要求与西洋画就不同。西洋画要求写实,他不要求写实,相反他反对写实。他批评写实的画不是画。戏曲舞台也是如此。不能太实。清代学者华琳,他有很多好见解。他指出:如果人不出现,放上门窗等实物,这叫离。离,物与物之间是独立的,自成片状。不是画。画,要合,要气韵生动。完全合,也不行,完全合,打成一片,一塌糊涂,也不是画。中国画是似离似合。只离而不合,不是艺术品,只合而不离也不是艺术品。中国画画面空间是怎样表现出来的?他用了一个“推”字。“推”能产生无穷的空间。在舞台上,演员一推,产生了门,又产生了门内门外两个空间。画家是用笔推的。齐白石的虾,只在白纸上画几个虾,但能给人它们是在水中的感觉。

在生活中,看到一片好风景时,说“江山如画”,真山水希望它是假山水,看一幅画,又常常要求它逼真,假山水希望它是真山水。所谓美,就是“如画”和“逼真”。中国戏曲就是既逼真又如画的。它掌握艺术规律是很深的。当然也有局限性。戏曲以表演为主,演员表演好是第一。群众并不要求西洋式的布景。目前部分群众有这种要求,这不会是永恒的,是会改变的。

(原刊1985年10月16日《北京大学》校刊)

莎士比亚的艺术

近年来,莎士比亚的戏剧的研究,在世界各国忽然引起很大兴趣,上演方面问题的研究和电影的摄制,都非常热闹,我们可以见到莎氏的艺术是不朽的,永远有它的生命。

莎士比亚生于1564年至1616年文艺复兴的最盛时代。那时代是个从中古宗教势力求解放,希腊的文学艺术重新被人发现的时代,实际上是“人”的重新发现,“人生的意义与价值”重新被发现。人体的油画与雕刻发达到极高峰,而描写人性的内心生活,以人生的冲突斗争做题材的戏剧艺术,也就异常发达。莎氏是此大潮流中一个超越一切的戏剧天才。他自己本是参加在一个剧社,供给剧本。他说过:整个世界不过是一个舞台,人生男男女女是一些演员。他自己的生活确是一个在剧团里的生活。戏剧与人生对他是一个东西。他从戏剧里体会到那些人生的伟大的紧张的悲壮的场面,而他又从实际人生的体验、观察、分析,给与他自己的创作丰富的深刻的生命。他的创作和他以前或以后的古典剧有几个不同之点。

(一)他的写作的题材故事,既不是像近代作家取于自己的生活(歌德《浮士德》),或自己的生活环境和社会问题,也不是单凭自己的想象构造情节内容,乃是几乎全部取材于他的前辈的剧本或小说而加以重新的改造。然而,艺术的价值并不在于题材内容,而在他如何写出。莎氏的天才有点石成金的手段。

他的剧本不像古典及近代剧欢喜从情节冲突紧张的顶点开始,

而将过去情节在口中说出来。他是欢喜陈述一事全部的开始和发展,如《罗米欧与朱丽叶》就是从两人一见倾心说起。这是铺陈的叙述,使剧本里的空间地点和时间复杂而拉长,破坏了古典的三一律。(古典剧情的时间至多在二十四时以内。)

这种铺陈叙述使剧中主角发生多方面错综的关系,于主要情节外往往有平行的一个或二个插曲情节。这种平行情节虽是古已有之,但是莎氏最善于处理穿插而运用得有意义,或为必要,如在《威尼斯商人》中叶西凯被罗兰佐诱走就大有作用:一则显出夏洛克的凶狠的性格,表出他自己女儿骂其家为地狱;二则借此情节以弥补订契约与契约到期时间;三则使我们了解夏洛克因女儿之出走更坚决了他的报复意志,以至于露出无人性的凶狠。莎氏的剧本固是充满了复杂的繁富的生命。

(二)他的剧本若和希腊及法国古典剧对照,就看出他的特点是悲喜剧的融合。在极沉痛的悲剧中掺进了无数的幽默滑稽,使我们看出作家的舞台技巧及了解观众心理,同时看出作家对于人生命的无穷热力与兴趣;而他在喜剧中往往插入极动人的悲剧角色及悲剧情节,像《威尼斯商人》中犹太人夏洛克可见到诗人对人生的严肃深刻的同情。然而在极严肃的场面,往往插入滑稽,打趣,有时也使人感到过分。不过,他是要调剂观众的情感,也是要利用对比的影响。

(三)他一生的作品中爱用强烈的光明与阴影的对照(像 Barogue 时代的荷兰大画家 Rembrandt 的画)。他爱强调地对比善与恶,智慧与愚蠢,强与弱,动与静,尤在性格描写方面。如女性方面以娇柔含羞的 Celia 对活泼勇敢的 Rosalinde,静穆温柔的 Hero,对利口会说的 Beatrice 等等。在男子方面如理想主义的 Pratus 对实际主义的聪明的 Mark Anton 等等。

(四)莎氏艺术的中心点与最高峰仍在"性格的描写"。他的最成熟期的创作多半是性格的悲剧。Hamlet 是一部最深刻的心理描写,人人知之。他有他与前人不同的独自的技术,以描出角色的内心心理的行动的动机。他的技术大致可分四方面:

(1)从主角的大的重要的全部的行动上见出性格。如罗米欧的热狂感情从开始到最后都表现在他的言语和行动中。

(2)在不经意的微小的动作或道白中,启示出一个人的最深的内心状态与性格。譬如在凯撒的迷信的表示中看出他的原来的伟大和力量已趋衰落了。

(3)在两个或几个性格的对映中间描出一个性格细腻的光景,像《威尼斯商人》中的 Portiaa 的求婚者 Basanio。他的个性,作者在剧本中本无暇作细致的描写,然而由于和别的求婚者及 Antonio 一班其他朋友比较之下,乃觉得他是比较的可爱的人物。

(4)莎氏再有一常用的方法,就是由别人的口中描出一个人的个性性格。我们在 Lady Macbeth 口中知道了 Macbeth 的性格。在 Ophelia 的崇拜中也补充了我们对 Hamlet 个性的认识。以前的作家则多以独白表示出性格。

再后我们再讲到莎氏的剧中的一特点,就是全剧有一种"情调"的创造。他的戏剧愈成熟,愈能在一开头的几十句中就引导我们走进一种爱的或恨的情调中,那故事情节应当有的情调中,在这里表现了他不只是剧作家,也是一个大诗人。像《仲夏夜之梦》一剧若没有这诗的情调就无味了。Macbeth 中间巫女一幕没有那情调就觉得滑稽了。Hamlet 一剧开始就充满了一种幽灵的恐怖的情调,使我们走进严重的悲剧的情境中。

最后,我们说到莎氏剧情发展的顶点,往往放在第三幕的中间。同时往往也就是全部转换之点,而在悲剧的 Catastrophe 之后,并不就结束,往往再来一平静的幕让观众在离开剧院之前能平静地综合剧情的印象。全剧开头虽紧张,而结尾却平静,这是和希腊的悲剧相似,而对近代人是不大合口味的。

(原刊 1937 年 8 月 1 日《戏剧时代》第 1 卷第 3 期)

我所爱于莎士比亚的

我所爱于莎士比亚的，是爱他那高额广颡下面那双大的晶莹的太阳一般的眼睛，静穆地照彻这世界的人心，像上帝看见这世界的白昼，也看见这世界的黑夜。他看见人心里面地狱一般的黑暗，残忍，凶狠，愤怒，嫉妒，利欲，权欲，种种狂风似的疯狂的兽性。但他也看见火宅里的莲花，污泥里的百合，天使一般可爱的“人性的神性”。他这太阳似的眼睛照见成千成百的个性的轮廓阴影，每一个个性雕塑圆满，圆满得像一个世界。他创造了无数的性格，每一个性格像一朵花，自己从地下生长出来，顺着性格所造的必然的命运，走进罪恶，走进苦恼，走进死亡。他冷静得像一个上帝！

但是他那双晶莹的眼睛却又温煦得像月光一般，同情地抚摩按在每一个罪犯的苦痛的心灵上，让每一个地狱的冤魂都蒙到上帝的光辉（这就是诗人的伟大的心的光辉），使我们发生悲悯，发生同情。

莎士比亚的诗人天才是无可比拟的。歌德说过：“我不能回忆曾有一本书，一个人或一桩生活事件对于我发生这样大的影响，像莎士比亚的戏剧。它们好像是一位天上神使的工作，他来亲近人类，俾人类在最轻便的道路上认识他，那些剧本不是诗。我们是好像站立在展开了无穷尽的命运的大书面前，迅动的生命暴风使着大力翻动一页一页。”歌德又说：“自然与诗在近代从没有这样密切地结合过，像在莎士比亚。”

莎士比亚的伟大在他那无可企信的丰富的创造力，以风起泉涌般的自然的力量,他创造了近千数的不同的生动的性格,有血有肉,形态万千。每一个人物永远年轻,永远生存在诗人的美丽风光中,然而又那么土腥气,那么真实,那么是从自然拈来的人!英国诗人辜律支(Coleridge)称莎氏为“千心的人”,真是一句确评。

莎士比亚的客观同他的深厚的同情心,往往使许多在他笔下不可救药的凶顽、自私、愚蠢的人,会在剧情的进展里获得作者的爱护,化成可恕的甚且可爱的人物。在他的剧本 Measure fon Measure 里面那个杀人犯 Bernardin 本是预定将他的头代替 Clandio 的,不料诗人笔下给与这凶犯若干的个性,竟不忍叫他死,虽然有伤于剧情的本身。再看那位 Folstaff,是怎样的一个人?真是一个怯懦的寄生虫似的动物,然而莎士比亚把他造成一个最大的“幽默”天才,莎氏剧中顶有趣的人物。就看那《威尼斯商人》中的夏洛克,一个凶狠无人性的犹太人,却正因他的恨,他的顽强的报复心理,使人感到他的人性,给与他出乎意料的同情,使他变成剧中有趣的人格。只有亚高是个彻头彻尾的恶人。

莎士比亚表现人物的道德观点是和文艺复兴的时代精神一致的。这就是尊重个人人格的解放与自主。整个中古时代的人生意义和价值是寄托在天国,他们的苦痛和安慰都系于上帝的恩惠。就是希腊悲剧,形式那样的完整,然而缺少悲剧的中心动力:这悲剧主角的自由意志。希腊悲剧的真正主角是神旨,是命运。人物个性自主的力量极微薄。性格往往为行动所主持,而在两者之上是命运(神旨)早已安排了全剧的首尾。

而莎氏剧中的主要情节是从人物性格与行动中自然地发展来的。所以那样真挚,亲切,自然。从这真切的自然中生出风韵,生出诗。诗人的智慧和广大的同情里流出泉水般的“黄金的幽默”,像朵朵细花洒遍在沉痛动人的生命悲剧上。

(原刊 1938 年 7 月 3 日《时事新报·学灯》“星期增刊”)

编后记

作为20世纪中国美学史上的一位学术大师，宗白华先生毕其一生，在哲学、美学和中西艺术比较研究领域从事着独创性的工作。他对于美学特别是中国美学的深邃见解，对于艺术特别是中国艺术的精湛阐发，在20世纪中国美学史上超拔卓越，既为中国美学的现代理论建构做出了杰出贡献，同时也对后世的美学研究产生了巨大影响，许多现在的美学学者正是在他的思想启迪之下，继续着中国美学与艺术的理论发掘工作。

尤其令后世称道的是，宗白华先生不仅在学术上做了许多具有开拓性的工作，而且，其一生的生活践行着"人生艺术化"的理想，以"拈花微笑的态度同情一切"；其学术文章清爽明朗，在不露痕迹中常常蕴涵了渊博的知识、深厚的学理和澄明的精神感悟，如叶燮《原诗·内篇》所谓："可言之理，人人能言之，又安在诗人之言之；可征之事，人人能述之，又安在诗人之述之，必有不可言之理，不可述之事，遇之于默会意象之表，而理与事无不灿然于前者也。"我们读宗白华先生的文章，就像是欣赏一件艺术品，让人在收获思想启示之际，又全然沉浸于审美的精神享受。

收在这本集子里的五十八篇文章，没有完全按照宗白华先生当年发表时间的先后进行编排，而是大体区别"中国美学与中西艺术比较"、"美学与艺术理论"、"艺术与文学"三部分内容，作了一定的归整。其中的文字有长有短，时间或早或近，但都很好地体现了宗白华先生学术工作的成就、思想方式的特点:意趣横生的文字背后,我们得着了澄澈通明的点化,却仍然保持了对于审美和艺术的完整感受。

编选宗白华先生的文章,真是一种享受。

相信这样的享受,同样能为所有宗白华先生文章的读者所享受。

王德胜

二〇〇九年六月写于京西

中国文库·艺术类

（已出图书）

【第一辑】

中国绘画断代史　李　淞　顾　森等著 ……………… 人民美术出版社
中国古建筑二十讲　楼庆西著 ……… 生活·读书·新知三联书店
外国古建筑二十讲　陈志华著 ……… 生活·读书·新知三联书店
希腊罗马美术史话　章利国著 ……………………… 人民美术出版社
意大利美术史话　刘人岛著 ………………………… 人民美术出版社
法国美术史话　高天民著 …………………………… 人民美术出版社
英国美术史话　李建群著 …………………………… 人民美术出版社
德国美术史话　徐沛君著 …………………………… 人民美术出版社
俄罗斯美术史话　奚静之著 ………………………… 人民美术出版社
美国美术史话　王瑞芸著 …………………………… 人民美术出版社
印度美术史话　王　镛著 …………………………… 人民美术出版社
日本美术史话　刘晓路著 …………………………… 人民美术出版社
现代派美术史话　崔庆忠著 ………………………… 人民美术出版社
中国古代音乐史稿　杨荫浏著 ……………………… 人民音乐出版社
中国音乐美学史　蔡仲德著 ………………………… 人民音乐出版社
百年漫画　黄远林编著 ……………………………………… 现代出版社

【第二辑】

欧洲音乐史　张洪岛主编 …………………………… 人民音乐出版社
中国近现代音乐史(第二次修订版)　汪毓和著 …… 人民音乐出版社
西方美术史话　迟　轲著 …………………………… 中国青年出版社
东方美术史话　范　梦著 …………………………… 中国青年出版社
西欧戏剧史　廖可兑著 ……………………………… 中国戏剧出版社
中国京剧史　马少波　章力挥等主编 ……………… 中国戏剧出版社
百年中国电影理论文选　丁亚平主编 ……………… 文化艺术出版社
齐白石的一生　张次溪著 …………………………… 人民美术出版社
我负丹青——吴冠中自传　吴冠中著 ……………… 人民文学出版社

侯宝林表演相声精品集　王文章主编 ……………… 文化艺术出版社

【第三辑】

中国建筑史　梁思成著 …………………………… 百花文艺出版社
中国雕塑史　梁思成著 …………………………… 百花文艺出版社
中国戏曲概论　吴　梅著 …………………… 中国人民大学出版社
中国戏曲通史　张　庚　郭汉城主编 …………… 中国戏剧出版社
黄宾虹谈艺录　南　羽编 ……………………… 河南美术出版社
张大千谈艺录　陈滞冬编 ……………………… 河南美术出版社
存天阁谈艺录　刘海粟著 ……………………… 中国青年出版社
徐悲鸿一生——我的回忆　廖静文著 …………… 中国青年出版社
我读石涛画语录　吴冠中著 ……………………… 荣宝斋出版社
中国绘画史　陈师曾著　徐书城点校 ……… 中国人民大学出版社
漫画漫话　华君武著 …………………………… 河北教育出版社
中国音乐美学史资料注译(增订版)
　　蔡仲德注译 ………………………………… 人民音乐出版社
中国书法史　丛文俊等著 ……………………… 江苏教育出版社
丝绸之路艺术研究　仲　高著 …………………… 新疆人民出版社

中国文库·艺术类

（已出图书）

【第一辑】

中国绘画断代史　李　凇　顾　森等著 ……………… 人民美术出版社
中国古建筑二十讲　楼庆西著 ……… 生活·读书·新知三联书店
外国古建筑二十讲　陈志华著 ……… 生活·读书·新知三联书店
希腊罗马美术史话　章利国著 ……………………… 人民美术出版社
意大利美术史话　刘人岛著 ………………………… 人民美术出版社
法国美术史话　高天民著 …………………………… 人民美术出版社
英国美术史话　李建群著 …………………………… 人民美术出版社
德国美术史话　徐沛君著 …………………………… 人民美术出版社
俄罗斯美术史话　奚静之著 ………………………… 人民美术出版社
美国美术史话　王瑞芸著 …………………………… 人民美术出版社
印度美术史话　王　镛著 …………………………… 人民美术出版社
日本美术史话　刘晓路著 …………………………… 人民美术出版社
现代派美术史话　崔庆忠著 ………………………… 人民美术出版社
中国古代音乐史稿　杨荫浏著 ……………………… 人民音乐出版社
中国音乐美学史　蔡仲德著 ………………………… 人民音乐出版社
百年漫画　黄远林编著 ………………………………… 现代出版社

【第二辑】

欧洲音乐史　张洪岛主编 …………………………… 人民音乐出版社
中国近现代音乐史(第二次修订版)　汪毓和著 …… 人民音乐出版社
西方美术史话　迟　轲著 …………………………… 中国青年出版社
东方美术史话　范　梦著 …………………………… 中国青年出版社
西欧戏剧史　廖可兑著 ……………………………… 中国戏剧出版社
中国京剧史　马少波　章力挥等主编 ……………… 中国戏剧出版社
百年中国电影理论文选　丁亚平主编 ……………… 文化艺术出版社
齐白石的一生　张次溪著 …………………………… 人民美术出版社
我负丹青——吴冠中自传　吴冠中著 ……………… 人民文学出版社

侯宝林表演相声精品集　王文章主编 ……………… 文化艺术出版社

【第三辑】

中国建筑史　梁思成著 ………………………………… 百花文艺出版社
中国雕塑史　梁思成著 ………………………………… 百花文艺出版社
中国戏曲概论　吴　梅著 …………………………… 中国人民大学出版社
中国戏曲通史　张　庚　郭汉城主编 ……………… 中国戏剧出版社
黄宾虹谈艺录　南　羽编 …………………………… 河南美术出版社
张大千谈艺录　陈滞冬编 …………………………… 河南美术出版社
存天阁谈艺录　刘海粟著 …………………………… 中国青年出版社
徐悲鸿一生——我的回忆　廖静文著 ……………… 中国青年出版社
我读石涛画语录　吴冠中著 ………………………… 荣宝斋出版社
中国绘画史　陈师曾著　徐书城点校 ……… 中国人民大学出版社
漫画漫话　华君武著 ………………………………… 河北教育出版社
中国音乐美学史资料注译（增订版）
　　蔡仲德注译 ……………………………………… 人民音乐出版社
中国书法史　丛文俊等著 …………………………… 江苏教育出版社
丝绸之路艺术研究　仲　高著 ……………………… 新疆人民出版社